U0379939

"十三五"国家重点图书出版规划项目

污染场地处理原理与方法

刘松玉　杜延军　刘志彬　著

东南大学出版社
SOUTHEAST UNIVERSITY PRESS

内 容 提 要

本书针对工业污染场地勘察与处理技术问题,全面介绍了污染场地勘察方法,土体污染后工程性质变化的基本规律,污染场地风险评价主要参数的原位测试技术,污染场地处理原则,重点介绍了重金属污染场地的固化/稳定处理技术、有机污染场地的曝气法处理技术和污染场地的隔离技术。本书可供岩土工程专业研究生、本科生参考,也可供环境、岩土工程勘察施工专业人员参考。

图书在版编目(CIP)数据

污染场地处理原理与方法/刘松玉,杜延军,刘志彬
著. —南京:东南大学出版社,2018.8(2021.10 重印)
 (工业污染地基处理与控制 / 刘松玉主编)
 ISBN 978-7-5641-7832-1

Ⅰ.①污… Ⅱ.①刘… ②杜… ③刘… Ⅲ.①场
地—环境污染—污染控制 Ⅳ.①X506

中国版本图书馆 CIP 数据核字(2018)第 138334 号

出版发行:东南大学出版社
社　　址:南京市四牌楼 2 号　　邮编:210096
出 版 人:江建中
网　　址:http://www. seupress. com
电子邮箱:press@seupress. com
经　　销:全国各地新华书店
印　　刷:江苏凤凰数码印务有限公司
开　　本:787 mm×1092 mm　1/16
印　　张:13
字　　数:324 千字
版　　次:2018 年 8 月第 1 版
印　　次:2021 年 10 月第 2 次印刷
书　　号:ISBN 978-7-5641-7832-1
定　　价:68.00 元

本社图书若有印装质量问题,请直接与读者服务部联系。电话(传真):025-83792328

前　言

我国城市化进程高速发展为经济持续发展提供了强劲持久的动力,但也导致城市用地紧张、交通堵塞、环境污染等城市问题日益突出,严重制约了城市化的可持续发展。自20世纪80年代以来,我国开始全面推行、实施产业布局调整和污染企业退城进园等战略,一大批大型企业实施退城进园、关停并转工作,其置换出的场地主要用于民用和商业开发,由于历史原因,这些大型企业在建设和运营期间,对污染控制不严格、环保设施缺乏或不完善而导致大量有毒有害重金属、有机污染物侵入厂址区的土壤和地下水,使原址场地成为严重污染的工业污染场地。

2014年我国环保部和国土部联合发布的《全国土壤污染状况调查公报》表明,我国南方土壤污染重于北方,长江三角洲、珠江三角洲、东北老工业基地等部分区域土壤污染问题较为突出;重污染企业用地、工业废弃地、工业园区等工业污染场地超标点位30%以上,主要涉及化工业、矿业、冶金业等行业。与农业耕地表层污染有所不同,工业污染场地的污染深度最大可达数十米,下伏土层和地下水也会受到污染物影响。这类工业污染场地不仅污染土层和水体环境、直接危害人民身心健康,还会引起地基工程性质改变,造成工程变形或破坏。

为此,自2004年以来原国家环保总局、环保部等颁发了系列文件,旨在加强污染场地的管理与控制,2013年1月国务院印发《近期土壤环境保护和综合治理工作安排》,提出了未来五年我国污染土壤调查、治理、控制和监管等方面的任务和目标;2016年5月31日,国务院发布《土壤污染防治行动计划》(简称"土十条"),为我国土壤污染防治提供了行动指南。2017年习近平总书记在中国共产党第十九次全国代表大会报告中,将污染防治作为新时期全面建设小康社会的三大攻坚战之一,国务院则在2018年的政府工作报告中对污染防治攻坚战进行了具体部署，因此，未来一段时期，我国环境污染防治研究与实施技术水平必将达到一个新的高度。城市工业污染场地是城市环境污染防治面临的新课题，如何对其进行处理和控制，使之既满足环境安全需要又达到再开发利用功能，是实现我国城市可持续发展所必须解决的重大课题，也是环境岩土工程学科面临的新挑战。

环境岩土工程是岩土工程学科的一门新兴分支，其主要研究目标是岩土环境污染控制与防治技术问题，它是利用土力学与岩土工程理论和技术来解决人类活动和自然演变引起的环境问题，是岩土工程学科和环境工程学科、地下水学科等的多学科交叉。环境岩土工程研究自20世纪80年代出现以来得到了快速发展，1980—2000年间，国际环境岩土工程研究的重点主要是城市垃圾卫生填埋技术相关的理论和技术问题，2000年以来污染土壤和地下水修复处理进一步拓展了环境岩土工程研究领域，成为环境岩土工程研究的新兴领域，近十年来，引入风险理论评价场地污染和处理对环境的影响成为趋势。本书从环境岩土工程角度，重点介绍污染场地勘察测试与评价方法、污染对土体工程性质的影响规律、污染场地处理原则、重金属污染场地的固化/稳定处理技术、有机污染场地的曝气法处理技术、污染场地的隔离技术等，反映了著者及其课题组近十年来的研究成果。

本书研究成果得到国家自然科学重点基金项目"城市化过程中天然沉积土污染演化机理与控制技术研究"(No. 41330641)资助，也反映了多名研究生论文的部分成果，这些研究生包括：边汉亮、范日东、储亚、邹海峰、陈蕾、王强、方伟、陈志龙、毛柏杨等。本书第一章、第二章、第三章、第四章由刘松玉撰写，第五章、第七章由杜延军、刘松玉撰写，第六章由刘志杉、刘松玉撰写，全书由刘松玉负责统稿。东南大学岩土工程研究所蔡国军教授、童立元博士、杜广印博士等在本书原位测试评价内容方面提供了很多支持，经绯副教授为本书的出版也付出了辛勤努力！本书撰写过程中参考了国内外许多参考文献，并得到不少国内外同行的帮助。在此对上述基金资助、研究生的刻苦工作和提供帮助的专家学者们一并表示由衷的感谢！

本书入选了"十三五"国家重点图书出版规划，衷心感谢东南大学出版社和本书的编辑老师！

我国污染场地治理工作才刚刚开始，希望本书出版能有助于推动我国污染场地技术的发展，促进我国环境岩土工程理论和技术水平的提高！由于作者水平有限，书中错误在所难免，敬请读者批评指正！

刘松玉　于南京东南大学九龙湖校区

2018.6.9

目 录 •

第 1 章　绪论 ··· 1
1.1　研究背景 ··· 1
1.2　环境岩土工程学科的发展 ··· 3
1.3　污染场地基本特点 ··· 4
1.4　污染场地对构筑物的影响 ··· 9

第 2 章　污染场地勘察调查与评价 ··································· 11
2.1　概述 ·· 11
2.2　污染场地勘察调查 ··· 11
2.3　污染场地勘察调查方法 ··· 15
2.4　污染场地分类评价 ··· 64

第 3 章　污染土工程性质 ··· 77
3.1　界限含水率 ·· 77
3.2　土的粒度成分 ·· 80
3.3　pH ·· 81
3.4　抗剪强度 ··· 82
3.5　压缩特性 ··· 84
3.6　孔隙结构 ··· 86

第 4 章　污染场地处理原则与方法 ··································· 88
4.1　污染场地处理原则 ··· 88
4.2　污染场地处理方法 ··· 89
4.3　几种污染场地处理技术简介 ·· 93

第5章　固化/稳定化技术 ･･････････････････････････････････ 98

　5.1　概述 ･･･ 98

　5.2　固化/稳定法机理 ･････････････････････････････････････ 99

　5.3　水泥固化重金属污染土的工程性质 ･･･････････････････････ 105

　5.4　水泥固化重金属污染土的环境安全性 ･････････････････････ 113

　5.5　固化/稳定化施工技术 ･･････････････････････････････････ 115

第6章　曝气法 ･･･ 118

　6.1　概述 ･･･ 118

　6.2　曝气法机理 ･･･ 119

　6.3　AS过程气相运动基本规律 ･･･････････････････････････････ 122

　6.4　曝气法去除有机污染物效果分析 ･････････････････････････ 138

　6.5　表面活性剂强化曝气技术 ･･･････････････････････････････ 143

　6.6　曝气法设计方法 ･････････････････････････････････････ 144

第7章　隔离技术 ･･･ 150

　7.1　概述 ･･･ 150

　7.2　竖向隔离屏障材料工作性能 ･････････････････････････････ 153

　7.3　竖向隔离屏障防渗截污性能 ･････････････････････････････ 163

　7.4　屏障设计方法 ･･･････････････････････････････････････ 164

　7.5　竖向隔离屏障施工技术 ･････････････････････････････････ 166

参考文献 ･･･ 171

第 **1** 章

绪　　论

1.1　研究背景

自 20 世纪我国城市化进程快速发展以来,全国城市化平均水平已由 1958 年的17.9%发展到 2016 年的 57.35%。我国城市化进程高速发展为经济持续发展提供了强劲持久的动力,但也导致城市用地紧张、交通堵塞、环境污染等城市问题日益突出,严重制约了城市化的可持续发展[1]。

由于历史原因,我国城市一般都是在老城和工业化进程基础上发展起来的,往往缺少总体规划,基础设施落后,工业区和生活区并存,不能满足可持续发展的要求。为此,自 20世纪 80 年代已逐步在全国范围内推行、实施产业布局调整和污染企业退城进园等战略。如北京首钢集团、南京化工园区、南京金陵石化等已经实施退城进园、关停并转工作,而所置换出的场地主要用于民用和商业开发用地,如上海世博会场就是在原造船厂、试剂厂、印染厂等原址建设。这些工业企业在建设和运营期间,对污染控制不严格、环保设施缺乏或不完善而导致大量有毒有害重金属、有机污染物侵入厂址区的土壤和地下水,代表性污染物包括铅、锌、铬、砷等重金属以及石油烃类、有机农药、苯系物及多氯联苯等有机污染物,使原址场地成为严重污染的工业污染场地[2-4]。

所谓污染场地是指因堆积、储存、处理、处置或其他方式(如迁移)承载了有害物质,经过调查和风险评估后确认污染危害超过人体健康或生态环境可接受风险水平的场地,又称污染地块[5](图 1-1)。

英美等发达国家在 20 世纪 80 年代末就已开始对土壤中因加油站渗漏造成的土壤及地下水污染的问题进行研究,世界每年约有 800 万吨石油类物质进入环境,其中大部分进入土壤,导致土壤发生石油污染。有统计资料表明,1989 年至 1990 年间,美国约有 200 万个地下汽油储罐,其中有 9 万个发生了泄漏。统计数据显示,至 2004 年 3 月,美国正在使用的地下储油罐大约有 68 万个,其中 97%用于储存石油类产品,包括一些已经使用过的油类,另外,还存在超过 150 万个已经废弃或关闭的储油罐,20 世纪 70 年代以前建成的加油站的地下储油罐几乎全

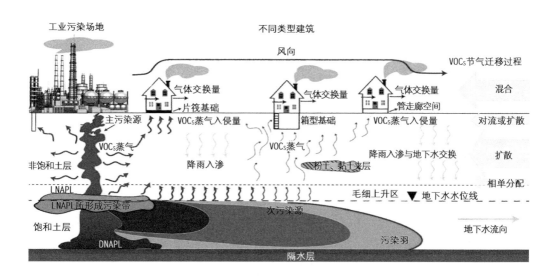

图 1-1　污染场地示意图(据文献[6]修改)

部存在渗漏现象,而超过 20 年的加油站也大部分存在渗漏,加油站已成为美国地下水的最大污染源[7]。英国壳牌石油公司也曾宣布在英国的 1 100 个加油站中有 1/3 对土壤和地下水造成了污染。我国自 20 世纪 50 年代开始建设加油站,随后加油站数量不断增加,自 90 年代以来,建设速度加快,全国仅新建加油站就有 10 余万座。北京市现有加油站就达 1 060 多个,上海有地下储油罐近 6 000 个。随着时间推移,一些建设时间较早的加油站,因地下储油罐、输油管等严重老化已经开始渗漏[8]。另外,随着油田区石油开采及石化工业的发展,在石油及其相关产品开采、运输、加工、储存过程中不可避免地会发生泄漏,造成土体污染。

　　2014 年 4 月 17 日我国环境保护部和国土资源部联合发布的《全国土壤污染状况调查公报》表明[9]:全国土壤总的点位超标率为 16.1%,其中轻微、轻度、中度和重度污染点位比例分别为 11.2%、2.3%、1.5% 和 1.1%。污染类型以无机型为主,有机型次之,复合型污染比重较小,无机污染物超标点位数占全部超标点位的 82.8%。从污染分布情况看,南方土壤污染重于北方;长江三角洲、珠江三角洲、东北老工业基地等部分区域土壤污染问题较为突出;重污染企业用地、工业废弃地、工业园区等工业污染场地超标点位 30% 以上,主要污染物为锌、汞、铅、铬、砷和多环芳烃,主要涉及化工业、矿业、冶金业等行业。

　　与农业耕地表层污染有所不同,工业污染场地的污染深度最大可深达数十米,不仅浅层回填/杂填土受污染,下伏土层和地下水也会受到污染物影响。例如南京燕子矶化工厂有机物污染深度深达 15 m,南通农药厂的氯化碱影响深度达 8 m。天然土体中重金属和有机物富集,不仅污染土水体环境、直接危害人民身心健康,还会引起地基工程性质改变、造成工程损伤和破坏[1]。

　　为此,2004 年 6 月 1 日,原国家环保总局以环办〔2004〕47 号文件发出《关于切实做好企业搬迁过程中环境污染防治工作的通知》,环保部于 2010 年制定了《污染场地土壤环境管理暂行办法》,我国环境保护"十二五"规划将"受污染场地和土壤污染治理与修复工程"列为重大环保工程之一。2012 年环保部、工信部、国土部、住建部联合下发了《关于保障工业企业场地再开发利用环境安全的通知》,2013 年 1 月国务院印发《近期土壤环境保护和综合治理工作安排》,

提出了未来五年我国污染土壤调查、治理、控制和监管等方面的任务和目标;2014年环保部批准发布了5项污染场地系列环保标准:《场地环境调查技术导则》(HJ 25.1—2014),《场地环境监测技术导则》(HJ 25.2—2014),《污染场地风险评估技术导则》(HJ 25.3—2014),《污染场地土壤修复技术导则》(HJ 25.4—2014),《污染场地术语》(HJ 682—2014)。2016年5月31日,国务院公开发布《土壤污染防治行动计划》(简称"土十条"),该条例按照党中央、国务院决策部署,由环保部会同国家发改委、科技部、工信部、财政部、国土部、住建部、水利部、农业部、质检总局、林业局、国务院法制办等部门编制而成,为我国土壤污染防治提供了政策依据。全国人大正在制定《中华人民共和国土壤污染防治法》,将为我国土壤污染治理与控制提供法律依据,有力推动我国污染场地处理研究的发展。另外北京市、浙江省、江苏省等多个省市政府也制定了有关污染场地的地方规程和管理办法。

因此,对城市工业污染地基问题进行处理控制,使之既满足环境安全需要又达到再开发利用功能,是当前我国城市可持续发展和建设面临的重大课题,也是环境岩土工程学科面临的新课题。

 1.2 环境岩土工程学科的发展

为了解决岩土环境污染问题,20世纪80年代以来,岩土工程中一门新兴分支学科——环境岩土工程应运而生,它是利用岩土工程理论和技术来改善和解决人类活动和自然演变引起的环境问题[10],是岩土工程学科和环境工程学科、地下水工程学科等多学科交叉的结果(图1-2)。

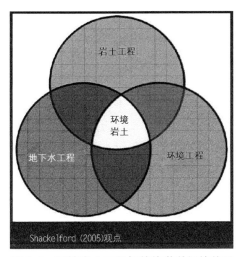

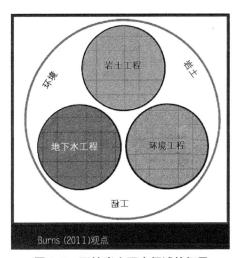

图 1-2 环境岩土工程与其他学科间的关系 图 1-3 环境岩土研究领域的拓展

法国在1976年通过《基于环境保护的工业场地分类环境许可法》基础上,逐步开展了污染场地管理实践;1977年在东京召开的国际土力学与基础工程大会开始设立环境岩土工程分会场,为环境岩土工程的发展提供了世界级的交流平台;1970—1980年间,美国颁布的几部环境法(RCRA,CERCLA,Superfund Law),标志着岩土工程师开始参与环境工程问题;加拿大环境部长委员会在1989年起草了《国家污染场地修复五年纲要》,并在1992年出台了污染场地国家分类系统;欧盟诸国从20世纪90年代以来开展了污染土的原位处理技术研究,并完成了污染场地风险评价指南;日本在1994年提出了污染土体的修复标准,于2001年制定了《土壤污染法对策》,并于2009年对该法案进行了修订,指出了需要修复区域的具体要求。

总的来说[1,11],1980—2000年间,国际环境岩土工程研究的重点主要是城市垃圾卫生填埋技术相关的理论和技术问题,2000年以来污染土壤和地下水修复处理进一步拓展了环境岩土工程研究领域(图1-3);与传统的岩土工程学科相比,环境岩土工程更强调大气、水、生物、化学等与岩土体相互作用,尤其强调化学和生物的作用,环境岩土工程的研究内涵也在不断丰富发展。国际上也采用Geoenvironmental Engineering代替Environmental Geotechnics以反映废物处理和污染土壤修复技术。近十年来,引入风险理论评价场地污染和处理对环境的影响成为趋势(图1-4)。

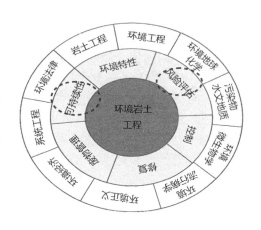

图1-4　环境岩土工程的研究内涵

国际土力学及岩土工程学会(ISSMGE)于1987年成立环境土工专业委员会(TC5),目前已组织召开了七届国际环境土工大会,分别在加拿大埃德蒙顿(1994)、日本大阪(1996)、葡萄牙里斯本(1998)、巴西里约热内卢(2002)、英国卡迪夫(2006)、印度新德里(2010)、澳大利亚墨尔本(2014)举行。从近期国际环境土工大会论文集可以看出,目前国外环境岩土工程学研究内容主要涉及"小环境"问题,具体包括:①岩土环境风险评价、管理和可持续发展;②污染物运移、扩散和持久性;③高污染性固体废弃物(城市生活垃圾、工业危险废物、高水平放射性核废料等)填埋处置;④工业废弃物利用与资源化等。

我国同济大学自20世纪90年代开始率先关注环境岩土工程问题,2000年以来浙江大学、河海大学等单位开始重点研究城市垃圾卫生填埋技术,取得了一系列成果,2012年颁布了我国《生活垃圾卫生填埋场岩土工程技术规范》[12]。近年来东南大学、清华大学等单位注重研究污染场地修复技术与理论,取得了相应的进展。2003年中国岩石力学与工程学会环境岩土工程分会召开了系列环境岩土与土工合成材料会议(2002,杭州;2005,大连;2008,湖南;2011,上海;2014,重庆);2012年中国土木工程学会土力学与岩土工程分会正式成立了环境土工专业委员会,并于2012(杭州)、2014(上海)、2016(南京)分别召开了岩土多场相互作用及环境土工学术会议,有力地推动了我国环境岩土工程研究的发展。

1.3　污染场地基本特点

《污染场地风险评估技术导则》(HJ 25.3—2014)[13]将场地定义为某一地块范围内的土壤、地下水、地表水以及地块内所有构筑物、设施和生物的总和;污染场地则定义为经调查和风险评估后,确认污染危害超过人体健康或生态环境可接受风险水平的场地。

污染土一般定义为由于外来致污物质的侵入,土性发生了化学变化,土体改变了原生性状的土[14-15]。污染地基则是指天然土体经外来致污物质侵入后发生物理化学力学变化后的地基。根据污染物种类主要分为无机和有机污染,具体可分为重金属污染场地和有机物污染场地以及复合污染场地。

1. 重金属污染场地

所谓重金属,通常指的是比重(密度)大于 5 g/cm³ 的金属,较典型的重金属有汞、锌、镉、铅、镍、砷等,重金属或其化合物有极强的毒性,如化合态的镉和铅、单质汞等。重金属污染主要来自采矿、金属冶炼、油漆制造等(表 1-1),代表性污染物包括砷、铅、锌、镉、铬等。

表 1-1 排放重金属污染物的工矿企业类型[16]

企业类型	金属																		
	银(Ag)	砷(As)	钡(Ba)	镉(Cd)	钴(Co)	铬(Cr)	铜(Cu)	铁(Fe)	汞(Hg)	锰(Mn)	钼(Mo)	铅(Pb)	镍(Ni)	锑(Sb)	锡(Sn)	钛(Ti)	铀(U)	钒(V)	锌(Zn)
采矿/选矿		√		√		√	√	√	√	√							√	√	
冶金/电镀	√	√		√		√	√	√	√			√	√						√
化工	√	√	√	√		√	√	√	√			√		√					√
染料		√		√		√						√		√					
墨水制造				√		√	√					√							
陶瓷		√				√								√					
涂料			√			√			√				√						√
照相	√			√		√			√		√					√			
玻璃		√		√								√							
造纸						√	√					√							
制革		√				√	√	√	√										√
制药						√													
纺织		√							√	√	√	√							
核技术						√											√		
肥料		√		√		√	√		√			√							√
氯碱工业		√							√						√				√
炼油		√		√		√	√		√										√

注:"√"表示企业存在排放该种重金属的情况

天然土体经过重金属污染后,由于黏性土颗粒表面存在负电荷缺陷,引起阳离子的吸附,引起表面作用力的改变和结合水的改变,从而影响土的基本物理力学性质。一般认为随着金属离子浓度的增加,液限、塑性指数、黏粒成分和膨胀率减小,粉粒含量、最大密实度和渗透率变大,随着金属离子浓度增加,土的抗剪强度有所增大[17]。

2. 有机污染场地

有机污染场地主要来源于化工类工厂、加油站、农业等,代表污染物为苯系物、石油类、农药、多氯联苯等。按照不同的分类方法,不同部门对有机污染物分类有所不同。

《土壤环境质量标准(修订)》(GB 15618—2008)[18]把有机污染物分成挥发性有机物、多环芳烃类有机物、持久性有机污染物、农药、石油烃总量等类型。

《污染场地风险评估技术导则》(HJ 25.3—2014)[13]中根据污染物的性质把有机污染物分为挥发性有机物和半挥发性有机物,其中半挥发性有机物包括多种农药及多氯联苯等有机物。

《环境化学》[19-20]中把有机物主要分成持久性有机物、有机卤代物、芳香烃、表面活性剂、石油烃污染等几种,该分类方法存在一定的重复性,如持久性有机物中的多氯联苯,也属于有机卤代物;芳香烃可分为单环芳烃和多环芳烃,单环芳烃分子中只含有一个苯环,如苯及苯的氯、硝基、甲基、乙基等取代衍生物;多环芳烃分子中含两个或两个以上的苯环,如联苯、萘、蒽等,很多芳香烃具有易挥发性,被称为挥发性有机化合物类(VOCs)。根据世界卫生组织定义,凡有机化合物(不包括金属有机化合物和有机酸类)其在标准状态(293 K 和 101.3 kPa)下的蒸气压大于 0.13 kPa 者即属挥发性有机化合物类(VOCs)化合物,包括苯、甲苯、二甲苯、乙苯等单环芳烃以及诸如四氯化碳、三氯乙烯等挥发性非芳烃类化合物。

持久性有机污染物(Persistent Organic Pollutants, POPs)是指在环境中难降解、高脂溶性、可以在食物链中富集放大、能够通过各种传输途径而进行全球迁移的一类半挥发性且毒性极大的污染物。2004 年生效的《斯德哥尔摩公约》(以下简称公约)规定的 12 种 POPs,包括 9 种农药(艾氏剂、氯丹、滴滴涕、狄氏剂、异狄氏剂、七氯、六氯苯、灭蚁灵、毒杀芬)、1 种工业化学品(多氯联苯)、多氯代二苯并-二噁英、多氯代二苯并呋喃;2009 年 5 月 4—8 日在瑞士日内瓦举行的缔约方大会第四届会议决定将全氟辛基磺酸及其盐类、全氟辛基磺酰氟、商用五溴联苯醚、商用八溴联苯醚、开蓬、林丹、五氯苯、α-六六六、β-六六六和六溴联苯等十种新增化学物质列入公约附件 A、B 或 C 的受控范围。

有机卤代物包括卤代烃、多氯代二噁英、有机氯农药等。多氯联苯(PCBs)属于卤代烃,是一组由多个氯原子取代联苯分子中氢原子而形成的氯代芳烃类化合物。按联苯分子中的氢原子被氯取代的位置和数目不同,从理论上计算,一氯化物应有 3 个异构体,二氯化物有 12 个异构体,三氯化物有 21 个异构体,PCBs 全部异构体有 210 个,目前已鉴定出 102 个。

表面活性剂是分子中同时具有亲水性基团和疏水性基团的物质,能显著改变液体的表面张力或两相间界面的张力,具有良好的乳化或破乳,润湿、渗透或反润湿,分散,起泡、稳泡和增加溶解的能力,可按其亲水基团结构和类型进行分类。

综合上述,有机污染物的分类如表 1-2 所示。

表 1-2　有机污染物分类表

类别		典型污染物	污染物来源	备注
挥发性有机物(VOCs)	单环芳烃类	苯、甲苯、乙苯、总二甲苯、氯苯、硝基苯、苯乙烯等	化工厂、农药厂、加油站、炼油厂、化学品储罐、城市固废处理等所产生的废弃物	总二甲苯包括对二甲苯、间二甲苯、邻二甲苯、二甲苯
	非芳烃类化合物	丙酮、丁酮、氯仿、四氯化碳、二氯乙烷、三氯乙烷、氯乙烯等		
半挥发性有机物(SVOCs)	多环芳烃类(PAHs)	苯并(a)蒽、苯并(a)芘、苯并(b)荧蒽、苯并(k)荧蒽、二苯并(a,h)蒽、茚并(1,2,3-cd)芘、䓛、萘、菲、苊、蒽、荧蒽、芴、芘等	矿物燃料和含碳氢化合物的不完全燃烧产生的气体,炼焦厂、炼油厂、煤气厂、发电厂的排出物,机动车尾气	
	非芳烃类化合物	2-氯酚、2,4-二氯酚、2-硝基酚、五氯酚、2,4,5-三氯酚、4-甲酚等	化工厂、农药厂、染化厂、制药厂等企业	
持久性有机物(POPs)	杀虫剂	艾氏剂,氯丹,滴滴涕(DDT),狄氏剂,异狄氏剂,七氯,六氯代苯,灭蚁灵,毒杀芬	农药厂、化工厂、造纸厂、皮革厂、机械制造、橡胶厂等所产生的废水废渣、城市固废焚烧	多氯联苯属于有机卤代物
	工业化学品	多氯联苯(PCBs)		
	生产中的副产品	二噁英,苯并呋喃		
	新增化学物质	全氟辛基磺酸及其盐类、全氟辛基磺酰氟、商用五溴联苯醚、商用八溴联苯醚、开蓬、林丹、五氯苯、α-六六六、β-六六六和六溴联苯		
农药		六六六、敌敌畏、乐果、西玛津、敌俾、草甘膦、二嗪磷(地亚农)、代森锌等	农药厂、化工厂、农田喷洒等	
总石油烃(TPH)	直链烃类	C7以上的烷烃和烯烃,环己烷,甲基环己烷,苯,甲苯,苯并(a)芘等	石油开采、炼油厂、精炼厂、加油站、油轮漏油、油气储存或运输管道泄漏等	
	环烷烃类			
	芳香烃类			
	多环芳烃			
表面活性剂	阴离子表面活性剂	羧酸盐(如肥皂)、磺酸盐、硫酸酯盐、磷酸酯盐	纤维、造纸、塑料、日用化工、医药、金属加工、石油、煤炭等加工企业所产生的废水	
	阳离子表面活性剂	季铵盐(如消毒灭菌剂)		
	非离子表面活性剂	聚氧乙烯烷基胺		

挥发性有机物(VOCs)是油类污染场地中普遍存在的污染物,在地下环境中一般以非水相流体(Non-Aqueous Phase Liquids,NAPLs)的形式存在,按密度划分为两类:密度小于水的称为轻质非水相流体(LNAPLs),密度大于水的称为重质非水相流体(DNAPLs)[20]。在污染区域内,VOCs通常以液相、气相、NAPLs相的形式存在,它们具有明显的流体性质,因而常以多相流的形式存在和运移,并且受到一系列复杂的物理、化学、生物过程影响,如对流(advection)、扩散(diffusion)、吸附(sorption)、生物转化(biological transformation)等[21]。

NAPLs在地表泄漏后,向下迁移进入非饱和土层,之后随降雨和地表径流迁移进入含水层环境中,在其流经的区域,会因吸附、溶解以及毛细截留等作用,部分污染物残留在多孔介质中[22]。另外,地层中的污染物由于挥发和溶解作用,在非饱和区会形成一个气态分布区,而在饱和区则形成一个污染物羽流状体,随着地下水位的变动可横向和纵向运移,对地下水环境和人体健康造成危害[23-24]。典型的储油罐泄漏污染如图1-5所示。

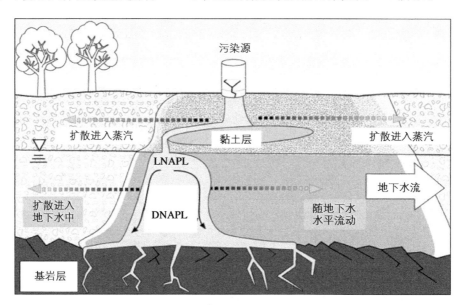

图1-5 有机污染物在地表下泄漏运移[25]

天然沉积土受到有机物污染后,其工程性状如何演变,受多种因素的制约和影响[26]。首先取决于土颗粒、粒间胶结物和污染物的物质成分[27],其次是土的结构和粒度、土粒间液体介质、吸附阳离子的成分及污染物(液体)的浓度等[28],再者是土与污染物作用时间和温度。有机污染土体界限含水率、强度与固结特性、击实特性、渗透特性及颗粒级配等工程性质会发生明显改变,一般来说随着有机污染物浓度的增大,其抗剪强度、渗透系数、最大干密度、最优含水量、阿太堡界限都呈减小趋势[29-32]。但不同学者的研究结论也有所不同,甚至得出相反的结论。

事实上由于污染场地的复杂性和地下土水作用的特点,很多污染场地往往出现重金属污染和有机污染共同存在的复合污染,使得污染场地特性更加复杂。

我国常见污染场地类型及其特征污染物如表1-3。

表1-3 常见污染场地类型及特征污染物[33]

行业分类	场地类型	潜在特征污染物类型
制造业	化学原料及化学品制造	挥发性有机物、半挥发性有机物、重金属、持久性有机污染物、农药
	电气机械及器材制造	重金属、有机氯溶剂、持久性有机污染物
	纺织业	重金属、氯代有机物
	造纸及纸制品	重金属、氯代有机物
	金属制品业	重金属、氯代有机物
	金属冶炼及延压加工	重金属

（续表）

行业分类	场地类型	潜在特征污染物类型
制造业	机械制造	重金属、石油烃
	塑料和橡胶制品	半挥发性有机物、挥发性有机物、重金属
	石油加工	挥发性有机物、半挥发性有机物、重金属、石油烃
	炼焦厂	挥发性有机物、半挥发性有机物、重金属、氰化物
	交通运输设备制造	重金属、石油烃、持久性有机污染物
	皮革、皮毛制造	重金属、挥发性有机物
	废弃资源和废旧材料回收加工	持久性有机污染物、半挥发性有机物、重金属、农药
采矿业	煤炭开采和洗选业	重金属
	黑色金属和有色金属矿采选业	重金属、氰化物
	非金属矿采选业	重金属、氰化物、石棉
	石油和天然气开采业	石油烃、挥发性有机物、半挥发性有机物
电力燃气及水的生产和供应	火力发电	重金属、持久性有机污染物
	电力供应	持久性有机污染物
	燃气生产和供应	半挥发性有机物、半挥发性有机物、重金属
水利、环境和公共设施管理业	水污染治理	持久性有机污染物、半挥发性有机物、重金属、农药
	危险废物的治理	持久性有机污染物、半挥发性有机物、重金属、挥发性有机物
	其他环境治理（工业固废、生活垃圾处理）	持久性有机污染物、半挥发性有机物、重金属、挥发性有机物
其他	军事工业	半挥发性有机物、重金属、挥发性有机物
	研究、开发和测试设施	半挥发性有机物、重金属、挥发性有机物
	干洗店	挥发性有机物、有机氯溶剂
	交通运输工具维修	重金属、石油烃

 ## 1.4 污染场地对构筑物的影响

上述分析表明，土体受到污染后，其基本物理力学特性会发生明显改变，并引起土体工程性质的变化。对于既有建（构）筑物基础，当其使用期间地基受到污染后，则会导致地基基础不同形式的破坏。

吉林某化工厂浓硝酸成品房，生产不到四年，因地基腐蚀造成的基础下沉，以致拆毁重建[34]。南京某厂因强碱渗漏，受腐蚀的地基产生不均匀沉降，引起喷射炉体倾斜[35]。西北某化工厂镍电解厂房，地基为卵石混砂的戈壁土，后因地基受硫酸液腐蚀而发生猛然膨胀，地面隆起，最大抬升高度达 80 cm，柱基被抬起，厂房严重开裂[35]。太原某化工厂苯酸厂房碱液部的框架梁、柱，因地基受碱液腐蚀而膨胀，引起基础上升而开裂，其电解车间的排架柱，也因地基腐蚀而抬起，造成吊车梁不平和屋面排水反向[35]。福建某造纸厂于 1971 年建成后，由于地下管道断裂，废碱液渗入地下，使作为地基的硬塑状态的杏红、红褐色黏土受侵蚀变成软塑和流塑状态的黑褐色土，强度大幅度降低，导致建筑物不均匀沉降，管道开裂[36]。上海某化工厂于 1958 年建成后,由于煤焦油废液大量渗入地基土中达 8 m 之深,使地基强度降低,砖基础损坏。据试验可知,废液使土的孔隙比增大 31%,压缩系数增大 17%[36]。江苏扬州某厂甲醚菊车间,由于硫酸等污染物侵入地基土中长达 20 年之久,使硫酸池产生严重倾斜[36]。昆明某厂硫铵工段建成后,由于地坪封闭不严,生产中大量硫酸和硫铵侵入坡残积的红黏土地基中,仅两年时间就使基础发生不均匀下沉,墙和地坪开裂,屋面板拉裂,行车轨道扭曲[37]。上海某厂的葡萄糖车间由于反应池开裂、盐酸下渗日久,将地基土及建筑物侵蚀,附近的外墙墙基受到侵蚀已形成一个长 2 m、高 1 m 的空穴[37]。上海某合成洗涤剂厂喷粉车间在建成 10 年后车间地坪、墙、柱出现开裂,设备管道严重断裂渗漏,开挖地基后发现原先的沥青防腐层已被腐蚀掉,混凝土腐蚀破碎,地基土发黑发臭。经查,此车间使用的有机溶剂苯大量下渗,将沥青溶解并随地下水流失,继而酸碱废液下渗使混凝土及地基土受到腐蚀[38]。

污染物也会对结构本身造成直接破坏。苏联援建的兰州橡胶厂和兰州化肥厂,在一次关于侵蚀性介质对工业建筑物腐蚀作用的调查中,发现建筑物墙体、屋盖等构件有较为严重的腐蚀,产生不同状态(雾状、气态、液态等)的腐蚀物质,其中,液态腐蚀物质包括工厂排出的酸液、碱液、盐溶液及含酸碱盐的污水,它们与建筑构件中不同材料接触后,产生不同程度的腐蚀[39]。1911 年至 1917 年间苏联建造的巴库至乌拉尔斯基输水管道,由于沿线地下水中的硫酸盐渗入导致管道腐蚀破坏[39]。印度南部沿海城市金奈一座生产氯化铵的工厂在检测中发现大约 50% 的建筑构件受到了严重的腐蚀,部分柱子和梁分别产生了 15 mm 和 20 mm 宽的裂缝,混凝土强度、pH 降低,钢筋产生锈蚀[40]。爱沙尼亚某建于 1951 年生产页岩油的工厂在进行检测时发现由于生产过程中产生的腐蚀气体对结构的腐蚀,导致梁柱结构混凝土强度降低,有较多裂缝产生,个别部位钢筋外露,混凝土碎裂,在结构混凝土中检测出较高含量的氯离子与硫酸根离子[41]。

从调研的文献案例中可以看出,污染场地上建筑物的腐蚀破坏方式主要有两种:

(1) 酸、碱、有机物等污染物入渗建筑地基,改变地基土物理力学特性,造成基础不均匀沉降或隆起,从而导致上部结构的破坏;

(2) 酸、硫酸盐、氯盐等污染物以液态或气态形式直接对上部结构造成腐蚀,导致混凝土开裂、碎落,强度降低,钢筋锈蚀。

综上所述,在污染场地进行工程建设,必须进行场地污染风险评估并对污染场地进行必要的修复处理,使之既满足环境污染控制要求又满足工程设计使用需要,这也是环境岩土工程发展研究的新阶段。

第2章 污染场地勘察调查与评价

2.1 概述

污染场地的调查是进行场地环境管理、场地利用规划与开发建设的基础。除了常规工程勘察内容以外,需要重点查明污染物的成分、分布范围、污染程度等,并对其对人体健康影响和工程性质影响做出评价。为此国内外发展了相应的室内和现场原位测试评价方法,我国国家标准《岩土工程勘察规范》(GB 50021—2001)在 2009 年版[1]中,增加了对污染土场地的勘察要求和评价内容,对具体试验方法等尚未做出详细规定。2015 年北京市规划委员会颁发了北京市地方标准《污染场地勘察规范》[2],这也是我国第一本关于污染场地勘察的规范,对污染场地现场勘探、采样、室内外试验和成果报告等均提出了要求,特别考虑了水文地质条件的重要性以及环境与岩土特点的结合,对污染场地勘察测试评价的技术发展起到了促进作用。

2014 年环境保护部批准发布的《场地环境调查技术导则》(HJ 25.1—2014)[3],《污染场地风险评估技术导则》(HJ 25.3—2014)[4],重点从健康风险角度,为污染场地调查和风险评价提供了依据。本章是在上述规范基础上,结合最新研究成果总结而成。

2.2 污染场地勘察调查

污染场地的勘察调查工作是整个污染场地管理流程的前端,在场地风险评价、污染治理修复和规划利用之前,其目的是尽量详细准确描述场地的水文工程地质条件、地下水和土壤的污染特征和分布,提供场地特征参数,为场地风险评价提供资料支撑,为经济有效地制定场地治理修复方案、合理制定土地利用规划提供依据。

2.2.1 勘察调查阶段与程序

根据《场地环境调查技术导则》(HJ 25.1—2014)[3],场地环境调查可分为三个阶段,如

图 2-1 所示。

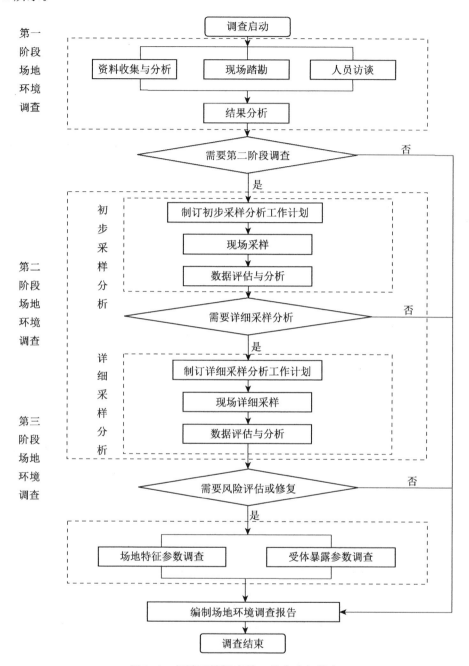

图 2-1　场地环境调查的工作内容与程序

　　根据北京市地方标准,污染场地勘察和场地环境调查的阶段之间的衔接关系可用图 2-2 表示[2]。一般来说,场地经过初步的环境调查(污染识别),确认场地内或周边区域存在可能的污染源、场地存在污染的可能性,需要进行采样分析和污染确认时,则开始进行污染场地的勘察工作。即勘察工作一般在环境调查工作的第二阶段(图 2-1)开始介入,图 2-2 也列出了污染场地勘察的内容与程序。

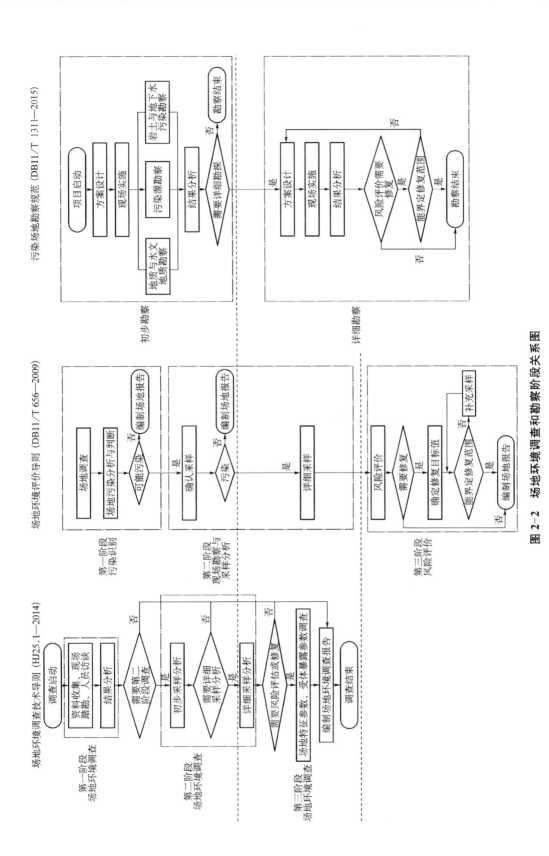

图 2-2　场地环境调查和勘察阶段关系图

2.2.2 勘察调查内容

1. 第一阶段场地环境调查

即污染识别阶段,主要采用资料收集、现场踏勘和人员访谈方式,原则上不进行现场采样分析。

资料收集主要包括:场地利用变迁资料、场地环境资料、场地相关记录、有关政府文件,以及场地所在区域的自然和社会信息;当调查场地与相邻场地存在相互污染的可能时,须调查相邻场地的相关记录和资料。

现场踏勘的主要内容包括:场地的现状与历史情况,相邻场地的现状与历史情况,周围区域的现状与历史情况,区域的地质、水文地质和地形的描述等。现场踏勘的范围以场地内为主,并应包括场地污染物可能迁移的周围区域。现场踏勘的重点应包括:有毒有害物质的使用、处理、储存、处置;生产过程和设备状况;恶臭、化学品味道和刺激性气味,污染和腐蚀的痕迹;排水管或渠、污水池或其他地表水体、废物堆放地、井等。通过现场踏勘,可以初步判断场地污染的状况。

人员访谈主要采访场地现状或历史的知情人,包括场地管理部门、使用部门人员,以及熟悉场地的第三方人员等,重点了解资料收集和现场踏勘时涉及的疑问、信息补充和已有资料的考证。

第一阶段调查应明确场地内及周围区域有无可能的污染源,并进行不确定性分析。若有可能的污染源,应说明可能的污染类型、污染状况和来源,并应提出第二阶段场地环境调查的建议。

2. 第二阶段场地环境调查

第二阶段场地环境调查是以采样与分析为主的污染证实阶段,若第一阶段场地环境调查表明场地内或周围区域存在可能的污染源,作为潜在污染场地开始进行第二阶段场地环境调查,确定污染物种类、浓度(程度)和空间分布。主要采用采样分析方法,可以分为初步采样分析和详细采样分析两步进行。

在第一阶段调查的基础上,制订初步采样分析工作计划,内容包括核查已有信息、判断污染物的可能分布、制订采样方案、制订健康和安全防护计划、制订样品分析方案和确定质量保证和质量控制程序等任务。采样方案一般包括:采样点的布设,样品数量,样品的采集方法,现场快速检测方法,样品收集、保存、运输和储存等要求。

采样点水平方向的布设参照表 2-1 进行。

表 2-1 几种常见的布点方法及适用条件

布点方法	适用条件
系统随机布点法	适用于污染分布均匀的场地
专业判断布点法	适用于潜在污染明确的场地
分区布点法	适用于污染分布不均匀,并获得污染分布情况的场地
系统布点法	适用于各类场地情况,特别是污染分布不明确或污染分布范围大的情况

采样点垂直方向的土壤采样深度可根据污染源的位置、迁移和地层结构以及水文地质

条件等进行判断设置。若对场地信息了解不足,难以合理判断采样深度,可按 0.5~2 m 等间距设置采样位置。

对于地下水,一般情况下应在调查场地附近选择清洁对照点。地下水采样点的布设应考虑地下水的流向、水力坡降、含水层渗透性、埋深和厚度等水文地质条件及污染源和污染物迁移转化等因素;对于场地内或邻近区域内的现有地下水监测井,则可以作为地下水的取样点或对照点。

样品检测项目应根据保守性原则,按照第一阶段调查确定的场地内外潜在污染源和污染物,同时考虑污染物的迁移转化,判断样品的检测分析项目;对于不能确定的项目,可选取潜在典型污染样品进行筛选分析。一般工业场地可选择的检测项目有:重金属、挥发性有机物、半挥发性有机物、氰化物和石棉等。如土壤和地下水明显异常而常规检测项目无法识别时,可采用生物毒性测试方法进行筛选判断。

根据初步采样分析结果,如果污染物浓度均未超过国家和地方等相关标准以及清洁对照点浓度(有土壤环境背景的无机物),并且经过不确定性分析确认不需要进一步调查后,第二阶段场地环境调查工作可以结束,否则认为可能存在环境风险,须进行详细采样分析调查,确定场地污染程度和范围。

根据初步采样分析的结果,结合场地分区,制订采样方案。应采用系统布点法加密布设采样点。对于需要划定污染边界范围的区域,采样单元面积不大于 1 600 m² (40 m×40 m 网格)。垂直方向采样深度和间隔根据初步采样的结果判断。

第二阶段场地环境调查报告应提出场地污染物成分和分布特征等主要内容。

3. 第三阶段场地环境调查

在第二阶段调查的基础上,若需要进行风险评估或污染修复时,则要进行第三阶段场地环境调查。第三阶段场地环境调查以补充采样、现场测试和室内试验为主,主要工作内容包括场地特征参数和受体暴露参数的调查,获得满足风险评估及土壤和地下水修复所需的参数。

调查场地特征参数包括:不同代表位置和土层或选定土层的土壤样品的理化性质分析数据,如土壤 pH、容重、有机碳含量、含水率和质地等;场地(所在地)气候、水文、地质特征信息和数据,如地表年平均风速和水力传导系数等。根据风险评估和场地修复实际需要,选取适当的参数进行调查。受体暴露参数包括:场地及周边地区土地利用方式、人群及建筑物等相关信息。

第三阶段场地环境调查报告应满足场地风险评估和污染修复使用的需求。

 2.3　污染场地勘察调查方法

上述场地环境调查第二阶段和第三阶段的取样、现场测试和场地特征参数确定等工作,需要采用专门的岩土工程勘察方法才能完成。勘察方法主要包括:钻探取样、现场污染成分测试、地下水观察井布置与试验、地球物理方法等。

2.3.1　钻探采样

污染场地勘察是在场地工程地质、水文地质勘察的基础上,增加场地污染物特征勘察的内容。由此勘探工作的开展须符合现行国家标准《岩土工程勘察规范》(GB 50021—2001)[5]和现行建设行业标准《建筑工程地质勘探与取样技术规程》(JGJ/T 87—2012)[6]的规定。勘探方法包括钻探、井探、槽探、物探等。钻探方法和工艺的选择综合考虑污染场地地层结构中污染物的特点、岩土特性、环境敏感性等,并符合地层判别、取样和原位试验的要求,从常用钻探方法中选择最优方法。勘探过程中应防止污染物损失、交叉污染以及二次污染。

井探和槽探可用于现场管线污染调查、浅层包气带污染采样等,勘探深度的深浅划分界限一般为 3 m。

勘探点的布置根据环境调查布点原则,在详细勘察阶段应考虑污染源分布情况、污染物运移特征等确定。勘探点的布置数量和深度可参考有关规范。

在污染场地勘察中,土样采集可使用直接贯入采样。采样实施前应制订相应的质量控制及质量保证计划。表层土壤样品的采集一般采用挖掘方式进行,一般采用锹、铲及竹片等简单工具,深层土壤的采集以钻孔取样为主。常规测试土工参数的土样采集应符合岩土工程有关规范规定;对于挥发性有机物样品,应尽量减少对样品的扰动,先采用现场便携式识别仪进行扫描,同时采样并迅速转移至加有封存剂的棕色样品瓶;对于其他类型污染物采样,应采用清洁采样工具采集样品并转移至棕色玻璃瓶内压实密封,对重金属污染样品,宜采用便携式重金属分析仪先进行现场扫描,再取样送实验室分析。

地下水样采集应在地下水监测井中采集,并应在监测井洗井结束后 2 小时内进行,以保证所有的污染物或钻井产生的岩层破坏以及来自天然岩层的细小颗粒都必须去除。采集前可采用便携式设备现场测定地下水水温、pH、电导率、浊度和氧化还原电位等。地下水监测井的建设过程分为设计、钻孔、过滤管和井管的选择和安装、滤料的选择和装填,以及封闭和固定等,具体成井要求参见《地下水环境监测技术规范》(HJ/T 164—2004)[7]。

样品采集后需要妥善保存和流转。土壤样品采集后,应根据污染物理化性质等,选用合适的容器保存。挥发性有机物污染的土壤样品和恶臭污染土壤的样品应采用密封性的采样瓶封装,样品应充满容器整个空间;含易分解有机物的待测定样品,可采取适当的封闭措施(如甲醇或水液封等方式保存于采样瓶中)。样品应置于 4 ℃以下的低温环境(如冰箱)中运输、保存,避免运输、保存过程中的挥发损失,送至实验室后应尽快分析测试。具体土壤样品的保存与流转可参考《土壤环境监测技术规范》(HJ/T 166—2004)[8]。

2.3.2 现场触探取样方法

1. Geoprobe 系统

Geoprobe 是近年来专门针对土壤及地下水污染调查项目所设计研发的装备。国外环保方面的应用非常广泛,目前在中国,越来越多的环保企业购置了 Geoprobe 系统,在环境调查和勘察方面发挥越来越大的作用(图 2-3)。

Geoprobe 系统是一个平台,在此平台上集成多类功能,根据系统功能分为:土壤与地下水取样系统、监测井成井系统、污染场地修复注射系统、现场测 VOC 污染物的 MIP 测试系

图 2-3　Geoprobe 现场测试系统

统、常规 CPT 系统等。目前国内用的主要设备是 6620DT 型,具有体积小、操作方便、效率高等优点。

土壤与地下水取样系统可分为:DT32、DT21、MC5、RS60、LB 等。其中 DT21 土壤取样系统应用较为广泛,其特有的直接压入装置能够取出原状土壤样品,其特有的土壤套管能够完好地保护好样品的品质;地下水取样系统(SP16)能非常快速地到达预定深度,取出特定深度的地下水样品。

监测井成井系统:Geoprobe 设备在设立长期监测井方面非常优越,通过中空螺旋钻杆打到特定深度,其螺旋钻杆内腔和地下土壤隔绝,在放入花管时能够保持预定厚度的滤层,加上上层用膨润土填充的隔水层,形成一口长期监测井。

污染场地修复注射系统:主要应用于污染场地的修复,最新出来的 GS2200 注射机能够提供足够的泥浆压力,能将修复物质注入地下污染土壤中,特别适合应用于原位土壤修复项目工程中。

MIP 系统:它是一种可侦测土壤及地下水中污染物而侦测器可放在地表上的一种探测器,可从电脑屏幕工具得知污染物位于哪个深度,但是不能决定污染物为何种化合物。因此 MIP 具备了两种优点,它可于现场侦测污染物及适用于各种土壤质地。

水力剖面探杆工具系统(HPT):该系统由 Geoprobe 公司制造,用于评估地下土壤的水压特性。当该工具以固定速率钻入地下时,将压力水通过探杆侧的滤网注射入土壤。在线压力传感器测量注入压力水的土壤的反应压力。该反应压力与土壤传导水的能力有关。压力和水流量以及深度都被记录。

2. 基于 CPTU 的土水取样系统

静力触探技术(CPT)近年来向孔压静力触探技术(CPTU)和多功能方向发展,上述 Geoprobe 系统是在 CPT 系统的基础上组合了其他功能实现了多功能化,满足污染场地勘察调查的需要。近年来发展了基于 CPT 的取土、水、气样的装置,该装置利用 CPT 贯入系统,连接取土器获得样品。

大多数 CPT 贯入式取样器的设计都是基于荷兰最初的 Gouda 或 MOSTAP 的土样取土器[9—10](图 2-4)。在取土器被推到需要的深度之前,取土器是闭合的。Gouda 式的取样器有一个内部锥尖,内部锥尖被缩回到锁定的位置,留下一个小直径(25mm/1英寸)不锈钢或黄铜管的空心取样器,然后将空心取样器贯入土体采集样本。

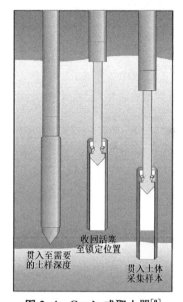

图 2-4　Gouda 式取土器[9]
（Robertson P K and
Cabal K L)

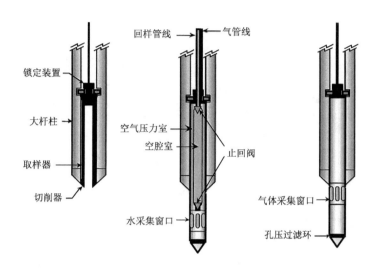

图 2-5　取土、水、气 CPTU 探头

之后,也发展了基于 CPTU 贯入的取水样和气样的装置,如图 2-5 所示。

2.3.3　地下水监测井

地下水监测井是污染场地现场勘察工作的重要组成部分之一,监测井主要用于现场量测地下水位、查明地下水分布条件、采取地下水样;监测试验井还用于水文地质试验提供水文地质参数。关于地下水环境监测井的设立方法和污染成分分析方法,在环境保护行业标准《地下水环境监测技术规范》(HJ/T 164—2004)[7],北京市地方标准《污染场地勘察规范》(DB11/T 1311—2015)[2]中有详细介绍。

监测井的布置位置主要根据污染源的分布和污染物的扩散形式确定;在剖面上应根据含水层层位分布、隔水层和承压含水层分布情况确定布井形式;污染场地中采用的地下水环境监测井按井结构可分为单管单层监测井、单管多层监测井、巢式监测井和丛式监测井等。

地下水监测井的结构一般如图 2-6 所示,主要由井孔、井管、填料和井台四部分组成。监测井管管径和壁厚是监测井的重要参数,须考虑取水样代表性需求、井身安全。井管内径过大会导致地下水流速过大,超过一定值时会产生紊流现象,导致土层中的细小颗粒进入井中,影响监测效果;井管内径过小则采样困难,效率较低。井壁厚度主要以强度控制。北京市地方标准经过对比国内外井管结构和我国管材供应特点,推荐选择 DN50 mm(2 英寸)的 PVC 井管,这与美国 ASTM 标准一致;当监测井作为抽水试验或修复用井时,井管则采用 DN100 mm,钻探成孔直径需要至少大于井管直径 100 mm,即保证填料层厚度大于50 mm。

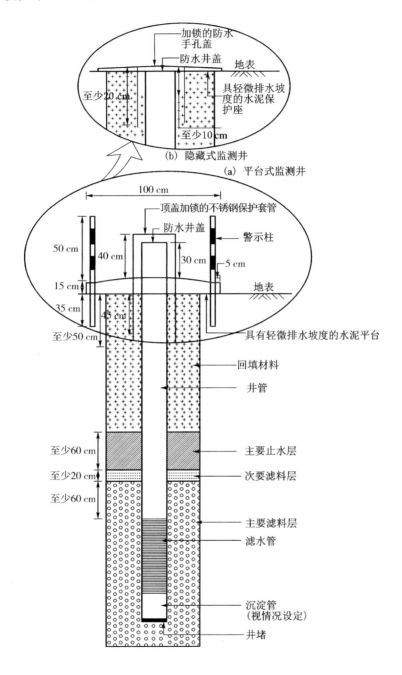

图 2-6　地下水监测井井身结构示意图[7]

注：1. 图未按比例绘制；2. 除带"至少"字样的标注尺寸外，其他尺寸为建议尺寸

　　监测井管的材质选择主要考虑材质与地下水的相容性，当监测目标污染物为有机物时，宜选择不锈钢材质；当监测目标污染物为无机物或地下水的腐蚀性较强时，宜选择 PVC 材质。监测井材质与地下水水质相容性评估参见表 2-2。

填料设计也是监测井的重要部分之一,自下而上分别为主要滤料层、次要滤料层、止水层、回填层等,各填料层的材料均应满足规范要求。滤料层主要采用不同粒径的石英砂,止水层主要采用膨润土颗粒,回填层则采用水泥浆或水泥浆膨润土混合料。

表 2-2　监测井材质与不同地下水水质相容性评估表[7]

地下水中典型反应性物质	监测井材质						
	PVC	镀锌钢	碳钢	低碳钢	304 不锈钢	316 不锈钢	聚四氟乙烯
微酸	100	56	51	59	97	100	100
弱酸	98	59	43	47	96	100	100
高 TDS	100	48	57	60	80	82	100
有机物	64	69	73	73	98	100	100

备注:评分值愈高表示愈适用,例如 100 代表非常适用,低于 50 以下的则代表不太适用。

2.3.4　现场污染成分快速测试方法

在现场环境调查和勘察取样过程中,可采用现场便携式快速污染成分检测仪初步判断场地污染特征。现场便携式检测仪主要有:便携式有机物快速测定仪(挥发性有机物 VOC)、重金属快速测定仪等。

1. 便携式 VOC 快速检测仪

(1) PID

PID 是英文 Photo Ionization Detector 的简称,即光离子化检测器。光离子化检测仪器是气相色谱检测器的一种,是一种新型的离子检测仪器。其基本原理是使用一个高能量的紫外灯(UV)光源,将有机物"击碎"成可被检测器检测到的正负离子(离子化),所形成的分子碎片和电子由于分别带有正负电荷,从而在两个电极之间产生电流;检测器将电流放大并显示出"ppm"(百万分比质量浓度)浓度值。PID 是一种非破坏性检测器,被检测后的离子能重新复合成为原来的气体和蒸气,不会"燃烧"或永久性改变待测气体。

所有的元素和化合物都可以被离子化,但在所需能量上有所不同,而这种可以替代元素中的一个电子,即将化合物离子化的能量称为"电离电位(IP)",它以电子伏特(eV)为计量单位。由 UV 灯发出的能量也以 eV 为单位。如果待测气体的 IP 低于灯的输出能量,那么,这种气体就可以被离子化。苯的 IP 是 9.24 eV,它可以被标准配置的 PID

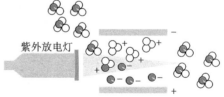

图 2-7　PID 工作原理图

(配 10.6 eV)所"看"到。氯甲烷的 IP 是 11.32 eV,它只能被 11.7 eV 的 PID"看"到。一氧化碳的 IP 是 14.01 eV,它就不可能被 PID 离子化。我们可以从各类化学手册上和 ISC 提供的资料上查到各类物质的 IP 值。常见物质的电离电位、校正系数、立即致死量(IDLH)、爆炸下限如表 2-3 所示。

表 2-3　PID 检测常见有机物参数表

物质	分子式	电离电位	校正系数	IDLH/ppm①	爆炸下限/%
乙酸	$C_2H_4O_2$	10.66	14	50	4
丙烯腈	C_3H_3N	10.91	1.2	85	3.0
氨气	NH_3	10.16	9.7	300	15
苯	C_6H_6	9.25	0.53	500	1.2
丁胺	$C_4H_{11}N$	8.71	7	300	1.7
二硫化碳	CS_2	10.07	1.2	500	1.3
二甲胺	C_2H_7N	8.23	1.5	500	2.8
二甲基肼	$C_2H_8N_2$	7.28	0.78	15	1.4
丙烯酸乙酯	$C_5H_8O_2$	10.3	2.4	300	1.4
甲硫醇	CH_4S	9.44	0.6	150	3.9
氯乙烯	C_2H_3Cl	9.99	2.0	150	3.6

注:①ppm 浓度是用百万分比表示的浓度,现一般不用,可用 mg/kg 表示。

PID 可以检测的有机物

① 芳香类:含有苯环的系列化合物。比如苯、甲苯、萘,等等。

② 酮类和醛类:含有 C=O 键的化合物。比如丙酮、甲基乙基酮(MEK)、乙醛,等等。

③ 氨和胺类:含 N 的碳氢化合物。比如二乙胺,等等。

④ 卤代烃类:比如三氯乙烯(TCE)、全氯乙烯(PERC),等等。

⑤ 硫化物类。

⑥ 不饱和烃类:比如丁二烯、异丁烯,等等。

⑦ 醇类:比如异丙醇(IPA)、乙烷,等等。

⑧ 饱和烃。

除了有机物,PID 还可以测量一些不含碳的无机气体:氨,半导体气体(砷、磷化氢等),硫化氢,一氧化氮,溴和碘类,等等。

PID 不能检测的气体

放射性物质、空气(N_2、O_2、CO_2、H_2O)、常见毒气(CO、HCN、SO_2)、天然气等,酸性气体(HCl、HF、HNO_3)、氟利昂气体、臭氧、非挥发性气体等。

常见 PID 检测仪如图 2-8 所示。其主要性能对比如表 2-4 所示。

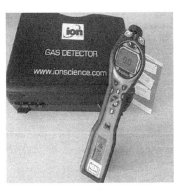

(a)英国离子虎牌 PCT-LB-00

(b)美国华瑞检测仪 PGM-7340

图 2-8　常见 PID 检测仪

表 2-4　市场常见 PID 检测仪(TVOC 仪)比较

核心技术指标	英国离子虎牌 PCT-LB-00	美国华瑞检测仪 PGM-7340
报价	3～4 万元	3～4 万元
最小分辨率	0.1 ppm	0.1 ppm
量程	0.1～20 000 ppm	1～10 000 ppm
精度	±5% 读数或 ±1 数值	±5% 读数
单位	mg/m^3 或 ppm	ppm
响应时间(T90)	<2 s	2 s
电池使用时间	30 h	16 h
PID 灯	10.6 eV、9.8 eV 和 11.7 eV 灯可选氪气 PID 灯	10.6 eV、9.8 eV 和 11.7 eV 灯可选紫外灯的 PID 传感器
通信	USB	USB
校准	通过校准工具套件	零点/扩展标定
报警	LED 闪灯和 95dBA 300 mm 扬声器	LED 闪灯和 95dBA 300 mm 扬声器
可选的震动报警	预设 TWA 和 STEL	设置 TWA 和 STEL 和高/低报警限值
流量	220 mL/min 具有低流量报警	450～550 mL/min
温度	-20～60℃	20～50℃
湿度	0%～99% 相对湿度(无冷凝)	0%～95% 相对湿度(无冷凝)
防护等级	IP65 防水设计	IP66,防水防尘
体积	宽度 340 mm×高度 90 mm×深度 60 mm	255 mm×76 mm×64 mm
仪器质量	720 g	738 g
内置气体库	350 种	超过 220 种

(2) FID

1958 年 Mewillan 和 Harley 等分别研制成功氢火焰离子化检测器(FID),它是以氢气和空气燃烧生成的火焰为能源,当有机化合物进入以氢气和氧气燃烧的火焰,在高温下产生化学电离,电离产生比基流高几个数量级的离子,在高压电场的定向作用下,形成离子流,微弱的离子流(10^{-12}～10^{-8} A)经过高阻(10^6～10^{11} Ω)放大,成为与进入火焰的有机化合物量成正比的电信号,因此可以根据信号的大小对有机物进行定量分析。它是破坏性、质量型检测器。

FID 的主要特点是对几乎所有挥发性的有机化合物均有响应,对所有烃类化合物(碳数 ≥3)的相对响应值几乎相等,对含杂原子的烃类有机物中的同系物(碳原子数 ≥3)的相对响应值也几乎相等。这给化合物的定量分析带来很大的方便,而且具有灵敏度高(10^{-13}～10^{-10} g/s),基流小(10^{-14}～10^{-13} A),线性范围宽(10^6～10^7),死体积小(≤1 μL),响应快(1 ms),可以和毛细管柱直接联用,对气体流速、压力和温度变化不敏感等优点,所以成为应用最广泛的气相色谱检测器。

其主要缺点是需要三种气源及其流速控制系统,尤其是对防爆有严格的要求。

常见 FID 快速检测仪如图 2-9 所示,主要性能对比如表 2-5 所示。

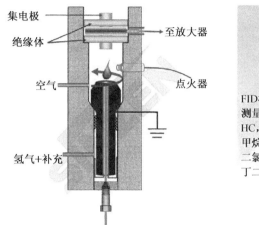
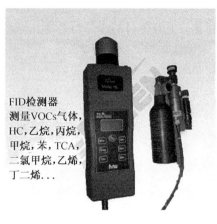

（a）Model-115 型 FID 便携式 VOCs 分析仪

（b）Data FID 便携式火焰离子化检测仪

图 2-9　常见 FID 快速检测仪

表 2-5　市场常见 FID 检测仪（TVOC 仪）比较

核心技术参数	Model-115 型 FID 便携式 VOCs 分析仪	Data FID 便携式火焰离子化检测仪
报价	约 11 万元	约 40 万元
VOC 量测范围	0～30 000 mg/kg	0.1～50 000 mg/kg
响应时间（T90）	3 s	＜3 s
尺寸	304 mm×76 mm×127 mm	—
质量	2.94 kg（含燃气瓶）	—
数据	可记录 7 000 组测量数据,传至 PC,转成 EXCEL	—
校正	自动零点校正,量程单点标定	—
准确度/精读	—	90%全刻度
内置气体库	200 种以上	—
电池使用时间	12 h	15 h
防护等级	IP66	—
防爆等级	ExiaIICT6	—
燃气瓶	易充式迷你氢气瓶	氢气瓶

2. 油水界面计

加拿大 Solinst 公司 122 型声光油水界面计使用一个 16 mm 直径的探头,它使用能够探测液体的红外电路,根据红外光束在不同介质液体的反射、折射特点,能够分辨出导电液体(水)和非导电液体(LNAPL/DNAPL 产品),精度可达 1 mm。它可用于地下罐体、含水层、管道、加油站等的含油污染测量。122 型油水界面计可在受污染环境中使用,Solinst公司的这款界面计可适应严酷的野外环境,使用方便。

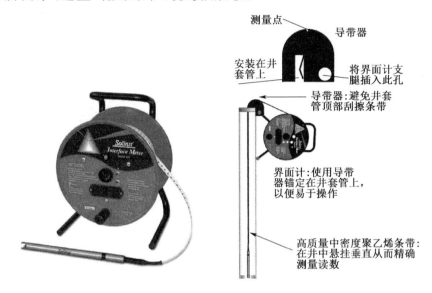

图 2-10　油水界面计

3. 重金属快速检测仪

土壤中重金属的常规检测方法以分光光度法为主。分光光度法是通过测定被测物质在特定波长处或一定波长范围内光的吸光度或发光强度,对该物质进行定性和定量分析的方法。

随着光学和电子技术的不断发展,使得基于光与物质间相互作用建立起来的分析检测土壤重金属的方法得到广泛关注。光学检测法是依据光的吸收、发射、散射等作用建立起来的分析方法,通过运用光学仪器检测相关光谱波长及强度进行定性定量分析,从而检测出重金属的含量。

光学检测法主要包括原子吸收、发射光谱法(AAS、AES)、原子荧光光谱法(AFS)、电感耦合等离子体发射光谱法(ICP-AES)、激光诱导击穿光谱法(LIBS)、X 射线荧光光谱法(XRF)及分光光度法(SP)等。

XRF 技术原理是利用放射源放射出 X 射线,激发待测物内层的电子,根据对采集到的数据的处理方式分为波长色散型 X 射线荧光仪与能量色散型 X 射线荧光仪。波长色散型 X 射线荧光仪(WD-XRF)主要是通过分光晶体使特征 X 射线衍射,然后用探测器接收经过衍射的特征 X 射线,不断地改变分光晶体的位置来改变 X 射线的衍射角,并且分光晶体和探测器保持同步运动,便可探测样品中各种元素所产生的特征 X 射线的波长及各个波长的 X 射线的强度,因此,WD-XRF 可以对样品进行定性分析和定量分析。能量色散型 X 射线荧光仪(ED-XRF),用 X 射线管或者放射性同位素源等作为激发源照射样品,样品原子受激后所产生的特征 X 射线直接进入探测器测量,据此便可以进行定性分析和定量分析。

XRF 技术最初用于金属矿业的勘查,后来逐步延伸到土壤重金属污染调查中,美国环保署于 2007 年 2 月发布了该污染调查技术方法"EPA 6200",成为土壤金属污染快速调查的标准方法之一。在原位土壤测试中,利用贯入调查系统,将荧光探头贯入地下进行实时地层剖面的重金属污染调查。另外一种原位 XRF 调查技术是采用便携式 XRF 对地表土壤进行重金属污染快速调查,它的 X 射线穿透深度一般小于 2 cm[11]。根据 XRF 技术原理,国外有公司生产了用于原位测试的 XRF 探头,其典型结构如图2-11所示。

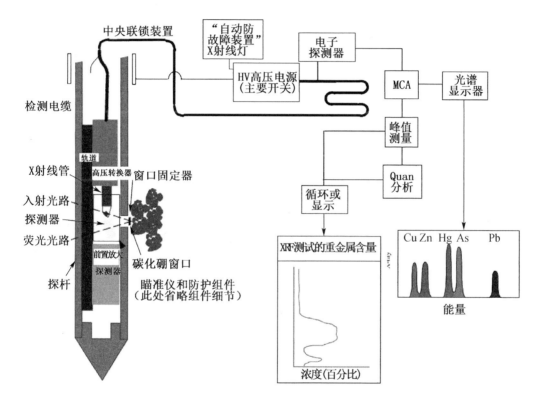

图 2-11　XRF 传感器布置示意图[12]

2.3.5　室内试验分析方法

经过现场污染成分快速测试后,需要对所取土样在室内实验室进行试验。试验内容包括两部分,一是污染成分和运移参数确定;二是物理力学性质评价。后一部分试验与常规土工试验要求一样,此处不再赘述。下面简要介绍污染成分及其运移参数试验方法。

1. 污染成分试验

近年来,我国环境、农业等部门颁发了系列土壤污染成分测试标准,重金属污染和有机污染成分测试原理和方法分别见表 2-6 和表 2-7。

表 2-6　土壤重金属污染成分分析方法表

污染物	常用检测方法	原理	主要仪器	来源
总铅、总镉	石墨炉原子吸收分光光度法	土经强酸消解后注入石墨炉中,在高温的作用下使铅、镉化合物离解为基态原子蒸气,利用其对特征谱线的选择性吸收,测定铅、镉的吸光度	石墨炉原子吸收分光光度计 铅空心阴极灯 镉空心阴极灯	《土壤质量　铅、镉的测定　石墨炉原子吸收分光光度法》(GB/T 17141—1997)
	KI-MIBK 萃取火焰原子吸收分光光度法	土经强酸消解后,在试液中加入 KI 使其中的 Pb^{2+}、Cd^{2+} 与 I^- 形成缔合物,而后用 MIBK 萃取;在火焰的高温下使缔合物离解为基态原子,利用其对特征谱线的选择性吸收,测定铅、镉的吸光度	原子吸收分光光度计(带有背景校正装置) 铅空心阴极灯 镉空心阴极灯	《土壤质量　铅、镉的测定　KI-MIBK 萃取火焰原子吸收分光光度法》(GB/T 17140—1997)
总汞	冷原子吸收分光光度法	汞原子蒸气对特定波长的紫外光具有强烈的吸收作用,汞蒸气浓度与吸光度成正比。通过氧化分解作用,使汞转化为可溶态汞离子,再将汞离子还原成汞原子,用净化空气做载气将其载入冷原子吸收测汞仪进行测定	测汞仪 载气净化系统 汞还原器 汞吸收塔	《土壤质量　总汞的测定　冷原子吸收分光光度法》(GB/T 17136—1997)
总砷	硼氢化钾硝酸银分光光度法	通过化学氧化使砷以可溶态的砷离子进入溶液,硼氢化钾在酸性溶液中产生新生态的氢,在一定的酸度下使砷离子还原成气态砷化氢,而后用硝酸银-硝酸银-聚乙烯醇-乙醇为吸收液,并测定其吸光度	分光光度计 砷化氢发生装置	《土壤质量　总砷的测定　硼氢化钾硝酸银分光光度法》(GB/T 17135—1997)
	二乙基二硫代氨基甲酸银分光光度法	原理与硼氢化钾硝酸银分光光度法相似,不同点在于此法的吸收液为二乙基二硫代氨基甲酸银-三乙醇胺的三氯甲烷溶液	分光光度计 砷化氢发生装置	《土壤质量　总砷的测定　二乙基二硫代氨基甲酸银分光光度法》(GB/T 17134—1997)
总铬	二苯碳酰二肼分光光度法	在酸性溶液中,铬与二苯碳酰二肼反应生成紫红色化合物,于波长 540 mm 处进行分光光度测定	分光光度计	《水质　六价铬的测定　二苯碳酰二肼分光光度法》(GB 7467—87)
	火焰原子吸收分光光度法	土经强酸消解后,将试液喷入空气乙炔火焰中,在高温的作用下形成铬基态原子,利用其对特征谱线 357.9 nm 的选择性吸收,测定铬的吸光度	原子吸收分光光度计(带有背景校正器) 铬空心阴极灯	《土壤质量　总铬的测定　火焰原子吸收分光光度法》(HJ 491—2009)
总铜、总锌	火焰原子吸收分光光度法	土经强酸消解后,在高温的作用下将试液中的铜、锌化合物离解为基态原子,利用其对相应的空心阴极灯发射的特征谱线的选择性吸收处测定吸光度	原子吸收分光光度计(带有背景校正器) 铜空心阴极灯 锌空心阴极灯	《土壤质量　铜、锌的测定　火焰原子吸收分光光度法》(GB/T 17138—1997)
总镍	火焰原子吸收分光光度法	土经强酸消解后,在高温的作用下将试液中的镍化合物离解为基态原子,利用其对镍空心阴极灯发射的特征谱线 232.0 nm 的选择性吸收处测定吸光度	原子吸收分光光度计(带有背景校正器) 镍空心阴极灯	《土壤质量镍的测定火焰原子吸收分光光度法》(GB/T 17139—1997)
总硒	DAN 荧光光度法	在 pH 为 1.5~2.0 的介质中,Se^{4+} 与 2,3-二氨基萘(缩写为 DAN)反应生成 4,5-苯并芘硒脑,它是一种绿色荧光物质,可被环己烷萃取;有机相的荧光强度与试液中硒的含量成比例,即可以此定量	荧光分光光度计	《土壤元素的近代分析方法》(中国环境监测总站,1992)

(续表)

污染物	常用检测方法	原理	主要仪器	来源
总钒	N-BPHA 光度法	土经强酸消解后，在盐酸介质中，VO_3^- 与 N-苯甲酰苯基羟胺（简称 N-BPHA）反应生成紫红色络合物，用三氯甲烷萃取，有机相直接用分光光度法测定	分光光度计	《土壤元素的近代分析方法》（中国环境监测总站，1992）

表 2-7　土壤有机污染成分室内分析方法表

污染物	常用检测方法	原理	主要仪器	来源
挥发性有机化合物	吹扫捕集/气相色谱-质谱法	待测样品中的挥发性有机物经高纯氦气（或氮气）吹扫富集于捕集管中，将捕集管加热以高纯氦气反吹，被热脱附出来的组分进入气相色谱并分离后，用质谱仪进行检测。通过与待测目标物标准质谱图相比较和保留时间进行定性，内标法定量	气相色谱仪 质谱仪 吹扫捕集装置	《土壤和沉积物　挥发性有机物的测定　吹扫捕集/气相色谱质谱法》（HJ 605—2011）
	顶空/气相色谱-质谱法	在一定的温度条件下，顶空瓶内样品中挥发性组分向液面上空间挥发，产生蒸气压，在气液固三相达到热力学动态平衡。气相中的挥发性有机物进入气相色谱分离后，用质谱仪进行检测。通过与标准物质保留时间和质谱图相比较进行定性，内标法定量	气相色谱仪 质谱仪 顶空进样器 零顶空提取器	《固体废物　挥发性有机物的测定　顶空/气相色谱-质谱法》（HJ 643—2013）
多环芳烃类	半挥发性有机物的气相色谱质谱（毛细管柱技术）	半挥发性有机化合物能溶解在二氯甲烷内，易被洗脱，无需衍生化便可在 GC 上出现尖锐的波峰，该 GC 柱是涂有少量极性硅酮的熔融石英毛细管柱。利用这个特性配合气相色谱技术便可对半挥发性有机化合物进行定量	气相色谱仪 GC 仪 GC 柱 MS 仪 GC-MS 接口	《全国土壤污染状况调查样品分析测试技术规定》（国家环境保护总局，2006）
六六六、滴滴涕总量	气相色谱法	土壤样品中的六六六和滴滴涕农药残留分析采用有机溶剂提取，经液-液分配及浓硫酸净化或柱层析净化除去干扰物质，用电子捕获检测器（ECD）检测，根据色谱峰的保留时间定性，外标法定量	索氏提取器 旋转蒸发器 离心机 气相色谱仪	《土壤质中六六六和滴滴涕测定　气相色谱法》（GB/T 14550—2003）
石油烃类	红外分光光度法	用四氯化碳萃取样品中的油类物质，测定总油，然后将萃取液用硅酸镁吸附，除去动植物油类等极性物质后，测定石油类	红外分光光度计 旋转振荡器	《水质　石油类和动植物油类的测定　红外分光光度法》（HJ 637—2012）
2,4-二氯苯氧乙酸	液相色谱法（紫外检测器）	试样经乙腈匀浆提取，提取液在酸性条件下盐析，乙二胺基-N-丙基（PSA）分散固相萃取净化后，用液相色谱仪检测。根据选择离子丰富度和保留时间定性，外标法定量	液相色谱质谱仪 高速分散机 离心机 氮吹机	《蔬菜中 2,4-D 等 13 中除草剂多残留的测定液相色谱质谱法》（NY/T 1434—2007）
土壤有机质含量	重铬酸钾容量法	在加热条件下，用过量的重铬酸钾硫酸溶液氧化土壤有机碳，剩余的重铬酸钾用硫酸亚铁标准溶液滴定，以消耗的重铬酸钾量按照氧化校正系数计算出有机碳含量，再除以有机碳占土壤有机质含量的比例系数，即为土壤有机质含量	常规化学试验仪器	《全国土壤污染状况调查样品分析测试技术规定》（国家环境保护总局，2006）

2. 淋滤试验

为了模拟污染物在土体中的迁移特性,国内外发展了一些污染模拟试验。目前主要采用淋滤试验,模拟污染成分在土中的运移过程。淋滤试验又分为:TCLP 淋滤试验、Tank 淋滤试验、柱体淋滤试验(柔性壁三轴渗透仪)。

(1) 淋滤试验(TCLP)

TCLP 试验(Toxic Characteristic Leaching Procedure),也称为毒性淋滤试验,是目前使用最多的淋滤试验方法。该方法是美国资源保护与回收法案(RCRA,1976)针对危险废物和固体废物的管理于 1984 年制定的一套危险废物毒性浸出程序,用于确定液体、固体和城市垃圾中 40 项毒性指标(TC)的迁移性。

TCLP 试验通过采用粉碎的测试材料和酸化的浸提液(leachant)来加速试样的淋滤过程。试验时,测试材料和浸提液置于密封的聚乙烯瓶中,通过连续的摇动提取,促进试样中的污染物质在液相中的溶解和扩散。浸出液中的成分及其影响,是确定该种废物是否为危险废物的重要依据。

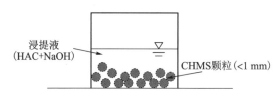
图 2-12　TCLP 淋滤试验示意图

(2) 半动态试验(Semi-dynamic Test)或块体水槽试验(Tank Test)

Tank 淋滤试验,即水槽淋滤试验,常用的 Tank 淋滤试验标准有欧洲的 EA NEN 7375:2004、美国的 ANSI/ANS-16.1-2003。该试验用于评价填埋场中废弃物的环境风险,通过扩散试验确定整块试样中非有机质成分的淋滤特性,该试验还可以推导出表面漂清(surface rinsing)程度和有效扩散系数等参数,从而用来估计试样的长期淋滤特性。Tank 淋滤试验原理如图 2-13 所示,将整块测试样淹没于浸提液中,静止放置,污染物质通过溶解、扩散的方式释放于浸提液中,通过测试浸提液的成分和浓度评价试样的淋滤特征。

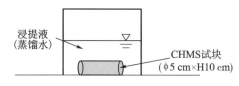
图 2-13　Tank 淋滤试验示意图

(3) 动态试验(Dynamic Test)或柱体淋滤试验

柱体淋滤试验用于模拟污染物质在地下水水头压力下的淋滤过程,试验时浸提液在柱中以连续向上通过试样的方式提取污染物质获得浸出液,示意图如图 2-14 所示。该法主要用于评估无机成分的浸出特征,主要有 ASTM 土柱淋滤试验标准(ASTM D4874—95 2001)和欧洲土柱淋滤试验标准(prEN14405 2002)。

陈蕾[13]为明确水泥固化稳定化 Pb 污染土的溶出特性,了解不同水泥固化剂掺量、养护龄期、试样 Pb^{2+} 污染浓度以及浸提液 pH 对 Pb^{2+} 溶出量的影响,通过 Tank 淋滤试验研究

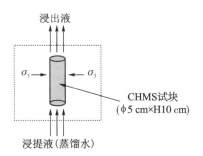

图 2-14　柱体淋滤试验示意简图

水泥固化铅污染土有效扩散系数的控制因素。在 Tank 淋滤试验基础上采用电导率测试法初步判别 Pb^{2+} 的淋滤趋势(图 2-15)。

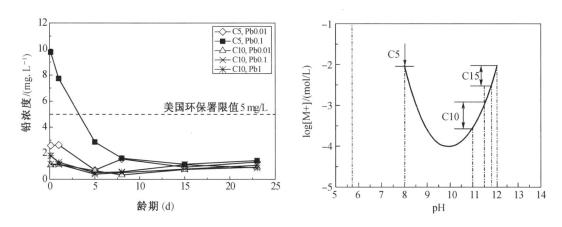

图 2-15　水泥固化稳定化 Pb 污染土的溶出特性

张帆[14]通过 TCLP 试验明确水泥基材料固化稳定化 Zn 污染土的溶出特性,如图 2-16 所示;明确水泥掺量、龄期、Zn^{2+} 污染浓度以及浸提液 pH 对 Zn^{2+} 溶出量的影响。

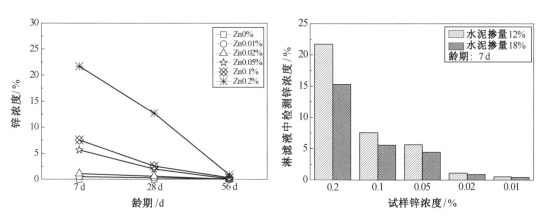

图 2-16　水泥基材料固化稳定化 Zn 污染土的溶出特性

表 2-8 常用淋滤试验（据文献[15]）

名称	浸提剂	液固比 L/kg	试验时间/h	试验方式	转速或流速	样品质量或尺寸	粒径大小	过滤方式	适用条件
毒性淋滤试验 (TCLP 1311)	pH＝2.8 的醋酸溶液；或 pH＝4.93 的醋酸钠缓冲液	20：1	18±2	翻转振荡	(30±2)r/min	100 g	<9.5 mm	0.6～0.8 μm 滤膜	模拟 S/S 处理后的工业废弃物(5%)与城市垃圾(95%)一起堆填在废弃物填埋场内时，由于城市垃圾分解后固化淋滤对固化废弃物溶出特性的影响
合成沉降淋滤试验 (SPLP 1312)	pH＝4.2 或 pH＝5.0 的 HNO₃/H₂SO₄溶液[1]	20：1	18±2	翻转振荡	(30±2)r/min	100 g	<9.5 mm	0.6～0.8 μm 滤膜	模拟 pH<5.6 的降雨时，受污染的土壤中污染成分(无机和有机污染物)溶出特性
GB 5086.1—1997 固体废物浸出毒性浸出方法 翻转法	去离子水	10	18 (放置 30 min)	翻转振荡	(30±2)r/min	70 g	5 mm	0.45 μm 滤膜或中速带定量滤纸	
HJ 557—2009 固体废物浸出毒性浸出方法 水平振荡法	去离子水	10	8 (放置 960 min)	水平振荡	(110±10)次/min	100 g	3 mm	0.45 μm 滤膜或中速带定量滤纸	
HJ/T 299—2007 固体废物浸出毒性浸出方法 硫酸硝酸法	pH 3.20±0.05 的浓硫酸/浓硝酸混合液	10	18±2	翻转振荡	(30±2)r/min	50～100 g	9.5 mm	0.6～0.8 μm 滤膜	

（续表）

名称	浸提剂	液固比 L/kg	试验时间/h	试验方式	转速或流速	样品质量或尺寸	粒径大小	过滤方式	适用条件
HJ/T 300—2007 固体废物 浸出毒性浸出方法 醋酸缓冲溶液法	同美国 TCLP 1311								
ISO/TS 21268-3 土壤质量 土壤和土壤材料的连续化学和毒物学测试的浸出过程 第 3 部分：上流过滤试验	去离子水（必要时可加入 0.001 mol/L CaCl₂）	—	溶出的液体质量达到土柱质量的 10 倍时即停止试验	液体在土柱中以连续方式向上渗透淋滤液	15±2(cm/d)（向上渗流速）	直径 50 mm 或 100 mm，高度 300 mm 圆柱体	< 4 mm 径颗粒含量 ≥95%	离心机分离出液体再使用 0.45 μm 滤膜过滤	用于确定土中有机或无机成分的滤出特性，但不适用于潮湿条件下的挥发性物质
ASTM 土柱淋滤试验（ASTM D4874—952）	蒸馏水	—	24±3	液体在土柱中以连续方式向上渗透淋滤液	—	直径 100 mm，高度 300 mm 圆柱体	<10 mm	—	结果仅在所选实验条件下适用，用于土壤中有机和无机污染物的淋溶出特性
CEN/TS 14405 废弃物表征 浸出性能实验 上流式渗透试验	去离子水	—	溶出的液体质量达到土柱质量的 10 倍时即停止试验	液体在土柱中以连续方式向上渗透淋滤液	15±2(cm/d)（向上渗流速）	直径 50 mm 或 100 mm，高度 300 mm 圆柱体	过 4 mm 和 10 mm 筛	0.45 μm 滤膜	属于"基本特征"实验，用于确定颗粒废物中无机组分的淋滤行为
NEN 7343 修正的荷兰环境署长期淋滤试验	浓硝酸酸化后的去离子水（pH＝4，导电率 1 μS/cm）	—	3 周	液体在土柱中以连续方式向上渗透淋滤液	1(cm³/min)（向上渗流速）	直径 50 mm，高度 200 mm 圆柱体	—	0.45 μm 滤膜	测试粒状材料中非有机质成分的淋滤特性

注：1. $m(HNO_3)∶m(H_2SO_4)＝60∶40$

（4）柔性壁三轴渗透试验

对于低渗透性的材料，为加速进行淋滤试验，可采用增加渗透压力（提高水头梯度）的方式来进行，柔性壁三轴渗透试验是一种方便可行的方法。渗透仪压力室按照常规的三轴压缩仪来设计，如图 2-17 所示。试样尺寸 φ5 cm×H10 cm。三轴渗透仪的柔性壁与刚性壁渗透仪相比，可以在很大程度上杜绝和减小侧壁渗流，尤其是在高水头的情况下，通过施加围压可以更好地保证单向渗流。

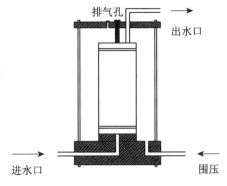

图 2-17　压力室简图

由于一台三轴仪只能满足一个试样的渗透试验，工作效率很低，本试验采用的三轴渗透仪设置 6 个压力室，如图 2-18 所示。仪器通过气水转换装置将气压转化为水压，从而模拟高水头。贮水桶具有抗酸抗腐蚀，并确保有足够的水流入压力室施加围压，有足够的水用于渗透。所加围压和渗透压力的最大量程均为 1 MPa。

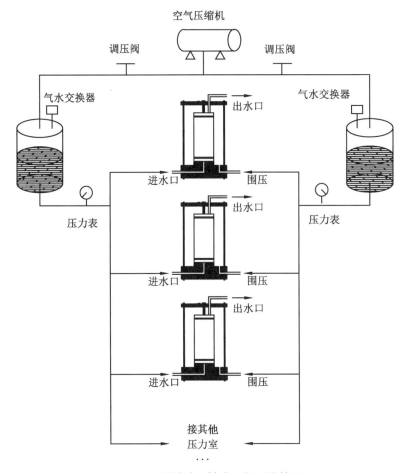

图 2-18　柔性壁三轴渗透仪工作简图

图 2-19 为试验实际采用的柔性壁三轴渗透仪。

图 2-19　柔性壁三轴渗透仪

具体方法为：

① 将养护至设计龄期的 Pb-CHMS 试样装入压力室(同三轴压缩试验方法)；

② 施加 200 kPa 的围压和 20 kPa 的进水渗透压，渗透水采用蒸馏水；

③ 试样渗透时间为每天 10:00～18:00，中午 12:00 时收集出水口的浸出液，计时并称重；

④ 测试浸出液 Pb^{2+} 浓度、电导率、pH。

3. 化学渗透试验

(1) 试验原理

黏土颗粒间的静电斥力使金属离子在土体中的迁移受到一定的阻滞作用，这种类似阻滞膜的现象称为"膜效应"，即是指在化学势梯度作用下，溶剂能够自由通过多孔介质，而溶质扩散运移受到约束的现象。而溶剂被允许自低浓度向高浓度通过的现象又称为化学渗透。污染物在黏性土及其他相关岩土工程材料中的运移过程，常表现出"非理想的"的膜效应，又特称之为"半透膜效应"。

黏性土阻滞金属离子进入多孔介质空隙的程度称为化学渗透效率，用化学渗透效率系数 ω 表示。理想的膜效应能够完全阻滞电解质的迁移($\omega=1$)，当 $\omega=0$ 时，膜材料对电解质没有阻滞作用。黏性土为"非理想膜"，因此化学渗透系数 ω：$0<\omega<1$。

污染场地隔离规程中常采用工程屏障，其化学渗透的产生是由于黏土屏障两侧存在化学浓度势能差[16]。

理想膜阻止化学渗透的理论压力差值($\Delta\pi$)，是具有膜效应多孔介质两侧溶液的活度 a_1 和 a_2 的函数：

$$\Delta\pi = \frac{RT}{V_w}\ln\frac{a_1}{a_2} \qquad (2-1)$$

式中，$\Delta\pi$ 表示化学渗透压；R 表示通用气体常数，可取 8.314 5 J/(mol·K)；T 表示绝对温度(K)；V_w 表示水的偏摩尔体积(m^3/mol)；a_1，a_2 分别表示两侧离子活度。

为了简便计算，理想状态下稀溶液化学渗透压力差用 Vant Hoff 方程计算[17]：

$$\Delta\pi = vRT\sum_{i=1}^{N}\Delta C_i \tag{2-2}$$

式中,v 表示电解质分子离子数;ΔC 表示试样两侧溶质浓度差;N 表示溶质离子种类。

对于封闭边界系统,Malusis 等[18]提出用下式计算化学渗透效率系数 ω:

$$\omega = \frac{\Delta P}{\Delta\pi} \tag{2-3}$$

式中,ΔP 表示实际化学渗透压力差($\Delta P = P_t - P_b$);$\Delta\pi$ 表示理论化学渗透压力差值。一维化学渗透土柱试验 ω 的初始值 ω_0 可以根据下式计算:

$$\omega_0 = \frac{\Delta P}{\Delta\pi_0} = \frac{\Delta P}{vRTC_0} = \frac{\Delta P}{vRT(C_{ot} - C_{ob})} = \frac{\Delta P}{vRTC_0} \tag{2-4}$$

式中,C_{ob}、C_{ot} 分别为土柱试样底部和顶部的溶液初始浓度,其中 $C_{ob} = 0$。

当采用封闭边界条件时,该试验系统能够稳定控制试样两端溶质浓度,因此又可以测试试样有效扩散系数。可以采用稳定状态法(steady-state approach)测定有效扩散系数 D^*。当溶质运移达到稳定扩散阶段,溶质单位截面积的累积质量 Q_t 随时间呈线性增长趋势(见图 2-20);由该线性关系即可确定有效扩散系数 D^* 和阻滞因子 R_d。溶质单位截面积的累积质量 Q_t 定义如下:

$$Q_t = \frac{1}{A}\sum_{j=1}^{N_t}\Delta m_j = \frac{1}{A}\sum_{j=1}^{N_t}C_{b,j}\Delta V_j \tag{2-5}$$

式中,Δm 表示 Δt 时间间隔内收集的流出溶液中溶质质量增量;ΔV 表示 Δt 时间间隔内收集的流出溶液体积增量;C_b 表示试样低浓度一侧 Δt 时间间隔内收集的流出溶质浓度。

有效扩散系数 D^* 计算式为:

$$D^* = \frac{L}{nC_{ot}} \cdot \frac{dQ_t}{dt} \tag{2-6}$$

阻滞因子 R_d 可表示为:

$$R_d = \frac{6D^*}{L^2} \cdot T_L \tag{2-7}$$

式中,n 为试样孔隙率;D^* 为有效扩散系数;L 为试样厚度;R_d 为阻滞因子;T_L 为 Q_t-t 曲线横坐标截距。

(2) 试验仪器

东南大学岩土工程研究所自行研制了一维土柱化学渗透试验测试仪器[19],测试装置示意图如图 2-21 所示。该测试装置由 4 个部分组成,分别为试液供给-收集系统、试验腔室、压差测试系统和数据采集系统。可以对黏性土试样的膜效率系数 ω、有效扩散系数 D^* 进行联合测

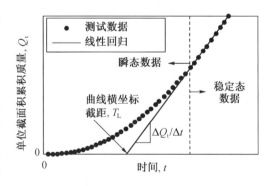

图 2-20 稳定阶段扩散试验结果示意图

定,提高了测定效率。

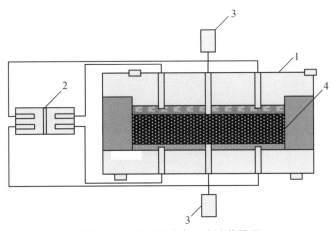

图 2-21　土柱化学渗透试验装置图

1—试样腔；2—精密注射泵；3—差压传感器；4—试样

试验系统中精密注射泵采用浙江嘉善瑞创电子科技有限公司生产的 RSP04-C 型四通道双向推拉模式微量注射泵,其实物图见图 2-22(a),试验时采用定时定速进行抽注,精确控制抽注速率,能有效保证各通道抽注流量完全一致。该注射泵配套的注射器为标准 10 mL 医用注射器,整个注射泵采用三通阀和单向阀的组合形成一个循环抽注系统。循环抽注系统示意图见图 2-23。压力传感器采用德国 HELM 公司生产的 HM50-1-A-F1-W2 型防腐蚀压力传感器,其实物图见图 2-22(b),传感器量程为 0~100 kPa,测量精度为 0.001 kPa。数据采集仪采用澳大利亚 CAS 公司生产的 Data Taker DT80G Series 3 型数据采集器,其实物图见图 2-22(c),该型号采集器拥有 5 个直连通道和 2 个扩展通道,最多可同时进行 40 个通道的不同类型的数据采集。整个测试系统实物图见图 2-24。

（a）注射泵　　　　　　　　（b）差压传感器　　　　　　　（c）数据采集仪

图 2-22　各试验仪器实物图

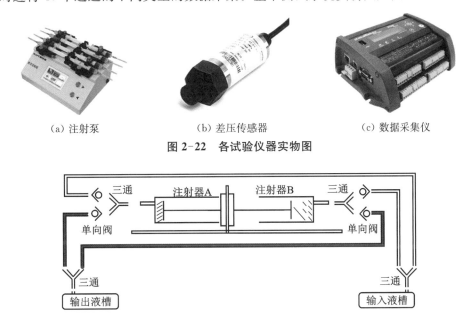

图 2-23　循环抽注系统示意图

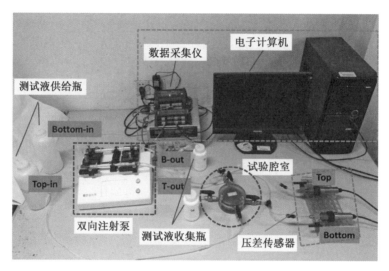

图 2-24　化学土柱渗透试验系统图

2.3.6　地球物理方法

地球物理探测是利用目的物与周边介质的物理性质差异,运用适当的地球物理原理和相应的仪器设备,通过分析研究观测到的物理场,探查地质界线、地质构造及其他目的物或目标的勘探方法[20]。环境地球物理是探测地下污染源及其污染介质分布范围的新型学科,被应用于解决环境污染的监测、生态环境变化预测、环境治理措施的效果检查等方面。根据污染物(源)与其周围介质在物理性质上的差异,借助专用设备测量其物理场的分布状态,通过分析和研究地下一定深度范围内地球物理场的分布,结合地质、水文等相关资料,推断地下污染的空间分布,达到对污染场地调查的目的[21]。常用的环境地球物理探测方法有地质雷达探测、电阻率层析成像技术、时域反射法、瞬变电磁法等。

1. 地质雷达探测(GPR)

地质雷达探测技术是一种快速无损的地球物理探测技术,主要用于污染场地地质条件的无损式调查,通过地质雷达可探测地下岩性的分层位置及厚度、地下水的水位、地下岩层的扰动情况、地下优势流通道以及地下管道、坑洞等。地质雷达调查一般不能直接判断污染物的空间分布与浓度分布,但是它可以对污染物的渗漏产生的地层扰动及变化进行判断,也能通过解译地层中的优势通道来间接推断污染物的运移情况。

目前国外已经将地质雷达探测技术广泛应用到污染场地地质条件调查与刻画中。美国材料与试验协会、美国环保署、美国陆军工程兵团都就地质雷达在环境调查、污染场地地下情况勘查等发布或出版了相关的文件与标准。比如美国材料与试验协会的 ASTM D6432-11《地质雷达地下勘探应用标准指南》,美国环保署的 EPA/600R-92089《地质雷达在修复地下污染的可行性应用研究》等[22]。

地质雷达是基于不同介质的电性差异,利用高频电磁波,探测隐蔽介质分布和目标体的一种地球物理方法[23]。当发射天线 T 以宽频带、短脉冲方式向地下发射电磁波时,遇到具有不同介电特性的介质时(如空洞、分层面),就会有部分电磁波能量反射(回波)。接收天线接收反射回波,并记录反射时间,如图 2-25 所示。雷达反射波的传播时间,会随被测介质的厚度和介电常数的差异而变化。根据发射波与接收波的传播时间差异,便可将反射界面的反射波依次排列成二维雷达图像。根据雷达图像,我们就可以判读出探测目标体的状况。

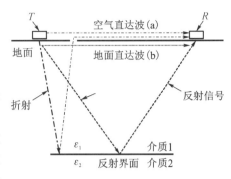

图 2-25　地质雷达原理图

地质雷达在我国主要应用于路基路面质量检测、城市基础设施探测、隧道工程、地质调查、地质灾害与环境工程等方面,有关地质雷达应用于污染场地的研究也成了一种趋势。刘兆平等[24]采用高密度电阻率法和地质雷达方法对一处以建筑垃圾为主的垃圾填埋场进行了测试,地质雷达图像异常较为明显,且有一定的区域性,可以明显区分填埋界面,如图 2-26 所示。

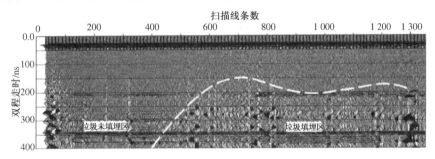

图 2-26　建筑垃圾为主的填埋场 GPR 图像

张辉等[25]采用 250 MHz 天线的地质雷达对上海崇明一加油站储油罐渗漏所造成的石油烃污染进行了检测,通过对不同探测路线地质雷达图的分析,发现石油烃污染场地在雷达图谱上呈现高阻特征,从而可通过 GPR 进行污染场地的无损探查,石油烃类污染垂直向分布范围约为地下 2.5～3.5 m。

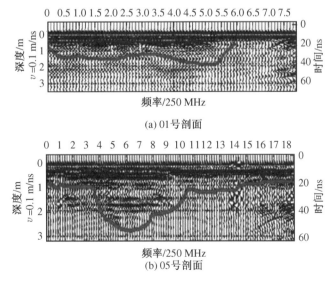

(a) 01 号剖面

(b) 05 号剖面

图 2-27　典型的雷达探测剖面图

由 01 号雷达剖面可以看出,场地中污染羽在地质雷达图像上呈现深色阴影区域,表现为雷达波反射加强,波峰放大的特征。05 号剖面上 0.6 m 深度处也存在一明显的水平层状反射增强带,而与 01 号剖面不同的是在 2.5 m 深度处仍可见反射增强区域,表明部分石油烃污染已经透过潜水层,渗透到 1 m 以下的砂质粉土中。

2. 电阻率层析成像技术(ERT)

电阻率层析成像技术起源于 20 世纪初提出的电阻率方法,岛裕雅等在 1987 年首先提出了"电阻率层析成像"一词,并提出了反演解释的方法。电阻率层析成像法是通过向地下供电,形成以供电电极为源的等效点电源激发的电场,再由在不同方向观测的电位或电位差来研究探测区的电阻率分布的一种地球物理方法。由于电流在介质中是沿着电阻率最小的方向流动的,因此电阻率 CT 不像地震 CT 和电磁波 CT 一样可以用射线理论来处理。

电阻率层析成像法有多种测量装置,如单极、偶极、多极装置和电剖面法、电测深法等。由于电阻率层析成像法的投影数据空间小于要反演的图像数据空间,所以它的解析往往不具有唯一性。常用的解析方法有正演和反演两种方法,正演计算包括 α 中心法和有限单元法,反演技术包括最小二乘法、模拟退火法、佐迪法、Frechet 导数求解等方法。

ERT 技术在环境污染方面的应用在国内外都有研究。ERT 技术在国内外对污染场地的调查过程中取得了较好的效果,主要应用 2D(二维)成像技术探测垃圾填埋场渗漏液的扩散范围[26]、填埋场内部结构[27]、土壤中烃类化合物污染[28]等。

郭秀军[29]以垃圾渗滤液和柴油污染土为研究对象,采用不同的反演装置对 ERT 技术在污染土中的应用进行了研究,得出了不同装置实测剖面能够反映出污染区的存在,但不能有效反映污染区扩散过程和区内污染程度变化的结论。

董路等[30]采用二维和三维电阻率层析成像(ERT)技术对杭州市一处硫酸废液污染场地进行了污染调查,由于污染后的场地电阻率降低,与未污染土层具有一定的电性差异,在二维和三维图像中可明显区分,如图 2-28、图 2-29 所示。图中受污染区域。测试结果与土工腐蚀性试验结果表明,ERT 技术可有效应用在无机酸污染场地的调查中。

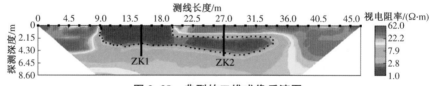

图 2-28　典型的二维成像反演图

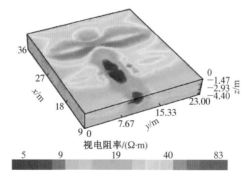

图 2-29　由不同测线结果合成的三维反演图

刘汉乐等[31]对轻非水相液体污染砂土进行了室内模型槽试验,采用 ERT 技术对污染区域进行了同步动态监视,并与砂槽实际污染区进行了对比,试验结果如图 2-30 所示。证明了 ERT 技术所圈定的污染区域的范围与形状均与实际结果较接近,说明了 ERT 技术可用于轻质非水相液体污染场地的调查。

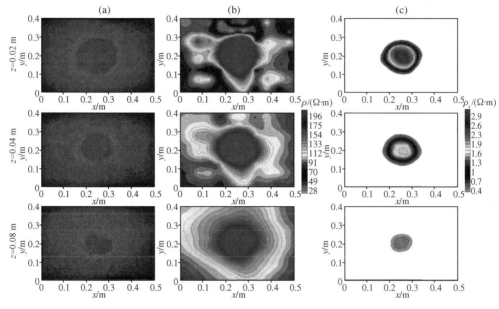

(a) 开挖后的实际结果　(b) ERT 电阻率分布　(c) 电阻率相对值分布图

图 2-30　ERT 反演图与实际结果对比图

Rosales 等[32]采用偶极–偶极的布置方式,在西班牙东南部的一处非水相液体污染场地的干、湿状态下分别进行了二维 ERT 试验,得到了场地的竖向和侧向电阻率分布图,圈定了污染物的区域。与气相色谱法所测试结果进行了对比,发现干、湿状态下都有较好的对应性,证明了 ERT 技术可用于非水液相污染土体的范围的检测。

3. 时域反射法(TDR)

时域反射法(Time Domain Reflectometry)产生于 20 世纪 30 年代,最初用于电力和电讯工业中电缆线路缺陷的定位和识别;后来用于测定土壤含水量,具有快速简便、可靠性高、精度高的特点,而受到越来越多的关注。在 20 世纪 70 年代,TDR 技术的应用范围扩展至岩土工程领域,主要用于测定土体含水率和干密度、边坡稳定性监测、污染土探测等方面。TDR 测试系统主要包括信号发射器、传输线和示波器。TDR 是通过测试系统的信号发射器发射一个电磁脉冲,此脉冲沿着传输线传播,在遇到阻抗不连续的地方发生反射并由示波器记录,最后通过分析该反射波形获得介电常数和电导率。图 2-31 为 TDR 测试设备及典型 TDR 波形图。

Brewster 等[33]通过模型试验研究了利用 TDR 监测饱和砂土中四氯乙烯的运移过程,通过对污染砂土介电常数的监测发现,四氯乙烯污染砂土的介电常数降低了约 50%。Quafisheh[34]以 3 种 NAPLs(汽油、柴油、四氯乙烯)和 3 种砂土介质(细砂、粗砂、粉砂)为对象,研究了不同 NAPLs 污染物及不同土质对 TDR 测试结果的影响。Ajo Franklin 等[35]

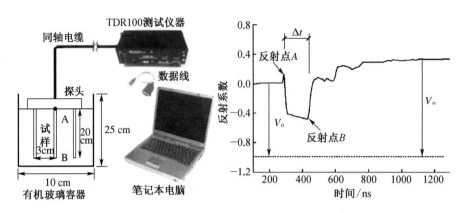

图 2-31 TDR 测试设备及典型 TDR 波形图

利用 TDR 对饱和砂土介质中混入 DNAPLs 后的介电常数进行了研究,并运用相关模型对 DNAPLs 的含量进行了预测。

Zhan 等[36]为了研究柴油污染砂土的介电常数,采用 TDR 分别对干砂土夹柴油污染砂土、饱和砂土夹柴油污染砂土以及干砂土与饱和砂土夹柴油污染砂土三种不同形式的污染土进行了室内测试,结果显示饱和砂土中夹柴油污染土时,污染土的介电常数显著减小,污染土与饱和砂土间的接触面可由反射波清晰区分。(见图 2-32、图 2-33)

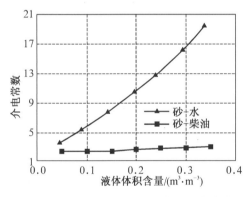

图 2-32 砂与水和砂与柴油混合物的介电常数

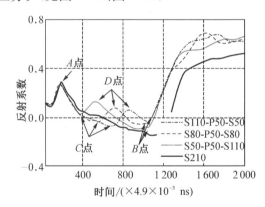

图 2-33 两层饱和砂土间的柴油污染砂土的反射波

Francisca 等以细砂、中粗砂、粗砂以及粉砂为对象,利用同轴阻抗反射计测试了不同 NAPLs、去离子水含量下介质的介电常数,提出了简化估算 NAPLs 含量的方法,该方法很好地预测了饱和砂土中 NAPLs 的体积含量。

浙江大学詹良通课题组[37]以柴油和砂土为研究对象,利用 TDR 系统量测了柴油-水-气-砂土均匀混合介质及层状分布的柴油污染砂土的介电常数和电导率,对 TDR 技术探测非水相液体污染砂土的有效性及适用条件进行了研究,成果表明:当 LNAPLs 污染物渗入饱和砂土层中时,TDR 技术能很好地探测;当 LNAPLs 污染物渗入非饱和砂土层或干砂土中,仅当其大量取代了原有介质中孔隙水时,TDR 技术才能有效地探测,当仅取代孔隙气体时,TDR 技术则不能有效探测。

4. 瞬变电磁法(TEM)

瞬变电磁法在 20 世纪 30 年代最早由苏联科学家提出,其原理属于时间域电磁法,它利用不接地回线或接地线源向地下发送电磁脉冲,在一次电磁场的激励下,地下导体内部产生感应涡旋电流。在一次脉冲电磁场的间隙期间,涡流电流产生的二次磁场不会随一次场消失而立即消失,二次磁场随时间衰减的规律主要取决于异常体的导电性、体积规模和埋深,以及发射电流的形态和频率。因此,可以通过接收线圈测量的二次场空间分布形态,了解异常体的空间分布[38—39]。

程业勋等[40]采用高密度电阻率法、瞬变电磁法、探地雷达和地温法对北京市两个垃圾填埋场检测垃圾渗漏液的扩散范围、扩散深度,发现垃圾场在堆放多年后,都不同程度存在渗滤液对土壤和地下水的污染。由瞬变电磁法成像图像,可较清晰确定污染液的渗流范围(图 2-34)。

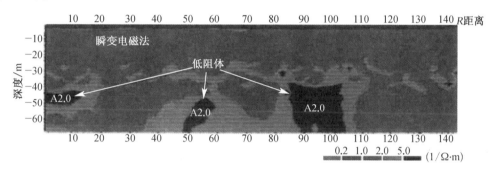

图 2-34　瞬变电磁法典型剖面图

2.3.7　基于 CPTU 的污染场地测试评价方法

多功能孔压静力触探(CPTU)技术在污染场地测试评价中主要可以通过电阻率和其他化学传感器等测试评价污染程度,通过孔压消散试验评价场地地下水渗透参数,给污染物运移分析提供参数。

1. 土的电阻率模型

土的电阻率实际上就是当电流垂直通过边长为 1 m 的立方体土时所呈现的电阻大小,单位为 $\Omega \cdot m$。土的电阻率是表征土的导电性的基本参数,是导电率的倒数,是土的固有物性参数之一。

1942 年,美国物理学家 Archie 提出了适用于饱和无黏性土、纯净砂岩的电阻率模型[41]:

$$\rho = a\rho_w n^{-m} \tag{2-8}$$

式中,ρ 为实测土电阻率;ρ_w 为孔隙水电阻率;n 为孔隙率;a 为试验参数,m 为胶结系数。

随后,Keller 与 Frischknecht 拓展了 Archie 电阻率模型的适用范围:

$$\rho = a\rho_w n^{-m} S_r^{-p} \tag{2-9}$$

式中,S_r 为饱和度,p 为饱和度指数。

对于黏性土,Waxman 等[42]考虑到土颗粒表面导电性对整个土体电阻率的影响,假定土的导电是通过由土颗粒与孔隙水两个导体并联而组成的整个导体的导电来完成的,在试验研究的基础上,提出了适用于非饱和黏性土的电阻率模型:

$$\rho = \frac{a\rho_{\mathrm{w}} n^{-m} S_{\mathrm{r}}^{1-p}}{S_{\mathrm{r}} + \rho_{\mathrm{w}} BQ} \tag{2-10}$$

式中，B 为双电层中与土颗粒表面电性相反电荷的电导率；Q 为单位土体孔隙中阳离子交换容量；BQ 为土颗粒表面双电层的电导率，单位为 $1/(\Omega \cdot \mathrm{m})$，即：$\mathrm{S/m}$。

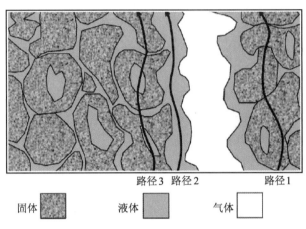

路径 1：沿土颗粒传播
路径 2：沿孔隙水传播
路径 3：沿土-水串联而成的路径传播

图 2-35 黏性土中电流的三种流通路径示意图[43]

在非饱和土中，电流除了可沿土颗粒与孔隙水两条路径传播之外，还存在第三条路径：沿土-水串联而成的路径传播，因此，Mitchell 提出了土的三元导电模型[44]图（2-36），在假定黏性土的导电分为上述三种途径的基础上，推导了非饱和黏性土的电阻率结构模型。

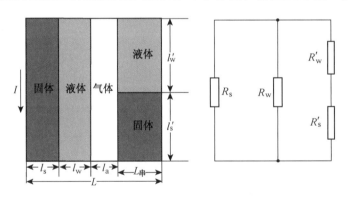

图 2-36 土的三元导电模型示意图[44]

如图 2-36 所示，土样中土水串联部分水的电阻为 R'_{w}，土的电阻为 R'_{s}，假定土体为边长为 1 的立方体（即：$L=1$），电流方向为竖直方向。定义土的导电结构系数为 F'，所谓土的导电结构系数就是非饱和土中，土-水串联组成的路径的宽度与整个土体边长之比（图 2-36 中，$F'=L_{串}/L=L_{串}$）。土的孔隙率为 n；土-水并联部分的水-土体积比为 θ，即 $l_{\mathrm{w}}/l_{\mathrm{s}}=\theta$；土-水串联部分的水-土体积比为 θ'，即 $l_{\mathrm{w}}/l'_{\mathrm{s}}=\theta'$。

则非饱和黏性土的电阻率结构模型为[43]：

$$\rho = \left[\frac{nS_r - F'\dfrac{\theta'}{1+\theta'}}{\theta}BQ + \frac{nS_r - F'\dfrac{\theta'}{1+\theta'}}{\rho_w} + \frac{F'(1+\theta')BQ}{1 + BQ\rho_w\theta'} \right]^{-1} \tag{2-11}$$

式中，ρ 为非饱和黏性土的电阻率；n 为孔隙率；S_r 为饱和度；BQ 为土的表面电导率；ρ_w 为孔隙水电阻率；F' 为土的导电结构系数；θ 和 θ' 分别为土-水并联部分与串联部分的水-土体积比。

根据上述模型分析表明，土的电阻率是土体颗粒、孔隙液和微结构特征的综合反映，主要取决于土颗粒的矿物组成、大小、形状、排列，孔隙结构（包括孔隙率、孔隙的分布与连通情况）、孔隙液的化学成分、饱和度以及所处的环境温度等。不同岩土体的导电性特征见图 2-37。

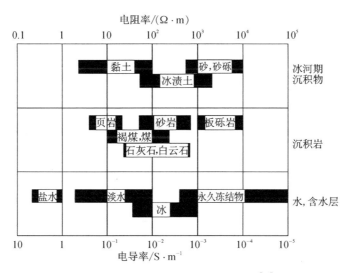

图 2-37　不同类型的土体的导电性[45]

膨胀土的电阻率变化特征如图 2-38 所示[46]，可以根据电阻率评价膨胀土的膨胀特征和结构变化特征[47]。

2. 土电阻率室内测试方法

若按照土样的装置划分，可分为以下两大类：一类是将土样放在定制的绝缘盒中，绝缘盒有圆柱体状，也有长方体状的 Miller 土盒[48]；另一类是把土样安装在通过改造的固结仪器或三轴仪器中，以便在常规试验中同步观测土样电阻率的变化情况。另外，电阻率测试方法与采用交流或直流相关，不同测试方法的优缺点见表 2-9。

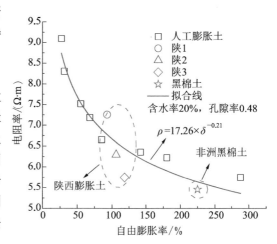

图 2-38　膨胀土的电阻率随自由膨胀率的变化

表 2-9　常用室内电阻率测试方法性能比较

名称	主要优缺点
直流法	存在电动现象、电化学效应等,测试结果不准确
四电极低频交流电法	灵敏度高、测试范围大、准确性高,但操作麻烦,难以同步于连续测试、对周围土体存在一定的扰动,可用于室内外测试
二电极低频交流电法	灵敏度高、测试范围大、同步、连续、对周围土体扰动小、操作简单、安全,准确性较四电极法稍差,可用于室内外测试
高频交流法	灵敏度高、测试范围大、准确性差、存在偏振现象与极化作用、操作存在一定危险,可用于室内外测试

美国 ASTM 通常采用两电极土盒的方法来测土的电阻率[48]。该方法采用的是二相电极法,低压方波交流电,电流频率为 97Hz。在现场土的电阻率测试中,ASTM 则通常采用 Wenner 四相电极方法。

根据上述分析,东南大学专门研制了室内土电阻率测试仪,如图 2-39 所示[49]。该仪器采用交流、低频、二相电极,交流电源频率从 20 Hz 至 100 Hz 细分为 9 档。该仪器还特别定制了具有一定强度、刚度的绝缘配件,以及适用于土工测试的特殊电极片。另外,它还可以与常规土工测试仪器匹配,在试验过程中测试土的电阻率的变化规律。

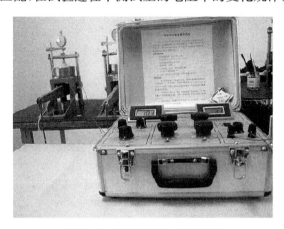

图 2-39　低频交流电阻测试仪

采用该电阻率测试仪研究了膨胀土、黄土、水泥土的电阻率特征,明确了结构性土的结构变化与电阻参数的关系[47,49-54]。

3. 有机物污染土电阻率变化规律

为了分析有机污染土的电阻率变化规律,以南京地区常见的漫滩相粉质黏土为研究对象,采用 0# 柴油和煤油作为污染物,人工配制了不同含水率和含油率的污染试样,对不同状态下土体的电阻率进行了测试,总结了含水率、含油率、土体水饱和度对污染土试样电阻率的影响规律[55]。

(1)含油率对污染土电阻率的影响

污染土体在不同含水率时,含油率与电阻率间的关系如图 2-40 所示,由图可以看出,两种油污染土的电阻率与含油率间的规律相似,即在相同含水率时,试样电阻率随含油率的增加而线性增大。

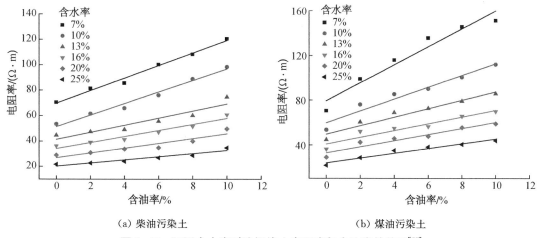

（a）柴油污染土　　　　　　　　　　　（b）煤油污染土

图 2-40　不同含水率时油污染土电阻率与含油率的关系[55]

（2）含水率对污染土电阻率的影响

污染土体在不同含油率时，含水率与电阻率间的关系如图 2-41 所示，由图可以看出，在相同含油率时，两种油污染土的电阻率均随含水率的增加而呈幂函数关系减小。

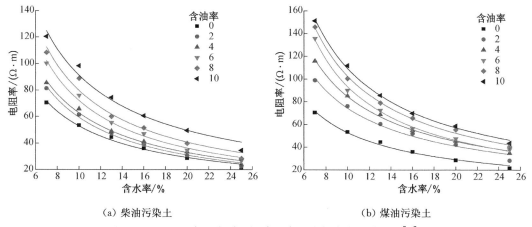

（a）柴油污染土　　　　　　　　　　　（b）煤油污染土

图 2-41　不同含油率时油污染土电阻率与含水率的关系[55]

（3）体积含湿率对污染土电阻率的影响

非饱和的油污染土体，是由土颗粒、孔隙水、孔隙油、气体共同构成的四相体，为了分析孔隙水、油两相共同作用下土体电阻率的变化规律，引入"体积含湿率"和"油水饱和度"两个指标，对试样电阻率的影响分析如下。

体积含湿率为土体中水体积、油体积与土体体积之比，即：

$$\beta = \frac{V_w + V_o}{V_s} \tag{2-12}$$

式中，V_w 为水体积，V_o 为油体积，V_s 为土体体积。

由前文分析可知，污染土样的电阻率与含水率、含油率之间具有良好的相关关系，体积含湿率可表征含水率与含油率的变化，与电阻率之间也存在一定的相关关系。图 2-42 给出了不同水饱和度时,油污染土的体积含湿率与电阻率之间的关系,由图可以看出,两种油污染土在相同水饱和度时,电阻率与体积含湿率之间存在相似的线性相关关系,随着体积含湿率的增加,土体电阻率线性增大。随着水饱和度的增加,电阻率增大的速率逐渐减小。水饱和度相同的情况下,体积含湿率的增加意味着试样内油体积的增加,因此土样的电阻率表现出随体积含湿率增加而线性增大的现象。

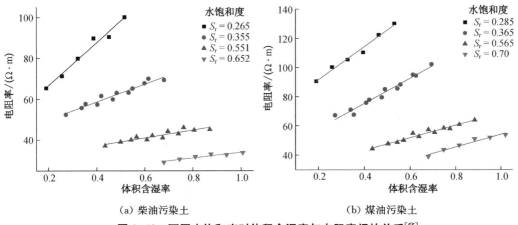

（a）柴油污染土　　　　　　　　　　（b）煤油污染土

图 2-42　不同水饱和度时体积含湿率与电阻率间的关系[55]

（4）相同体积含湿率时试样电阻率的比较

对于不同含水率、含油率的污染土体,其体积含湿率有可能相同。为了比较不同含水率下,相同体积含湿率试样的电阻率,对不同含水率下,相同饱和度、相同体积含湿率时试样的电阻率进行了比较分析。

如图 2-43 所示为试样含水率分别为 20％和 25％的试样在相同体积含湿率时,水饱和度与电阻率之间的关系。由图 2-43 可以看出,在相同的体积含湿率时,含水率为20％的试样电阻率基本都大于含水率 25％试样的电阻率。在体积含湿率相同的情况下,含水率小的试样,油含量多,油的电阻率大于水的电阻率,因此,含水率低的试样电阻率相对较大。

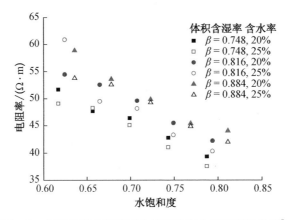

图 2-43　相同体积含湿率下水饱和度与电阻率间的关系[55]

（5）油水饱和度对污染土电阻率的影响

定义土中水体积、油体积之和与土中孔隙体积之比为油水饱和度,采用 S_{ro} 表示。对于不同体积含湿率的土样,可建立油水饱和度与电阻率之间的关系。

$$S_{ro} = \frac{V_w + V_o}{V_s} \tag{2-13}$$

式中,V_w 为水体积,V_o 为油体积,V_s 为土体体积。

为了分析油污染土电阻率与油水饱和度之间的关系,本书选取了多组不同体积含湿率中的一组进行分析,如图 2-44 所示,由图可以看出,两种污染土具有相似的变化规律,即在相同的体积含湿率时,随着油水饱和度的增加,电阻率呈幂函数关系减小。

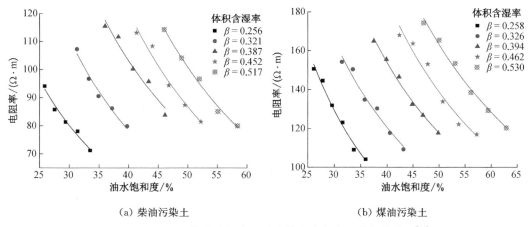

（a）柴油污染土　　　　　　　　　（b）煤油污染土

图 2-44　不同体积含湿率下油水饱和度与电阻率间的关系[55]

为了研究不同体积含湿率与土体电阻率之间的关系,对两个参数进行归一化,以建立更适用的相关关系。本书以相同含水率的未污染土的体积含湿率与电阻率为基数,不同含油率的污染土体参数与未污染土体参数相比,可建立土体体积含湿率与电阻率间的相关关系。

如图 2-45 所示为归一化之后的油污染土电阻率与体积含湿率之间的关系,图 2-45(a) 为柴油污染土,图 2-45(b) 为煤油污染土。由图可以看出,归一化之后的土体体积含湿率与电阻率之间存在线性相关关系,归一化的电阻率随着归一化后体积含湿率的增加而线性增大。两种污染土体相关关系表达式如下:

柴油污染土:

$$\rho_s / \rho_{un} = 0.729 + 0.273(\beta_s / \beta_{un}) \tag{2-14}$$

煤油污染土:

$$\rho_s / \rho_{un} = 0.829 + 0.257(\beta_s / \beta_{un}) \tag{2-15}$$

式中,ρ_s 为不同含油率土体的电阻率,ρ_{un} 为未污染土(含油率为 0)的电阻率,β_s 为不同含油率土体的体积含湿率,β_{un} 为未污染土(含油率为 0)的体积含湿率。

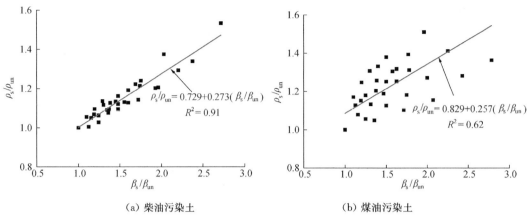

（a）柴油污染土　　　　　　　　（b）煤油污染土

图 2-45　归一化后体积含湿率与电阻率间的关系[55]

由式（2-14）、式（2-15）可以得出，油类污染土电阻率与体积含湿率的关系可统一表示如下：

$$\rho_s = [a + b \cdot (\beta_s/\beta_{un})] \cdot \rho_{un} \tag{2-16}$$

式中，a 取值范围为 $0.729 \sim 0.829$，b 取值范围为 $0.257 \sim 0.273$。

同时，本书以相同含水率的未污染土的油水饱和度与电阻率为基数，不同含油率的污染土体参数与未污染土体参数相比，可建立土体油水饱和度与电阻率间的相关关系。如图 2-46 所示为归一化之后的油污染土电阻率与油水饱和度之间的关系，图 2-46（a）为柴油污染土，图 2-46（b）为煤油污染土。由图可以看出，归一化之后的土体油水饱和度与电阻率之间存在幂函数相关关系，归一化的电阻率随着归一化后油水饱和度的增加而呈幂函数关系增大。两种污染土体相关关系表达式如下：

柴油污染土：

$$\rho_s/\rho_{un} = 1.01 \cdot (S_{ros}/S_{roun})^{0.457} \tag{2-17}$$

煤油污染土：

$$\rho_s/\rho_{un} = 1.06 \cdot (S_{ros}/S_{roun})^{0.525} \tag{2-18}$$

式中，ρ_s、ρ_{un} 与前文相同，S_{ros} 为不同含油率土体的油水饱和度，S_{roun} 为未污染土（含油率为 0）的油水饱和度。

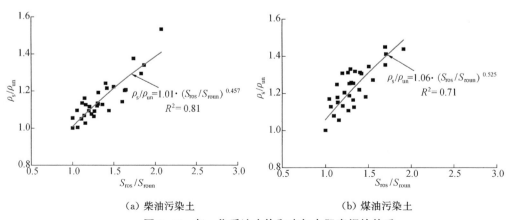

（a）柴油污染土　　　　　　　　（b）煤油污染土

图 2-46　归一化后油水饱和度与电阻率间的关系

由式(2-17)、式(2-18),油类污染土电阻率与油水饱和度的关系可统一表示如下:

$$\rho_s = \left[c \cdot (S_{ros}/S_{roun})^d\right] \cdot \rho_{un} \tag{2-19}$$

式中,c 取值范围为 $1.01 \sim 1.06$,d 取值范围为 $0.457 \sim 0.525$。

在未污染土的电阻率、污染土的含水率、含油率已知的情况下,可根据式(2-12)计算出污染土的电阻率范围。

(6) 农药污染土的电阻率特性研究

如图 2-47 所示为不同含水率的农药污染土体电阻率与农药含量之间的相关关系,由图可以看出,两种污染土的电阻率与农药含量之间的关系相似,随着农药含量的增加,电阻率逐渐增大。

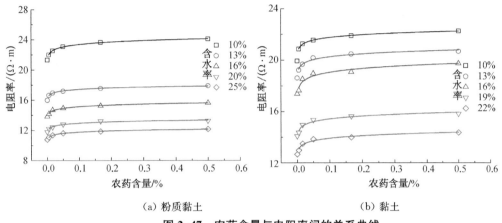

（a）粉质黏土　　　　　　　　　（b）黏土

图 2-47　农药含量与电阻率间的关系曲线

以含水率 16% 的试样为例进行分析。如图 2-48 所示为农药污染的粉质黏土与黏土电阻率变化幅度与农药含量间的相关关系,两种土体电阻率变化幅度都随着农药含量的增加呈对数关系增大,且变化幅度逐渐减小。

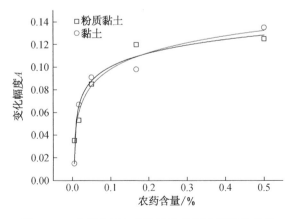

图 2-48　农药含量与电阻率变化幅度间相关关系

4. 重金属污染土电阻率室内试验研究

为了达到模拟污染土的良好效果,采用硝酸盐溶液作为重金属污染源。它具有高溶解度(高阳离子活动性),且硝酸根对水泥水化反应干扰较小。

(1) 孔隙湿密度的影响

图 2-49 为不同污染物的重金属污染土的孔隙湿密度与电阻率之间的关系图。从图中可以看出,孔隙湿密度与电阻率之间有良好的相关性且为幂函数分布,而在双对数坐标下,电阻率与孔隙湿密度基本呈直线关系。电阻率随着污染土的孔隙湿密度增加而降低,三种重金属污染土的电阻率基本一致,略有不同。定义黏性土土体电阻率与孔隙湿密度之间的广义公式为:

$$\rho = a \cdot m_\mathrm{d}^{-b} \rho_\mathrm{w}$$

式中,m_d 为孔隙湿密度;a 为拟合参数;b 为孔隙液质量比系数。

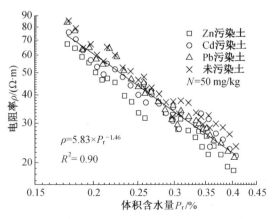

图 2-49 电阻率与不同重金属污染土孔隙湿密度关系

(2) 体积含水量的影响

本书将建立体积含水量 P_r 与电阻率之间的相关关系。由土力学状态参数转换关系可以得出相应的体积含水量 P_r 为:

$$P_\mathrm{r} = \frac{V_\mathrm{w}}{V} = \frac{V_\mathrm{v}}{V} \cdot \frac{V_\mathrm{w}}{V_\mathrm{v}} = \varphi S_\mathrm{r} \tag{2-20}$$

式中,V_w 为孔隙液体积;V 为土样体积;V_v 为土中孔隙体积;φ 为孔隙率;S_r 为土样饱和度。

图 2-50 为 50 mg/kg 浓度下的三种重金属污染土的体积含水量与电阻率之间的关系图。从图中可以看出,体积含水量与电阻率之间有良好的相关性且为幂函数分布,而在双对数坐标下,电阻率与孔隙湿密度基本呈直线关系。电阻率随着污染土的体积含水量的增加而降低,三种重金属污染土的电阻率基本一致,略有不同。定义黏性土土体电阻率与体积含水量之间的广义公式为:

$$\rho = c \cdot P_\mathrm{r}^{-d} \rho_\mathrm{w} \tag{2-21}$$

式中,P_r 为体积含水量;c 为拟合参数;d 为体积含水量系数。

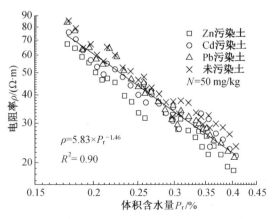

图 2-50 电阻率与重金属污染土体积含水量关系

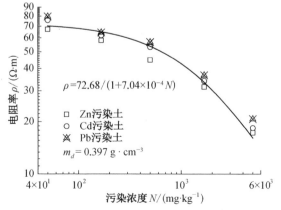

图 2-51 电阻率与重金属污染土污染浓度关系

（3）污染浓度的影响

通过硝酸盐重金属污染物的添加配置室内污染土试样进行不同浓度以及不同污染物的电阻率测试。取孔隙湿密度为 0.397 g/cm^3 的情况下,分析电阻率与污染浓度之间的相关关系。

图 2-51 为孔隙湿密度为 0.397 g/cm^3 下的三种重金属污染土的污染浓度与电阻率之间的关系图。从图中可以看出电阻率随着浓度的增加在降低,三种重金属污染土的电阻率基本一致,略有不同。这是由于三种污染物为正 2 价重金属离子,电阻率基本一致。但是由于重金属活动性的不同也有一定差别,三种重金属活动性对比为 Zn>Cd>Pb,所以重金属离子的导电性对比为 $Zn^{2+}>Cd^{2+}>Pb^{2+}$。根据电阻率与污染浓度的拟合公式可以看出污染浓度与电阻率之间呈倒数关系。推广到具体的公式为:

$$\rho = \frac{\rho_u}{(1+fN)} = \frac{A}{(1+fN)}\rho_w \tag{2-22}$$

式中,ρ_u 为初始未污染土电阻率;N 为污染浓度;A 为未污染土电阻率参数;f 为污染浓度系数。

5. 污染场地电阻率 CPTU 测试方法

（1）电阻率 CPTU 简介

土的电阻率原位测试方法主要包括电极法和电阻率探头法(RCPT)两种。实际上这两种方法的测试原理是一致的,都是通过四个电极对土的电阻率进行测量。RCPT 设备的核心部分是电阻率传感器,它是在常规孔压静力触探的基础上,增加电阻率测试模块,形成多功能探头。

RCPT 的电阻率测试部分主要由两个或四个铜质电极(或其他不锈钢电极等)以及内部的电路系统等所组成。各电极之间用绝缘塑料隔离开来,形成 O 形环状密封系统。国际上常用的几种 RCPTU 探头主要有:加拿大 UBC 探头[56]、美国 Hogentogler 探头和 Furgo 探头等[57]。

国内外许多学者对 RCPTU 在污染土中的应用进行了室内试验和现场测试研究。Fukue[58-59]等通过室内与现场的电阻率探头试验系统研究了电阻率法评价污染土的理论与方法。研究发现:①土的电阻率随 KCl 溶液浓度的增大而减小,随电流的增加而降低,高的电流对土体有一定的极化作用;②电阻率随含水量的增大而减小,同等含水量时,土的电阻率随油的含水量的上升而减小;同时,含水量愈高,油的含量对土的电阻率的影响愈小。

Campanella[60]等应用 UBC 的电阻率探头对加拿大 Richmond Fraser River 河口三角洲地区盐水入侵到砂土含水层(新鲜水)中的情况进行了勘测,图 2-52 为长为 500 m 的测试剖面,剖面中以体积电阻率低于 5 Ω·m 指示出盐水入侵线的展布情况,从图中虚线勾勒范围可以清晰地看出盐水入侵的分布范围。

东南大学在引进美国 Hogentogler 探头的基础上,研发了四电极电阻率探头(图2-53),并进行了测试应用。

图 2-54 和图 2-55 为现场测试的土电阻率与液限和塑性指数的关系,与 Abu-Hassanein 等研究的阿太堡界限与土的电阻率之间的关系相类似[61]。研究发现:土的体积

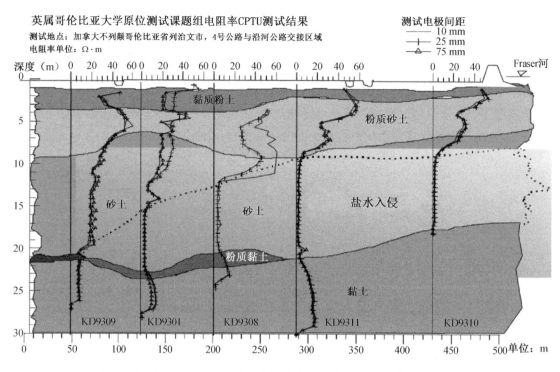

图 2-52　河口三角洲地区盐水入侵含水砂层的 RCPTU 剖面示意图[60]

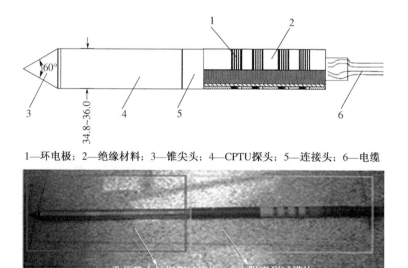

1—环电极；2—绝缘材料；3—锥尖头；4—CPTU探头；5—连接头；6—电缆

图 2-53　电阻率 CPTU 探头示意图

电阻率随着液限和塑性指数的增加而降低。这个变化趋势与黏土的矿物成分有关,蒙脱石含量高的黏土一般具有较高的液限和塑性指数。蒙脱石黏土的表面电导率随着蒙脱石含量的增加而升高。

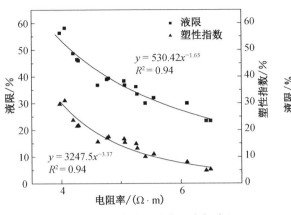

图 2-54　金陵图书馆场地电阻率与液限、塑性指数的关系

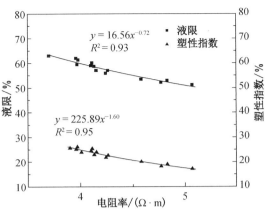

图 2-55　连盐高速场地电阻率与液限、塑性指数的关系

（2）南通农药厂的电阻率污染评价

江苏省南通农药厂于 1964 年建成，原址位于南通市西北部，占地面积 72 700 m²，以生产有机氯类、氨基甲酸酯类、除草剂类农药等为主，由于厂址搬迁至南通市经济开发区，老厂址于 2005 年关闭。

场地揭露深度内土层自上而下可分为：①-1 层黏质粉土、①-2 层淤泥质黏土、②砂质粉土、③-1 中砂、③-1a 层淤泥、③-2 层粉质砂土、③-3 层中砂、③-4 层粉质砂土、③-5 层中砂和④粉质砂土。沉积有韵律，各土层顶板较水平。

在场地进行了 4 个 RCPTU 测试分析，场地环境调查表明，该场地污染类型可分为两大类：有机物（有机磷）污染和无机物（氯化碱和漂白粉）污染。典型 RCPTU 试验结果和土层剖面图见图 2-56（无机物污染）和图 2-57（有机物污染）[62]。

图 2-56 和图 2-57 为 RCPTU 测试技术的实测电阻率值，受到有机物污染的土层其电

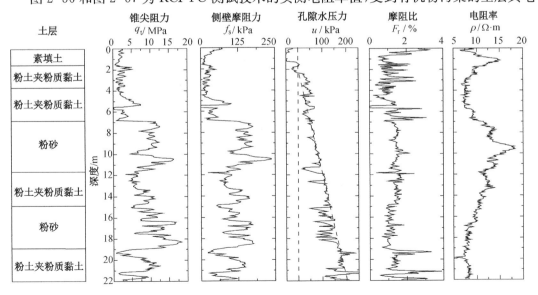

图 2-56　场地无机物污染点典型 RCPTU 试验结果

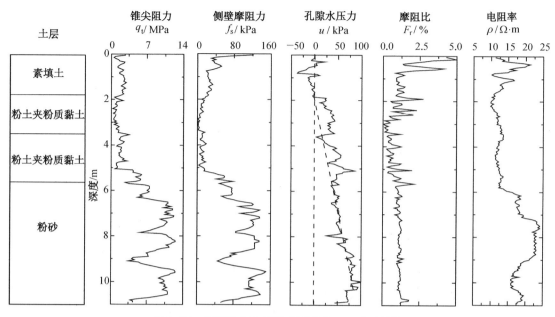

图 2-57　场地有机物污染典型 RCPTU 试验结果

阻率均略高于受到无机物污染的土体电阻率。这是由于有机物导电能力较差,电阻率较高,存在于地下土体或地下水中时使得土的表观电阻率增大;而无机物(如氯化碱)富含金属阳离子,降低了土的表观电阻率[62]。电阻率值及污染物特征见表 2-10。

采用等效电阻率偏差率 $\Delta\rho/\rho_r(\%)$,可以对污染程度进行评估[62]:

$$\frac{\Delta\rho}{\rho_r} = \left[\frac{D_r}{D_{rr}}\rho - \rho_r\right]/\rho_r \times 100\% \qquad (2-23)$$

式中,D_r 和 D_{rr} 分别为估算的相对密实度和相对密实度参考值,单位%,取 $D_{rr}=73\%$;ρ 和 ρ_r 分别为实测土体电阻率和电阻率背景值,单位 $\Omega\cdot m$。

显然,当 $\Delta\rho/\rho_r$ 绝对值越大时,表明土受到污染的程度越大;当 $\Delta\rho/\rho_r<0$ 时,表明污染物使得土体电阻率降低;反之,若 $\Delta\rho/\rho_r>0$,则表明污染物使得土体电阻率增大。

表 2-10　粉土夹粉质黏土层的 RCPTU 测试结果解译[62]

孔号	深度/m	q_t/MPa	f_s/kPa	$\rho/(\Omega\cdot m)$	F_r/%	污染物
Hole 1	4.5	4.82	47.06	7.48	73.8	氯化碱
	6.0	3.05	37.54	9.13	58.9	
Hole 2	4.5	2.08	10.66	12.11	63.5	有机磷
	5.5	4.86	46.23	12.76	72.8	
Hole 3	4.0	4.92	39.50	12.53	76.6	有机磷
	4.5	5.33	63.10	13.42	76.1	
Hole 4	4.5	4.96	26.49	8.45	72.8	漂白粉

图 2-58 为不同试验孔下各深度处等效电阻率偏差率计算结果。对有机物污染的试验点,等效电阻率偏差率随深度变化有先增大后降低的趋势,在 5~8 m 深度范围内最大,其

后开始减小,在 9.5～10.0 m 处趋近于 0,表明污染物在中部 5.0～8.0 m 深度处比较富集,在深度 9.5～10.0 m 时较少,污染物尚未扩散至 10 m 深度左右。对无机物污染的试验点,基本上表现出等效电阻率偏差率随深度增加而降低的趋势,说明污染物从顶部起源,在地表雨水等冲刷作用下离子逐渐往下移动。其中两种无机物污染的程度也有所不同,氯化碱污染的试验点中,污染程度随深度呈现较为线性的降低趋势,而漂白粉污染的试验点中,等效电阻率偏差率基本稳定在－20％左右,表明深度不大于 10 m 的浅范围内均受到较为严重的污染,且污染有可能扩散至更大的深度处。

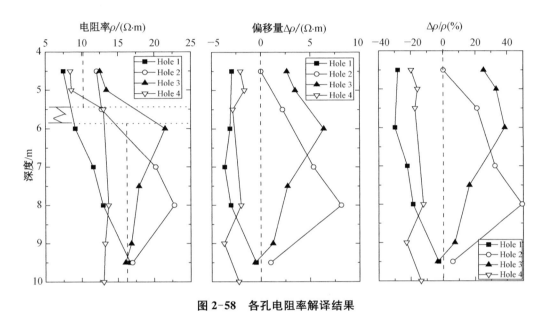

图 2-58　各孔电阻率解译结果

6. 基于 CPTU 的场地渗透性评价方法

土的渗透特性是分析污染物运移和处理技术的关键参数,目前确定渗透系数的方法主要有常规室内渗透试验和现场抽水试验、压水试验等方法。采用孔压静力触探(CPTU)测试方法确定土体渗透参数,具有速度快,扰动小,方便经济的特点,并能够反映含有互层和薄夹层地层的渗透特点。

(1) 东南大学 CPTU 测试系统

CPTU 贯入过程中可同时连续测锥尖阻力 q_c,侧壁摩阻力 f_s,超静孔隙水压力及其消散过程。根据测得的超孔隙水压力消散曲线,可以确定土层的水平渗透系数 k_h 及固结系数 c_h。东南大学在总结国内外 CPTU 技术的基础上,研发了数字式高精度 CPTU 系统(图 2-59)。

(2) 土体排水条件的判别

CPTU 探头贯入过程中土的排水条件决定土体渗透系数的评估方法。目前,国内外已有许多关于 CPTU 贯入过程中排水边界条件的划分方法研究。

1994 年 Finnie 和 Randolph[63]利用归一化贯入速率 V($V＝vd/c_v$,式中:v 为贯入速度,d 为圆锥探头直径,c_v 为固结系数)来定义排水边界界限,提出了当 $V＞30$ 时为完全不排水边界,当 $V＜0.01$ 时为完全排水边界。

2007 年 Elsworth[64]等根据 CPTU 的归一化锥尖阻力 Q_t、孔压比 B_q、摩阻比 F_r 提出了

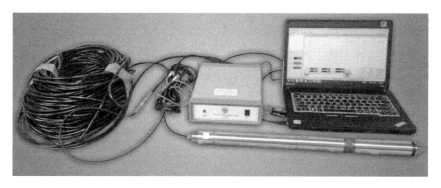

图 2-59　CPTU 采集系统实物图

部分排水边界为 $B_q Q_t < 1.2$、$Q_t F_r < 0.3$ 和 $B_q / F_r < 4$。

2010 年 Kim 等[65]提出 $c_v < 7.1 \times 10^{-5}\,\mathrm{m^2/s}$ 的为完全不排水边界，$c_v > 1.4 \times 10^{-2}\,\mathrm{m^2/s}$ 的为完全排水边界；处于中间的为部分排水边界。

一般而言，根据不同方法得到的土体排水条件判别结果可能存在一定的差异性。可以综合多种判别方法，对 CPTU 贯入过程中评估的排水状态进行判别，然后根据具体的工程实践，选择较为保守的结果进行设计。例如，在污染物的运移问题中，当不同方法所给出的排水条件存在差异时，更加倾向于选择部分排水或者完全排水的状况，然后考虑污染物的潜在运移规律。

（3）不排水黏性土渗透系数的 CPTU 评估方法

利用孔压消散曲线能够计算土体的固结系数，进而确定土体的原位渗透系数。完全不排水状态下的黏性土的渗透系数，可以基于孔压消散试验获得其固结系数，然后再根据渗透系数与固结系数之间的关系，再得到渗透系数的值。孔压静力触探探头贯入过程中产生的超静孔隙水压力，可采用圆柱形孔穴扩张理论进行分析，其径向固结控制微分方程为：

$$\frac{\partial u}{\partial t} = c \left[\frac{1}{r} \frac{\partial}{\partial r} \left(r \frac{\partial u}{\partial r} \right) \right] \tag{2-24}$$

任意边界条件下的一般解为：

$$u(r,t) = \sum_{n=1}^{\infty} \mathrm{e}^{-\alpha_n^2 t} \{ [\alpha_n Y_1(\alpha_n r_0) + \lambda Y_0(\alpha_n r_0)] J_0(\alpha_n r) \\ + [-\alpha_n J_1(\alpha_n r_0) - \lambda J_0(\alpha_n r_0)] Y_0(\alpha_n r) \} \tag{2-25}$$

对于完全不排水边界条件（黏性土类），可以根据上面的推导过程得出：静力触探在贯入过程中引起的超孔压为：

$$\Delta u = \Delta u_{\mathrm{oct}} + \Delta u_{\mathrm{shear}} = \sum_{n=1}^{\infty} A_n \mathrm{e}^{-\alpha_n^2 t} \Psi_0(\alpha_n r) + \sum_{n=1}^{\infty} B_n \mathrm{e}^{-\phi_n^2 t} \Psi_0(\beta_n r) \tag{2-26}$$

式中：Δu——锥肩处的超孔压；

　　　　Δu_{oct}——正应力引起的超孔压；

　　　　$\Delta u_{\mathrm{shear}}$——剪应力引起的超孔压；

　　　　A_n、B_n——系数。

如图 2-60 所示为 CPTU 贯入过程中的孔压消散曲线理论解与实测结果的对比。

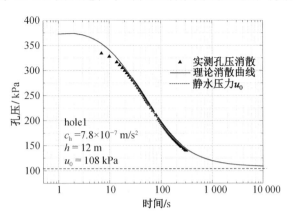

图 2-60 孔压消散曲线理论计算与实测对比图

根据消散曲线,Houlsby 和 Teh[66]考虑了刚性指数 I_r($=G/S_u$,G 为剪切模量,S_u 为不排水抗剪强度)的变化效应,采用修正的时间因数 T^* 取代时间因数 T,利用式(2-27)计算得到水平固结系数 c_h:

$$c_h = \frac{r_0^2 \sqrt{I_r T^*}}{t}$$ (2-27)

式中:T^*——修正的时间因数,可以查表得到;$r_0 = 35.7$ mm。

利用孔压消散曲线能够计算土体的固结系数,而土体的渗透系数与固结系数存在以下的关系:

$$k_h = c_h \gamma_w / E_s$$ (2-28)

式中:E_s——压缩模量;

c_h——土体的固结系数;

γ_w——水的重度。

压缩模量 E_s 的确定也可以根据地震波 CPTU 测定的剪切波速直接据图 2-61 确定。

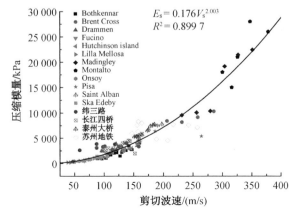

图 2-61 黏性土压缩模量与剪切波速的关系

Parez 和 Fauriel[67] 提出了直接从 t_{50} 得到渗透系数 k_h 的经验方法,近似计算如式 (2-29)所示。

$$k_h(\text{cm/s}) = (251\ t_{50})^{-1.25} \tag{2-29}$$

图 2-62 为几种方法评价场地渗透系数与实测对比图。

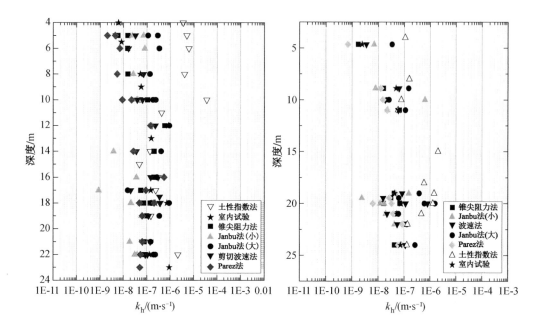

图 2-62 苏州地铁一号线不同渗透系数确定方法的比较

综合比较结果显示,对于长江三角洲沉积土,由于粉土、粉砂和黏性土的混合特性,各种基于 SCPTU 预测 k_h 值的方法中,基于土性指数的预测方法和 Janbu 法(大)比室内试验渗透系数大,其他方法和室内试验相接近,表明基于 SCPTU 的预测方法是可靠的。

(4) 部分排水条件下中间土渗透系数确定方法

Elsworth 等[64,68] 提出了采用 CPTU 测试指标直接采用 $B_q Q_t$ 确定原位渗透系数的方法,该方法能够直接连续计算出土层的渗透系数。B_q 为孔压比,Q_t 是归一化锥尖阻力:

$$B_q = (u_2 - u_0)/(q_t - \sigma_{v0}) \tag{2-30}$$

$$Q_t = (q_t - \sigma_{v0})/(\sigma'_{v0}) \tag{2-31}$$

式中:σ_{v0} 为上覆应力,kPa;σ'_{v0} 为有效上覆应力,kPa;u_0 为静水压力,kPa;u_2 为锥肩孔压,kPa。

Elsworth 等[64,68] 基本假设是在锥尖附近孔隙水流动面是动态稳定的,假设圆锥头在稳定速度时,单位时间内透水体积等于单位时间内圆锥贯入体积,孔压分布呈球状分布,流量 q 呈球形消散(图 2-63),提出下列公式计算渗透系数[64,68]:

$$k_h = \frac{r_0 \gamma_w K_D U}{4\sigma'_{v0}} \tag{2-32}$$

$$K_D = 1/(B_q Q_t) \tag{2-33}$$

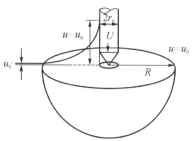

图 2-63　静力触探贯入过程中
基本概念图[61][65]

Elsworth 等[64,68]认为上式只在 $B_q Q_t < 1.2, k > 10^{-5}\,\mathrm{m/s}$ 的细砂土中适用。Chai 等[69]对 Elsworth 方法的修正,扩展至不排水黏土中,并提出采用半球面流的假定应当更加合理,并据此提出渗透系数计算公式:

$$k_h = \frac{r_0 \gamma_w K'_D U}{2\sigma'_{v0}} \tag{2-34}$$

$$K'_D = \frac{1}{2} K_D \tag{2-35}$$

Chai 等[69]指出,$K'_D = \alpha/(B_q Q_t)^\beta$,对于 $B_q Q_t < 0.45, \alpha = \beta = 1$。而对于黏性土,贯入过程是不排水的,贯入阻力由水的不排水强度所控制。单位时间的透水体积很小,因此透水体积是贯入体积的很小部分。当 $B_q Q_t > 0.45$ 时,$\alpha = 0.044, \beta = 4.91$。

Elsworth 等[64,68]的方法采用孔穴扩张理论引入了球面流的假定,Chai 等[69]的方法对 Elsworth 的方法作出了修正,采用了半球面流模型,采用球面模型一般适用于孔压元件位于锥头位置(u_1),此外,Chai 等在计算半球面流的水力梯度时,基于线弹性理论,假设探头附近初始孔隙水压力径向分布曲线为幂函数的形式。

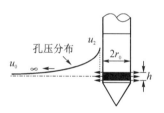

图 2-64　圆柱面流动

现在国际通用 CPTU 孔压元件均位于锥肩位置(u_2),孔压消散按水平方向消散为主,因此采用圆柱面流动形式,如图 2-64 所示。

假定初始超孔隙水压力呈负指数衰减:

$$u - u_0 = (u_2 - u_0)\mathrm{e}^{-0.3\left(\frac{r}{r_0}-1\right)} \tag{2-36}$$

则圆柱面 $r = r_0$ 处的水力梯度为:

$$
\begin{aligned}
i_{r_0} &= \frac{1}{\gamma_w}\frac{\mathrm{d}u}{\mathrm{d}r}\bigg|_{r=r_0} = 0.3\frac{u_2 - u_0}{r_0 \gamma_w}\mathrm{e}^{-0.3\left(\frac{r}{r_0}-1\right)}\bigg|_{r=r_0}\\
&= 0.3\frac{u_2 - u_0}{r_0 \gamma_w} = 0.3\frac{u_2 - u_0}{\sigma'_{v0}}\frac{\sigma'_{v0}}{r_0 \gamma_w}\\
&= 0.3\frac{u_2 - u_0}{q_t - \sigma_{v0}}\frac{q_t - \sigma_{v0}}{\sigma'_{v0}}\frac{\sigma'_{v0}}{r_0 \gamma_w}\\
&= 0.3 B_q Q_t \frac{\sigma'_{v0}}{r_0 \gamma_w}
\end{aligned}
\tag{2-37}
$$

由假设知道单位时间内通过半径为 r_0 的圆柱面渗流量等于探头体积贯入量,则有:

$$2\pi r_0 h \cdot k_h \cdot i_{r_0} = \pi r_0^2 U \tag{2-38}$$

把式(2-37)代入式(2-38),有

$$k_h = \frac{Ur_0}{2h} \cdot \frac{1}{i_{r_0}}$$

$$= \frac{r_0}{2h} \cdot \frac{1}{0.3 B_q Q_t} \cdot \frac{Ur_0 \gamma_w}{\sigma'_{v_0}} \qquad (2-39)$$

$$= \frac{r_0}{2h} \cdot \frac{K''_D}{0.3} \cdot \frac{Ur_0 \gamma_w}{\sigma'_{v_0}}$$

K''_D 与 Elsworth 等方法中的 K_D 有如下关系：

$$K''_D = \frac{0.15h}{r_0} K_D \qquad (2-40)$$

采取圆柱面模型得到的 K''_D 为 Elsworth 方法的 $0.15h/r_0$ 倍，以本书方法所计算的 k_h 为 Elsworth 等方法的 $2r_0/(0.3\ h)$ 倍。对国际标准规格的 CPTU 探头，$h=5\ mm$，$r_0=17.85\ mm$，知本书方法计算的渗透系数是 Elsworth 方法的 20 多倍，是 Chai 方法的 10 倍。

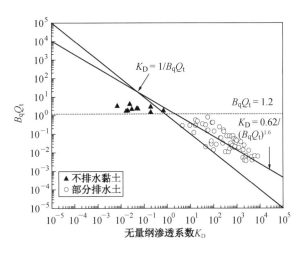

图 2-65 Elsworth 方法反演 K_D 与 $B_q Q_t$ 的关系

为了评价改进方法的适用性，本书对苏州地铁玉山公园站、星湖街站、红庄站、竹辉路站及长江四桥、长江隧道、泰州大桥等试验场地数据分析，分别利用 Elsworth[64,68] 方法、Chai[69] 方法和本书方法，以现场抽水试验和室内水平渗透试验为参考值，对部分排水条件下砂性土和不排水情况下的黏土渗透系数的计算进行了渗透分析。

① Elsworth 方法（图 2-65、图 2-66）

对比所研究的粉砂、细砂与中砂，采用 Elsworth[64,68] 方法计算得到的水平向渗透系数 k_h，并与现场抽水试验的 k_h 值进行对比分析，共计数据点 56 个。

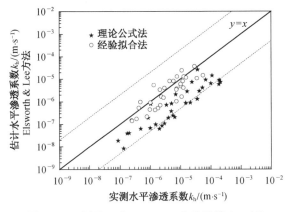

图 2-66 实测 k_h 与 Elsworth 方法计算 k_h 对比

② Chai 方法(图 2-67、图 2-68)

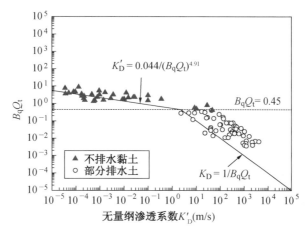

图 2-67　Chai 方法反演 K_D 与 B_qQ_t 的关系

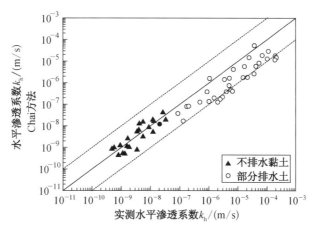

图 2-68　实测 k_h 与 Chai 方法计算 k_h 对比

③ 本书改进方法(图 2-69、图 2-70)

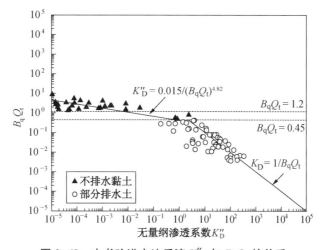

图 2-69　本书改进方法反演 K''_D 与 B_qQ_t 的关系

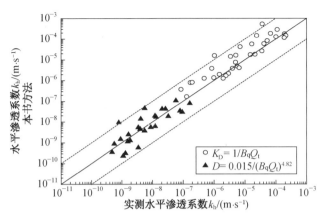

图 2-70　实测 k_h 与本书改进方法计算 k_h 对比

这表明采用本书改进方法所计算的渗透系数实际上增大了一个数量级,这是因为本书改进的两点是孔压消散按水平方向消散,且孔压分布函数在锥肩处的孔压梯度要大。

（5）基于土类指数的渗透系数估算

Robertson 和 Wride[70] 提出了土类指数的计算公式:

$$I_c = \left[(3.47 - \lg Q_{tn})^2 + (\lg F_r + 1.22)^2 \right]^{0.5} \qquad (2-41)$$

式中:$Q_{tn} = \left[(q_t - \sigma_{v0}) / p_a \right] (p_a / \sigma'_{v0})^n$,$F_r = \left[f_s / (q_t - \sigma_{v0}) \right] \times 100\%$,$q_t$ 为修正后锥尖阻力,kPa;f_s 为侧壁摩阻力,kPa;σ_{v0} 为上覆总应力,kPa;σ'_{v0} 为有效上覆应力,kPa;$(q_t - \sigma_{v0}) / p_a$ 为归一化净锥尖阻力;$(p_a / \sigma'_{v0})^n$ 为应力归一化系数;p_a 为大气压取 100 kPa;n 为随土性分类（SBT）而变化的应力指数,对于竖向应力不大的情况下,粗粒土为 $0.5 \sim 0.9$,细粒土 $n = 1.0$,对于竖向应力超过 1 MPa 时,$n = 1.0$。

课题组根据国家相关规范创立了我国基于 CPTU 的土分类图,如图 2-71 所示,根据该分类图土类指数范围可以评估相应土类的水平渗透系数。

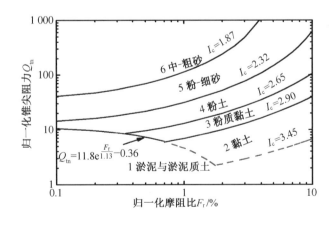

分区	土分类名称	土类指数 I_c
1	淤泥与淤泥质土	$I_c > 3.45$ 或 $Q_{tn} \leq 11.8 e^{\frac{F_r}{1.13}} - 0.36$
2	黏土	$2.9 < I_c < 3.4$ 且 $Q_{tn} > 11.8 e^{\frac{F_r}{1.13}} - 0.36$
3	粉质黏土	$2.65 < I_c < 2.90$ 且 $Q_{tn} > 11.8 e^{\frac{F_r}{1.13}} - 0.36$
4	粉土	$2.32 < I_c < 2.65$ 且 $Q_{tn} > 11.8 e^{\frac{F_r}{1.13}} - 0.36$
5	粉-细砂	$1.87 < I_c < 2.32$
6	中-粗砂	$I_c < 1.87$

图 2-71　基于土类指数的土类判别结果

根据长江下游地区七个基坑工程的土性分类指数与测试的渗透系数统计结果如图 2-72 所示,得到修正公式(2-42),可以据此估计土的水平渗透系数:

$$k_{\mathrm{h}} = 10^{-0.22-2.32I_{\mathrm{c}}} \tag{2-42}$$

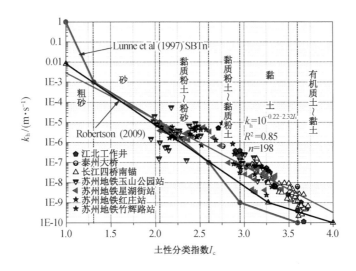

图 2-72　水平渗透系数 k_{h} 与土性分类指数 I_{c} 的拟合线

将上述估算土体水平渗透系数 k_{h} 的方法应用于上海中心大厦基坑工程,得到的预测值与实测值对比如图 2-73 所示。从图中可以看出,本研究所提出的新解析方法能够给出与现场注水试验得到的结果相一致,且比室内渗透试验资料高出 1～2 个数量级。室内试验结果比现场注水试验结果低很多,这可能是由于土样的尺寸效应所致。Chai 方法给出的结果比室内试验数据约大 3～8 倍,然而整体仍然低于现场注水试验的结果,也低于本研究提出的新解析方法。因此,本研究中的新方法能够给出最佳的渗透性评估结果。

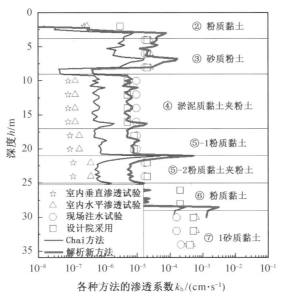

图 2-73　上海中心大厦工程不同试验方法得到的渗透系数与实测对比图

2.4 污染场地分类评价

2.4.1 概述

对于污染场地,特别是需要修复的污染场地,在现场勘查的基础上,需要对污染场地进行分类及评价,为合理规划修复后场地的未来使用功能提供依据。

20 世纪 90 年代后,欧美一些国家相继提出了不同的污染场地分类标准(表 2-11)。主要是基于污染源特征、暴露途径和受体三方面对场地已有和潜在的健康及环境影响进行评估。加拿大国家分类系统[71]的评分系统中污染源、暴露途径和受体各占 33、33、34 分(总分100 分);比利时(Walloon 地区)评分系统[72]将污染源、暴露途径和受体分别按照百分制进行评分。美国废弃场地危险评级系统(Hazard Ranking System,HRS)[73]中的 HRS 值则由地下水迁移、地表水迁移、土体暴露、空气传播四个传播途径决定,其中当 HRS 值大于28.5 时(总分 100 分)需要进行进一步问卷调查。

表 2-11 污染场地分类标准

国家	年代	分类参考标准	分类
加拿大	1992	污染场地国家分类系统(CCME)[71]	1. 70～100 分:一类污染场地——污染场地需要采取进一步措施(如开展更深入的场地污染特征分析和污染监测、管理、修复) 2. 50～69.9 分:二类污染场地——污染场地很有可能需要采取进一步措施(已有信息表明该污染场地对健康和环境无即时威胁,但存在长期环境风险) 3. 37～49.9 分:三类污染场地——污染场地可能需要采取进一步措施(已有信息表明该污染场地目前不需重点关注,但进一步调查后可能可以确定场地污染特征) 4. 15～36.9 分:四类污染场地——污染场地可能不需要采取进一步措施(已有信息表明该污染场地对环境或人类健康影响不大,除非有新的信息表明该场地需要加强关注度,重新进行场地评估,否则基本上没有必要对其采取任何措施) 5. 估分≤15 分:污染场地信息不足,需补充其他信息
新西兰	1992	国际类似工业用地的分类标准	1. 重度污染场地:对人类健康和环境存在重大或潜在的隐患 2. 中度污染场地:土壤污染等级超过澳大利亚和新西兰环境保护协会(ANZEEC)B级标准 3. 轻度污染场地:土壤污染属于短期威胁,可用于环境要求不高的用途
法国	1996/1997	工业设施环境管理条例(IC law)	1. 需进一步调查和详细评估的污染场地 2. 需监测的污染场地 3. 无需进一步调查或修复,可用于特定用途的污染场地
澳大利亚	2001	已知和疑似污染场地导则(DEP,2001)	1. 未证实污染场地 2. 可能污染场地(需要调查) 3. 未污染场地(不限制使用) 4. 污染场地(限制使用) 5. 污染场地(需要修复和已去除污染的场地)
瑞典	2009	污染场地风险分类和优先权限(瑞典环境保护部)[74]	1. 对于人类健康和环境有极高风险的污染场地 2. 高风险污染场地 3. 合理风险的污染场地 4. 低风险的污染场地 (1、2 类场地在无相关责任承担机构的情况下优先享受国家提供的进一步调查基金)

（续表）

国家	年代	分类参考标准	分类
比利时 （Walloon 地区）	1996	文献[72]	1. 需要测试的场地 2. 需要周期性监控，可能需要测试的场地 3. 不需要测试，但是需要常规观测的场地 4. 不需要测试的场地 5. 需要进一步信息以进行分类
荷兰		文献[72]	1. 污染物质均匀分布的场地 2. 污染物质非均匀分布的场地，但污染源已知 3. 污染物质非均匀分布的场地，且污染源未知 4. 无证据表明该场地已被污染
西班牙	1995— 2005	污染场地的 国家修复 计划[75]	1. 在近期内需要修复的污染场地 2. 在中期内需要修复的污染场地 3. 在长期内需要修复的污染场地
挪威	1997	挪威污染 场地登记 备案现状[76]	1. 需要立即调查或测试的场地 2. 需要调查的场地 3. 当变更场地的用途时需要调查的场地 4. 不需要调查的场地

　　美国国家科学院在 1983 年开始提出了包括危害鉴定、剂量-反应评估、暴露评估和风险表征四步骤的污染场地健康风险评估方法[70]，形成了污染场地健康风险评估的基本框架（图 2-74）。在此基础上，美国环保署（USEPA）制定和颁布了包括《超级基金污染场地健康风险评价指南》[77]在内的一系列有关风险评价的指导性文件和方法指南，健康风险评估方法体系基本形成。美国材料与试验协会（ASTM）在 1998 年提出了场地风险评价模型 RB-CA（Risk-Based Corrective Action）[78]，既可对污染场地健康风险分析，又可制定基于风险的土壤筛选值和修复目标值。荷兰在 1994 年提出了污染土壤健康风险评估方法和 CSOIL评估模型[72,79]，探讨了土壤污染暴露途径及模型评估方法，制定了保护人体健康的土壤基准。欧洲环境署（EEA）在 1999 年制定了环境风险评估的技术性文件[80]，系统介绍了健康

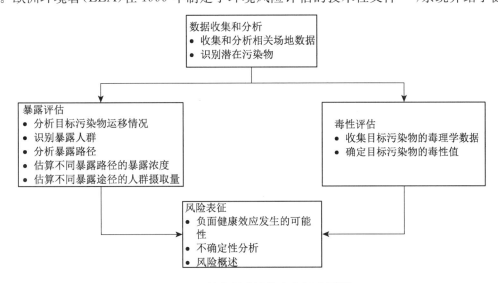

图 2-74　健康风险评价内容概略图[73]

风险评估的方法与内容。英国环境署和环境、食品与农村事务部(DEFRA)及苏格兰环保局在 2002 年联合开发了 CLEA 模型[81],该模型主要用来进行污染场地评价及土壤指导限值(SGVs)的获取。此外,加拿大(AERIS)、意大利(ROME)、德国(UMS)等发达国家均制定了本国的环境风险评估模型[82],这些健康风险评估模型分析步骤大同小异,不同评价模型的区别主要来自暴露途径、技术算法、主要参数选定等方面[71]。

我国《污染场地风险评估技术导则》(HJ 25.3—2014)[4]提出了场地健康风险评估的定义:在场地环境调查的基础上,分析污染场地土壤和地下水中污染物对人群的主要暴露途径,评估污染物对人体健康的致癌风险或危害水平。土壤环境的评价着重于环境方面,或是针对人体健康风险评价[83]。它给出了如图 2-75 所示的污染场地风险评估程序与内容,并给出了具体评估方法。

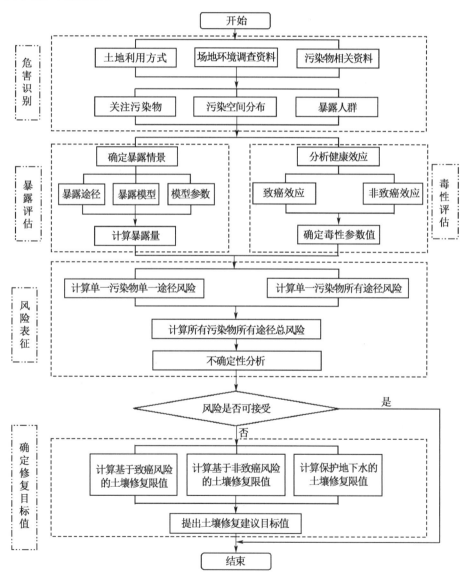

图 2-75　污染场地风险评估程序与内容

2.4.2　污染场地分类评价

事实上,土体污染后其环境参数和工程性质均发生明显变化。《岩土工程勘察规范》(GB 50021—2001)(2009 年版)[1]中指出,对污染土的评价应根据污染土的物理、水理、力学性质,综合原位和室内试验结果,进行系统分析,用综合分析方法评价场地的稳定性和地基适宜性。许丽萍和李韬[78]提出了从地基土工程特性的指标变化程度、建筑材料的腐蚀性和对环境影响程度三项指标来评价建设场地污染程度的综合评价方法。吴育林等[84]从人体健康及环境影响、污染土地下结构材料、污染土体三方面建立了污染土的综合风险评估体系,并提出了相应的计算方法。

基于此,本书选择层次分析法作为分析手段,引入"场地污染指数",通过对土体基本参数、与土体状态相关的参数、污染场地参数多因素综合分析,得到场地污染指数 SQ,通过 SQ 综合反映污染场地的污染程度及工程特性,为污染场地综合评价提供了参考。

1. AHP 的基本原理

AHP[85]是一种实用的多准则决策方法,将一个复杂问题分解成不同的组成因素,按其支配关系组成有序的递阶层次结构,通过两两比较确定层次中不同因素的相对重要性,结合评价者自身的判断能力来判定决策诸因素相对重要性的总顺序。该方法同时考虑了决策中的定性因素与定量因素,具有实用性、系统性、简洁性等优点。

采用层次分析法建模解决问题,可分为以下几个步骤:

（1）确定评价指标,构造递阶层次模型。递阶层次模型最高层为目标层,中间层为准则层,最底层为指标层。按照各指标的性质和隶属关系进行分层排列,构造出递阶层次模型。

（2）构造判断矩阵。采用 1～9 的标度对同层因素的相对重要性进行两两比较[86],统计后即得到下一层因素对其上层因素的判断矩阵:

$$A = (a_{ij})_{n \times n} \qquad (2\text{-}43)$$

式中, a_{ij} 为第 i 个因素相对于第 j 个因素的重要性比较结果;矩阵 A 为正互反矩阵。对于递阶层次结构,最高层至最底层每一个隶属关系都需要建立自己的判断矩阵。

（3）求出每一个判断矩阵 A 的最大特征根 $\lambda_{\max}$ 及其相应的特征向量并对其归一化,得到各因素的权重集 W,其各分量即为所对应因素的权值。

（4）采用一致性指标 CI 和随机一致性比率 C_R 对判断矩阵进行一致性检验。

$$CI = \frac{\lambda_{\max} - n}{n - 1} \qquad (2\text{-}44)$$

$$C_R = \frac{CI}{RI} \qquad (2\text{-}45)$$

式中 RI 为平均随机一致性指标,与矩阵阶数 n 有关,取值如表 2-12 所列。

表 2-12　平均随机一致性指标 RI[87]

n	3	4	5	6	7	8	9
RI	0.52	0.89	1.12	1.24	1.36	1.41	1.46

当 $C_R < 0.1$ 时，说明判断矩阵满足一致性要求，各因素的权值分配是合理的，否则应对判断矩阵 A 进行调整。

（5）所有因素对目标层的相对重要性排序。设递阶层次模型中 A 层 m 个因素 A_1，$A_2,\cdots,A_m$ 对总目标的权重为 $a_1,a_2,\cdots,a_m$，下一层次 B 层的 n 个因素 $B_1,B_2,\cdots,B_n$ 对上一层次 A_j 的层次单排序为 $b_{1j},b_{2j},\cdots,b_{nj}$，则 B 层的层次总排序为[87]：

$$b_i = \sum_{j=1}^{m} b_{ij}a_j \tag{2-46}$$

层次总排序也需要进行一致性检验，由最高层至最底层逐层进行。假定 B 层次有关因素对上一层因素 A_j 的单排序一致性指标为 CI_j，对应的平均随机一致性指标为 RI_j，则 B 层次总排序随机一致性比率为：

$$C_R = \sum_{j=1}^{m} (a_j CI_j) / \sum_{j=1}^{m} (a_j RI_j) \tag{2-47}$$

当 $C_R < 0.1$ 时，层次总排序通过一致性检验；否则，应调整判断矩阵的因素取值。

2. 评价方法的建立

（1）建立多级递阶层次结构

有机物污染土的污染特性受多种因素的影响，概括起来可分为三类指标：(1)土体基本参数 B_1，即土体自身所具有的性质，该类参数不受土体密度、含水率、饱和度等因素的影响；(2)与土体状态相关的参数 B_2，该类参数受土体类型、含水率、饱和度等因素的影响；(3)污染场地参数 B_3，不同的污染物对土体产生的影响不同，是污染场地评价中需重点考虑的因素。在建立多级递阶结构时，典型有机物污染场地评价方法属于目标层，B_1、B_2、B_3 三类指标作为递阶结构的准则层；通过室内大量试验的分析结果，并结合污染场地情况调查所得参数，以对有机物污染场地的污染状态有重要影响的 10 个因素作为指标层，建立了多级递阶结构(图 2-76)。

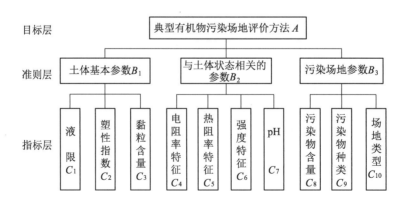

图 2-76　评价方法的多级递阶层次结构

（2）构造判定矩阵

① 准则层

准则层三个因素中，污染场地参数 B_3 是场地污染的主要原因，对场地污染状态影响最大；与土体状态相关的参数 B_2 在土体受到污染后，会有比较明显的变化；土体基本参数 B_1 在土体污染前后，会发生一定的变化，但其变化幅度不大。因此，准则层相对于目标层 A-B 的判断矩阵为：

表 2-13　A-B_i 层次的判断矩阵

A	B_1	B_2	B_3
B_1	1	1/4	1/5
B_2	4	1	1/2
B_3	5	2	1

判断矩阵的最大特征值 $\lambda_{max}=3.025$，判断矩阵中各参数的权重为：

$$W_1 = [0.097, 0.333, 0.570]^T \tag{2-48}$$

根据式（2-44）、式（2-45）对判断矩阵的一致性进行评价：

$$CI = 0.012, C_R = 0.024 < 0.10 \tag{2-49}$$

因此，A-B 的层次判断矩阵满足一致性检验要求，即所建立的判断矩阵是可以接受的。

② 指标层

a. B_1-C 层

B_1-C 的层次中，液限 C_1 与塑性指数 C_2 具有相同的重要性，在污染土中比黏粒含量 C_3 重要，判断矩阵如表 2-14 所列：

表 2-14　B_1-C 的判断矩阵

B_1	C_1	C_2	C_3
C_1	1	1	3
C_2	1	1	3
C_3	1/3	1/3	1

判断矩阵的最大特征值 $\lambda_{max}=3.0$，判断矩阵中各参数的权重为：

$$W_2 = [0.429, 0.429, 0.143]^T \tag{2-50}$$

根据式（2-44）、式（2-45）对判断矩阵的一致性进行评价：

$$CI = 0, C_R = 0 < 0.10 \tag{2-51}$$

因此，B_1-C 的层次判断矩阵满足一致性检验要求，所建立的判断矩阵可以接受。

b. B_2-C 层

对于 B_2-C 层次，土体电阻率特征 C_4 与热阻率特征 C_5 具有相同的重要性，土体的强度特性 C_6 在污染前后变化不如前两者明显，其重要性稍低；土体的 pH C_7 要根据污染物类型来判断，因此构造判断矩阵时，要根据污染物种类分两种情况考虑：酸碱性污染物和非酸碱性污染物。

对于酸碱类污染物 B_2-C 的判断矩阵如表 2-15 所列：

表 2-15　酸碱类污染物中 B_2-C 的判断矩阵

B_2	C_4	C_5	C_6	C_7
C_4	1	1	2	1/5
C_5	1	1	2	1/5
C_6	1/2	1/2	1	1/5
C_7	5	5	5	1

判断矩阵的最大特征值 $\lambda_{\max}=4.061$，判断矩阵中各参数的权重为：

$$W_3=[0.146,0.146,0.088,0.620]^{\mathrm{T}} \tag{2-52}$$

根据式(2-44)、式(2-45)对判断矩阵的一致性进行评价：

$$CI=0.020,C_R=0.023<0.10 \tag{2-53}$$

因此，对酸碱类污染物 B_2-C 的层次判断矩阵满足一致性检验要求。

对于非酸碱类污染物 B_2-C 的判断矩阵如表 2-16 所列：

表 2-16　非酸碱类污染物中 B_2-C 的判断矩阵

B_2	C_4	C_5	C_6	C_7
C_4	1	1	2	7
C_5	1	1	2	7
C_6	1/2	1/2	1	4
C_7	1/7	1/7	1/4	1

判断矩阵的最大特征值 $\lambda_{\max}=4.002$，判断矩阵中各参数的权重为：

$$W_4=[0.377,0.377,0.195,0.052]^{\mathrm{T}} \tag{2-54}$$

根据式(2-44)、式(2-45)对判断矩阵的一致性进行评价：

$$CI=0.001,C_R=0.001<0.10 \tag{2-55}$$

因此，对非酸碱类污染物 B_2-C 的层次判断矩阵满足一致性检验要求。

c. B_3-C 层

有机污染物包括挥发性有机污染物和不挥发性有机污染物，也可根据其酸碱性进行分类，因此，污染物种类作为一个指标考虑。对于不同的场地利用类型有不同的评价标准，用地类型也作为一个评价指标。故 B_3-C 层以污染物含量 C_8、污染物种类 C_9 和场地类型 C_{10} 作为评价指标。通过参数间两两比较，建立了 B_3-C 层的判断矩阵，如表 2-17 所列：

表 2-17　B_3-C 的判断矩阵

B_3	C_8	C_9	C_{10}
C_8	1	5	6
C_9	1/5	1	3
C_{10}	1/6	1/3	1

判断矩阵的最大特征值 $\lambda_{max}=3.089$，判断矩阵中各参数的权重为：

$$\boldsymbol{W}_5=[0.691,0.209,0.010]^{\mathrm{T}} \tag{2-56}$$

根据式(2-44)、式(2-45)对判断矩阵的一致性进行评价：

$$CI=0.045, C_R=0.086<0.10 \tag{2-57}$$

因此，对 B_3-C 层的层次判断矩阵满足一致性检验要求。

在目标层判断矩阵满足一致性检验后，要确定每个指标在目标层中的权值，以对指标层的各个指标进行总排序。考虑污染物分别为酸碱类污染和非酸碱类污染时，所求的各指标 C_i 对总目标 A 的权值分别如下：

污染物为酸碱类污染物时，各指标项的权重值为：

$$\boldsymbol{W}=[0.042,0.042,0.014,0.049,0.049,0.029,0.207,0.394,0.114,0.057]^{\mathrm{T}} \tag{2-58}$$

污染物为非酸碱类污染物时，各指标项的权重值为：

$$\boldsymbol{W}=[0.042,0.042,0.014,0.125,0.125,0.065,0.017,0.394,0.114,0.057]^{\mathrm{T}} \tag{2-59}$$

根据式(2-47)计算 C 层对 B 层层次总排序的一致性比率：

污染物为酸碱类有机污染物时，$C_R=0.050<0.10$，说明层次总排序通过一致性检验；

污染物为非酸碱类有机污染物时，$C_R=0.040<0.10$，说明层次总排序通过一致性检验。

3. 污染场地污染状态的评价标准

《岩土工程勘察规范》(GB 50021—2001)(2009 年版)中提出了污染对土的工程特性影响程度的划分标准，如表 2-18 所列。

表 2-18　污染对土的工程特性的影响程度

影响程度	轻微	中等	大
工程特性指标变化率(%)	< 10	10~30	> 30

注："工程特性指标变化率"是指污染前后工程特性指标的差值与未污染指标之百分比。

本书在参考规范的基础上，对污染物引起土性变化参数(C_1、C_2、C_3)和土体物理力学参数(C_4、C_5、C_6、C_7)的变化率进行评分，如表 2-19 所列。

表 2-19　影响因素评分表

评分	10	30	50	100
影响程度	轻微	中等	较严重	严重
指标变化率(%)	< 10	10～30	30～50	>50

根据评价方法指标层 $C_1 \sim C_7$ 在污染前后的变化率,给出相应的评分值。按照各自的权重值计算出污染评价体系的污染指数 SQ,按照污染指数 SQ 来评价污染对土体污染状态的影响。

$$SQ = \sum_{i=1}^{n}(C_i \times W_i) \tag{2-60}$$

式中,C_i 为不同因素的评分值,W_i 为不同因素的权重值。

对于场地评价方法中污染场地参数的评分标准分别叙述如下。

对污染物含量 C_8 的评价标准,以《全国土壤污染状况调查公报》[88]的评价标准为基础,取其有影响的四个评价标准,修改后的评分标准如表 2-20 所列。污染物的含量以《土壤环境质量标准》(GB 15618—2008)[89]中污染场地的筛选值为基准进行比较分析。

表 2-20　污染物含量评分表

评分	0	10	30	50	100
影响程度	无	轻微	中等	较严重	严重
污染物含量(以筛选值为基准)	0	1～2 倍	2～3 倍	3～5 倍	>5 倍

有机物种类较多,常见的污染物包括多环芳烃、石油烃类、有机农药、酚类化合物、多氯联苯等,有机物对人类的毒性主要有"致癌性""致基因突变性"和"致畸性"三致作用[90],按照有机物对人体毒性的大小,提出不同的评分标准,如表 2-21 所列。

表 2-21　不同有机污染物评分表

评分	10	30	50	100
毒性大小	无毒或微毒	低毒	中毒	剧毒
污染物类别	石油烃类和酚类化合物	有机农药	多环芳烃	多氯联苯等强致癌物

对污染场地类型的划分,不同国家有不同的分类方法。美国纽约州在污染场地修复时把场地类型分为非限制性用地、居住用地、限制性居住用地、商业用地和工业用地 5 类[91]。亚拉巴马州在污染土壤修复标准中把场地分为居住用地和商业用地两种类型。加拿大土壤质量指导值中把土地利用类型划分为农业用地、居住/公园用地、商业用地和工业用地 4 大类[92]。德国土壤污染行动值把场地分为操场、居住区、公园和娱乐设施用地、工业和商业用地 4 种土地类型。我国《土地利用现状分类》(GB/T 21010—2007)[93]中把土地利用类型

分为农用地、建设用地、未利用地 3 大类,12 个一级类和 57 个二级类。周启星等[93]对不同国家的土地利用类型污染土壤修复基准值进行了对比分析,指出了我国制定《土壤环境质量标准》时应考虑的问题,为标准的修订提供了借鉴。

本书根据《土壤环境质量标准》,把污染场地利用类型分为农业用地、居住用地、商业用地和工业用地 4 类,在污染物含量相同时,场地污染程度越严重,评分越高。其对应的评分标准如表 2-22 所列。

表 2-22 场地类型及污染程度评分表

评分	100	50	30	10
场地类型	农业用地	居住用地	商业用地	工业用地
污染程度	严重	较严重	中等	轻微

根据不同因素的评分值及各自的权重值,按照式(2-60)计算出污染指数 SQ,根据 SQ 大小对场地的污染状态进行评价。

对于相同场地的同一种污染物所引起的污染,污染指数 SQ 总分值范围为 $[0,100]$,根据场地污染指数 SQ 对场地污染状态评价分类标准如表 2-23 所示。

表 2-23 场地污染状态分类表

污染指数 SQ	$\leqslant 10$	$10 \sim 30$	$30 \sim 50$	$\geqslant 50$
污染状态分类	轻微	中等	较严重	严重

注:污染状态是通过对土体基本参数、与土体状态相关的参数、污染场地参数多因素综合分析而得出的一个指标,可综合反映污染场地的污染程度及工程特性。

4. 应用实例

本书以含水率 16% 的柴油污染粉质黏土和煤油污染黏土为例,对文中所建立的评价方法进行应用。

(1)柴油污染粉质黏土

粉质黏土取自南京河西地区某一工程场地,是一企业的排水管道用地,属于工业用地,场地类型评分为 10;污染物柴油属石油烃类,毒性大小评分为 10;根据《土壤环境质量标准》中有机污染物的环境质量第二级标准值为基准,商业用地的筛选值为 5 000 mg/kg,3～5 倍基准值的污染物含量为 15 000～25 000 mg/kg,为 1.5%～2.5%,对于含油率 2% 的试样影响程度属较严重,评分值为 50;含油率大于 2.5% 试样的影响程度均属严重,评分值为 100。对不同含油率的污染土体进行了大量的室内试验(部分试验数据见文献[55]),测得其他指标的变化率及评分值如表 2-24 所列,表中数据以无污染土体参数为基准。

表 2-24 不同含油率的柴油污染粉质黏土指标变化列表

含油率/%	液限		塑性指数		黏粒含量		电阻率	
	变化率	评分值	变化率	评分值	变化率	评分值	变化率	评分值
0	0	10	0	10	0	10	0	10
2	3.10%	10	4.02%	10	5.35%	10	7.90%	10
4	3.79%	10	4.78%	10	5.97%	10	14.0%	30

（续表）

含油率/%	液限		塑性指数		黏粒含量		电阻率	
	变化率	评分值	变化率	评分值	变化率	评分值	变化率	评分值
6	4.09%	10	5.06%	10	12.7%	30	30.1%	50
8	4.60%	10	5.13%	10	17.9%	30	42.5%	50
10	6.06%	10	6.28%	10	20.4%	30	67.8%	100

含油率/%	热阻率		黏聚力		内摩擦角		pH	
	变化率	评分值	变化率	评分值	变化率	评分值	变化率	评分值
0	0	10	0	10	0	10	0	10
2	8.60%	10	14.7%	30	0.19%	10	2.27%	10
4	15.8%	30	27.2%	30	0.68%	10	2.44%	10
6	26.1%	30	39.0%	50	1.54%	10	2.51%	10
8	34.1%	50	51.1%	100	2.78%	10	2.77%	10
10	43.0%	50	61.1%	100	3.83%	10	2.86%	10

由表 2-24 可以看出，内摩擦角随含油率的变化所产生的变化率相对较小，因此，在计算土体强度变化时，仅考虑黏聚力的变化。柴油污染为非酸碱性污染，各因素权重取值如式（2-59）所示。根据式（2-60）对不同含油率试样的污染指数进行计算，结果如表 2-25 所列。表中同时考虑了用地类型为居住用地时的土体污染指数。

表 2-25　不同污染土体污染状态评价结果

土体类别	含油率/%	工业用地		居住用地	
		SQ	污染状态	SQ	污染状态
柴油污染粉质黏土	0	4.87	轻微	7.15	轻微
	2	27.01	中等	48.99	较严重
	4	51.71	严重	53.99	严重
	6	55.79	严重	58.07	严重
	8	61.54	严重	63.82	严重
	10	67.79	严重	70.07	严重

由不同含油率污染土污染指数可知，对含油率 2% 的污染土，土体污染状态分类为中等；含油率 4%、6%、8%、10% 的污染土，土体污染状态分类为严重。根据《土壤环境质量标准》中有机污染物的环境质量第二级标准值为基准，3～5 倍基准值的工业用地污染物含量为 1.50%～2.5%，故含油率 4%、6%、8%、10% 的污染土已属于严重污染场地，与本书方法评价结论相同。同时，由表 2-25 可以看出，含油率 2% 的油污染对不同用地类型影响是不同的，工业用地变化为居住用地后，污染状态由中等变成了较严重；对含油率 4%、6%、8%、10% 油污染土，两种类型场地污染状态均为严重。

（2）煤油污染黏土

黏土取自南京江浦地区某一建筑物基坑，属于居住用地，场地类型评分为 50；污染物煤油属石油烃类，毒性大小评分为 10；根据《土壤环境质量标准》中有机污染物的环境质量第二级标准值为基准，商业用地的筛选值为 1 000 mg/kg，5 倍基准值的污染物含量为 5 000 mg/kg，为 0.5%，试验中所测含油率均大于 0.5%，污染物影响程度属严重，评分值为

100。对不同含油率的污染土体进行了大量的室内试验(部分试验数据见文献[55]),测得其他指标的变化率及评分值如表 2-26 所列,表中数据以未污染土体参数为基准。

表 2-26　不同含油率的煤油污染黏土指标变化列表

含油率/%	液限		塑性指数		黏粒含量		电阻率	
	变化率	评分值	变化率	评分值	变化率	评分值	变化率	评分值
0	0	10	0	10	0	10	0	10
2	1.34%	10	0.87%	10	19.1%	30	23.6%	30
4	1.98%	10	1.12%	10	21.6%	30	32.3%	50
6	3.00%	10	1.99%	10	31.3%	50	42.8%	50
8	4.27%	10	2.76%	10	48.6%	50	52.5%	100
10	5.56%	10	3.22%	10	87.2%	100	60.4%	100

含油率/%	热阻率		黏聚力		内摩擦角		pH	
	变化率	评分值	变化率	评分值	变化率	评分值	变化率	评分值
0	0	10	0	10	0	10	0	10
2	4.7%	10	30.9%	50	1.53%	10	0.96%	10
4	14.9%	30	42.2%	50	4.87%	10	1.32%	10
6	23.9%	30	52.5%	100	5.29%	10	1.56%	10
8	32.4%	50	63.2%	100	6.75%	10	1.93%	10
10	43.4%	50	75.4%	100	7.52%	10	2.53%	10

含油率对煤油污染土内摩擦角的影响明显小于其对黏聚力的影响,因此,含油率对土体强度的影响仅考虑黏聚力的变化。煤油为非酸碱性污染,各因素权重取值如式(2-59)所示。根据式(2-60)对不同含油率试样的污染指数进行计算,结果如表 2-27 所列。表中同时考虑了用地类型为工业用地时的土体污染指数。

根据不同含油率的污染指数 SQ 可知,对居住用地,含油率 2%、4%、6%、8%、10% 的污染状态为严重。根据《土壤环境质量标准》,居住用地第二级标准值的 3~5 倍基准值的有机污染物含量为 0.3%~0.5%,故含油率 2%、4%、6%、8%、10% 的污染土已属于严重污染场地,与本书方法评价结论相同。

表 2-27　不同污染土体污染状态评价结果

土体类别	含油率/%	居住用地		工业用地	
		SQ	污染状态	SQ	污染状态
煤油污染黏土	0	4.87	轻微	7.15	轻微
	2	53.07	严重	31.09	较严重
	4	58.07	严重	55.79	严重
	6	61.60	严重	59.32	严重
	8	70.35	严重	68.07	严重
	10	71.05	严重	68.77	严重

由表 2-27 可以看出,含油率 2% 的油污染对不同用地类型影响不同,由居住用地变为工业用地后,污染状态由严重变成了较严重;对含油率 4%、6%、8%、10% 油污染土,场地污染状态均为严重。

可见,对于相同含油率的污染场地,不同用地类型的污染评价标准不同,污染对土体污染状态的影响程度也有所不同,相同污染物含量的污染场地,污染标准含量要求低的场地污染状态相对严重。

第3章 污染土工程性质

土体污染后,其工程性状会发生明显改变,根据污染土工程性质改变的程度可以对污染场地土体进行初步评价。

天然地基受到污染后,其工程性状如何演变,受很多因素的制约和影响。首先取决于土颗粒、粒间胶结物和污染物的物质成分[1],其次是土的结构和粒度、土粒间液体介质、吸附阳离子的成分及污染物(液体)的浓度等[2],再者是土与污染物作用时间和温度。国内外诸多学者对工程性质的研究主要集中在常规的土工测试试验,包括界限含水率测定试验、颗粒分析试验、击实试验、渗透试验、相对密度试验、固结试验、无侧限抗压强度试验、直接剪切试验等。同时,为了研究土体污染前后变化的机理,诸多学者还进行了微观测试。

3.1 界限含水率

在天然土体受到重金属污染后,其天然的粒度含量和矿物成分都会受到一定程度的改变,故污染土的液塑限及液性指数和塑性指数必然随之改变。

Warkentin[3]研究表明随着黏性土中阳离子浓度的增加减少了颗粒间排斥力,导致颗粒在较低含水量下更自由地移动,因此土壤的液限值降低。Mitchell 和 Soga[4]于 2005 年总结了前人关于盐分对黏性土颗粒表面的双电层的影响,提出土壤的界限含水率与黏性土颗粒表面双电层结合水厚度直接相关。Rao 和 Mathew[5]以及 Yong 等[6]认为由于金属离子的存在,使得黏性颗粒产生絮凝状结构,进而引起界限含水率的降低。Montoro 等[7]认为界限含水量可以作为反映土颗粒与溶液相互作用的指标。Di Maio[8]认为电解质溶液渗透下离子交换使得双电层变化具有永久性,膨润土液限随盐溶液浓度(NaCl、KCl、CaCl$_2$)增加急剧降低并趋于稳定。Li 等[9]通过研究黏性土受铅污染后界限含水率的变化,实验表明随着金属离子浓度的增加,液限和塑性指数都有降低趋势。

图 3-1 为不同浓度 Zn、Pb、Cd 污染土试样的液限、塑限和塑性指数变化曲线。由图可

知,粉质黏土和黏土被重金属溶液污染后,液限、塑限均比污染前减小。这是由于污染物的主要化学成分为硝酸锌,且呈弱酸性。对土样液塑性指标产生影响的化学作用主要有溶蚀作用、沉淀或结晶作用和阳离子交替吸附作用,在弱酸性溶液中,溶液中高价金属离子代替了土中低价离子,使土中水的低价离子的浓度降低,土的双电层中电动电位降低,扩散层变薄,结合水减少,从而使土的塑性降低。由于土中有较多的水,此时胶体离子不会析出,对土的液限影响不大[10]。

图 3-2 为不同含油率的柴油、煤油污染粉质黏土和黏土液限、塑限和塑性指数变化图。由图可以看出,对于柴油和煤油污

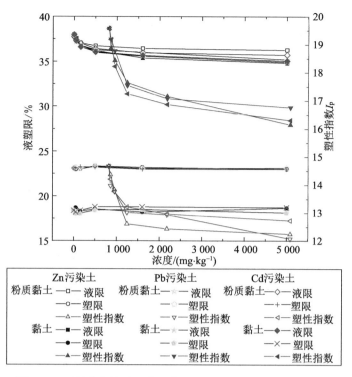

图 3-1 不同浓度锌、铅、铬污染土的液塑限及塑性指数对比

染的粉质黏土,随着含油率的增加,液限、塑限缓慢降低;塑性指数随着含油率增加也缓慢

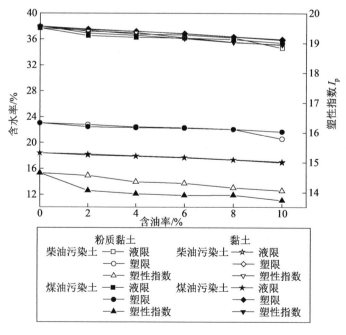

图 3-2 不同油污染对粉质黏土界限含水率的影响

降低。对于这两种油类污染的黏土,土体受到污染后,土体液限、塑限变化规律与河西粉质黏土污染前后的变化规律相似,表现为随含油率的增加而逐渐降低[11, 12]。

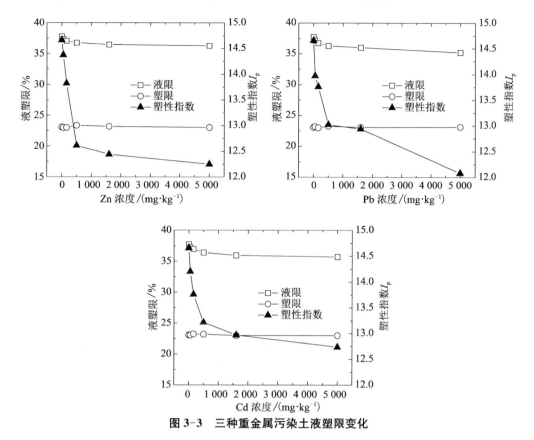

图 3-3 三种重金属污染土液塑限变化

有机氯农药是一种最常见的含有持久性有机污染物的农药,土体在受到有机氯农药污染后,塑性指数变化表现为略有增大并趋于稳定的趋势(图 3-4)。

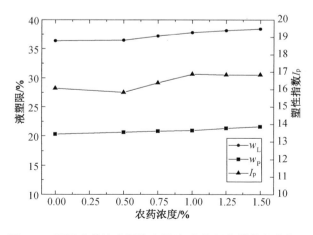

图 3-4 不同农药浓度污染土的液、塑限及塑性指数变化图

3.2 土的粒度成分

土的粒度成分试验是研究土中各种大小粒组的相对含量,并进行土体分类的一种重要的研究手段和方法。不同矿物成分的黏性土微观晶格构成有区别,使得黏性土颗粒大小各有不同。而随着金属离子的侵入使颗粒晶格吸附结构发生了改变,颗粒表面水膜收缩引起黏性颗粒之间的聚合使得颗粒形态变大,产生大型颗粒团。

Morvan 等[13]于 1994 年根据双电层理论,将土壤类别的变化归因于铅离子侵入引起的颗粒双电层厚度降低,使得相同压缩能量下,颗粒之间的距离更加接近聚合成团。图 3-5 为铅污染土粒度成分变化。

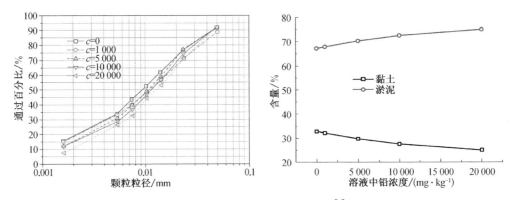

图 3-5 铅污染土粒度成分变化[9]

图 3-6 为重金属 Zn 污染土粒度成分变化,图 3-7 为不同浓度下污染土的黏粒成分变化。可以看出,随着污染浓度的增加黏粒含量变小,而砂粒、粉粒含量变大。引起这一变化的原因可能是由于受到重金属锌污染后,土中某些胶体如有机无机复合胶体、游离氧化物胶体以及可溶性盐胶体和所添加的锌污染物结合,而土颗粒表面呈双电荷,土颗粒表面附着正电荷分布的 Zn^{2+} 污染结合物,在土颗粒之间产生斥力,使得颗粒间的连结力减弱,故相比天然土体其黏粒含量有所增加。

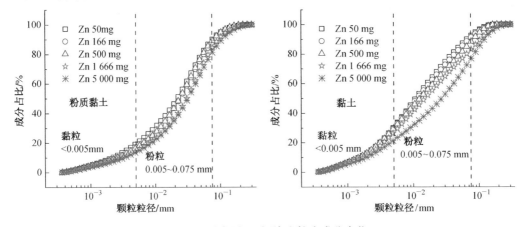

图 3-6 重金属 Zn 污染土粒度成分变化

何小红[14]采用－10#柴油配制了含油率分别为0%、4%、8%、12%和16%的柴油污染黏土试样,对不同试样的工程特性进行了测定。试验结果表明,含油率增加时,污染土液限值增大,在含油率达到8%时,液限值达到峰值,塑限随含油率的增加一直减小。试样黏聚力随含油率的增加呈现先增大后减小的变化规律,在含油率4%时,黏聚力值最大;内摩擦角随含油率增加呈现先减小后增大的变化趋势。颗粒分析结果表明,含油率＞4%时,黏粒组含量随含油率增大而显著增加,在含油率8%时达到峰值。

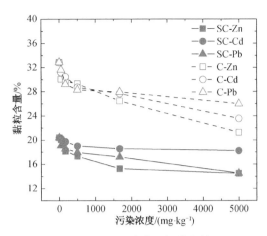

图 3-7　不同浓度下污染土的黏粒成分变化

 ## 3.3　pH

土壤的 pH 测试采用美国 ASTM D4972-13 规范进行。所测污染土壤 pH 为水土比例 1∶1 时测得。不同重金属污染浓度的土壤 pH 测试结果见图 3-8。从图中可以看出,随着重金属浓度的增加,土壤的 pH 呈下降趋势。天然土壤的初始 pH 为 7.95,呈弱碱性。本书所使用的污染物为硝酸盐类可溶盐,产生的硝酸盐离子使得土壤体现酸性特征,所以随着重金属污染物的增加使得土壤的 pH 减小呈酸性变化。

图 3-9 为两种油污染的南京河西

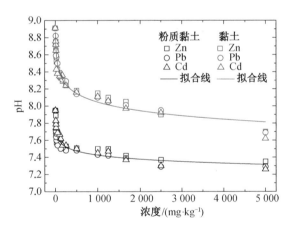

图 3-8　不同重金属污染浓度的土壤 pH 测试结果

粉质黏土和江北黏土 pH 测试结果[15]。柴油和煤油污染土表现为相似的变化规律,污染后的土体 pH 降低,但随着含油率的增加,土体 pH 变化趋于平缓。

图 3-10 为不同浓度的有机氯农药污染土在不同龄期时的 pH 变化曲线。由图可以看出,未污染土的 pH 为弱碱性,随着农药浓度的增加及养护龄期的增长,pH 减小,逐渐向弱酸性变化。对于同一龄期的不同浓度的试样,其 pH 呈非线性减小,不同农药浓度污染土的 pH 较未污染土有较大幅度减小,但对于同一龄期的污染土随浓度不同其 pH 变化不大;对于同一农药浓度污染土的 pH 随龄期增加而减小,同一龄期时不同浓度污染土的变化幅度接近,呈近似平行线分布。可能的原因是农药与土体发生反应后,pH 基本稳定,变化幅度较小,即生成物对土体 pH 影响很小。

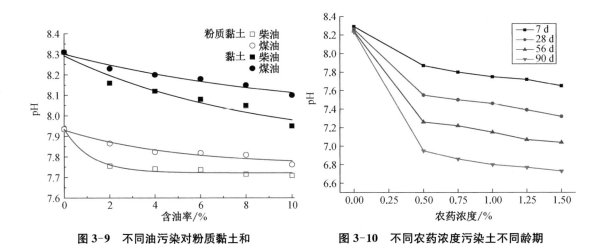

图 3-9　不同油污染对粉质黏土和
黏土 pH 的影响

图 3-10　不同农药浓度污染土不同龄期
时的 pH 变化

3.4　抗剪强度

使用三种重金属污染土壤样品（Zn，Cd，Pb）进行直接剪切试验，土壤样品饱和。不同重金属污染土壤轴向载荷 400 kPa 的应力-应变曲线如图 3-11 所示。从图 3-11 可以看出，三种污染土壤的剪切强度随着污染浓度的增加而增加[16]。

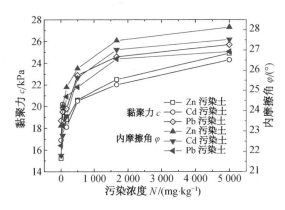

图 3-11　重金属污染土内聚力和摩擦角随污染浓度变化曲线

蓝俊康[17]在研究红黏土对锌离子吸附试验中，也得出锌盐晶体的析出，对于土粒间会产生一种楔入作用，破坏了黏土颗粒间原有的胶结，大大降低了黏土的黏聚力。饶为国等[18]也指出重金属离子与土体颗粒相互作用后，会降低地基土的强度。徐慧等[19]研究表明，黏土强度随着离子总含量的增大而逐渐降低。同时，陈炜韬等[20]在研究黏土中含盐量对其工程性质影响时发现，含盐量小于 9% 时，含盐土中的水分能够将盐类溶解，此时含盐地层中的土抗剪强度较素土低。看来，重金属污染土的强度指标变化规律受重金属种类、浓度和土性多方面影响，需要针对具体情况具体分析。

　　对含水率为 16%、不同含油率的柴油污染粉质黏土,试样的含油率与强度参数间的关系如图 3-12 所示[15]。由图可以看出,柴油污染土的剪切强度随着煤油含油率的增加而减小,油污染对土体内摩擦角影响较小。

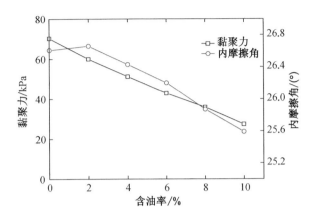

图 3-12　柴油污染粉质黏土强度参数与含油率的关系

　　图 3-13 为含水率 16%、不同含油率的煤油污染黏土,试样的含油率与强度参数间的相关关系。由图可以看出,土体的剪切强度随着含油率的增加而逐渐减低,含油率对黏聚力 c 的影响大于对内摩擦角 φ 的影响程度。

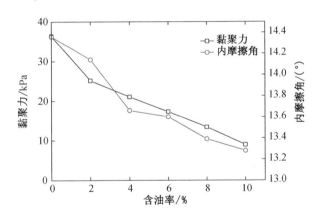

图 3-13　煤油污染黏土强度参数与含油率的关系

　　Al-Sanda 等[1]采用不同含油率的原油污染科威特砂土进行了直接剪切试验、击实试验、固结不排水试验,得出了污染引起强度和渗透性减小,压缩性增大的结论,最大干密度和最优含水量随着含油率的增加而减小。Shin 和 Das[21]对油污染的非饱和土的承载力进行了研究,污染土含油量变化范围为 0%~6%,受污染后土体承载力剧烈下降。

　　Khamehchiyan 等[22]对原油污染的黏土工程性质进行了研究,对原油含量分别为 2%、4%、8%、12% 和 16% 的污染土体进行了界限含水率测试、击实试验、直剪试验、单轴压缩试验,结果显示随着污染土浓度的增大,土体液限、塑限、剪切强度、最大干密度、最优含水量等指标,均随含油率的增加而减小。

Rahman 等[23]对受油污染的花岗岩沉积土的工程性质进行了研究,对含油率为 4%、8%、12% 和 16% 的 V 和 Ⅵ 两类残积土受油污染前后的工程性质进行了研究。结果表明两类土体受油类污染后,土体的塑限、液限、不固结排水剪切强度、最大干密度和最优含水率等指标均随含油率增加而减小。

Nazir[24]以埃及 Tanta 地区的机油污染的超固结黏土为研究对象,对不同龄期污染土试样的工程性状进行了测试,试验结果表明随着龄期的增加,液限和塑限、无侧限抗压强度、压缩系数、渗透系数等指标均减小,在一定龄期后两者都基本维持不变。

Oluremi 等[25]配制了含油率分别为 0%、2%、4%、6% 和 8% 的油污染红壤土,对不同的污染土试样进行了工程性质测试。试验结果表明,土体的液限、塑限均随着含油率的增加而减小,土颗粒中砂砾成分随含油率的增加而增大,黏粒成分随含油率的增加而减小。

Abousnina 等[26]制备了含油率为 0%、0.5%、1%、2%、4%、6%、8%、10%、15% 和 20% 的轻质原油污染砂土,进行了直接剪切试验和渗透试验。结果表明,随着含油率的增加,黏聚力逐渐降低,内摩擦角波动幅度不大;试样渗透系数随含油率的增加呈现先减小后增大再减小的变化规律,在 6% 含油率时渗透系数最大。

Kermani 和 Ebadi[27]对原油含量分别为 0%、4%、8% 和 12% 的原油污染黏土进行了工程特性测试。试验结果表明,随着含油率的增加,内摩擦角、最大干密度、压缩指数、液限、塑限等指标增大;最优含水率、黏聚力、塑性指数均减小。

Khosravi 等[28]配制了含油率分别为 0%、2%、4%、6%、12% 和 16% 的汽油污染高岭土,对不同试样的工程特性进行了测试。结果表明,随着汽油污染含量的增加黏聚力增大,内摩擦角和土体压缩性减小;塑限增大,液限减小,相应的塑性指数增大;土体压缩指数随油含量的增加而增大,膨胀指数基本保持不变。

Akinwumi 等[29]配制了含油率为 0%、2%、4%、6%、8% 和 10% 的原油污染红黏土,并对这些试样进行了工程性质的测定,发现原油污染红黏土的液限、塑限和塑性指数均随着含油率的增加而增大。

Nasehi 等[30]通过配制不同汽油含量的伊朗南部的污染黏土和污染粉质黏土,对不同污染试样的工程性质进行了测试。结果表明,两种土体的液限、塑限、黏聚力随着汽油含量的增大而增加,两种土塑性指数、无侧限抗压强度、内摩擦角、最大干密度和最优含水率随汽油含量的增加而减小。

 ## 3.5 压缩特性

根据夏磊[31]的研究,不同类型的重金属污染土压缩模量和压缩系数随重金属离子浓度的变化曲线如图 3-14 所示。根据压缩模量随重金属离子浓度的变化规律可知,经过重金属离子侵蚀后,当重金属离子浓度处于较低水平时,污染土的压缩模量突然增大,随着离子浓度持续增大,压缩模量又呈减小趋势。压缩系数随重金属离子浓度的变化规律,与压缩模量变化规律相反,即先是短暂减小,然后又增大(图 3-15)。

Khosravi 和 Ghasemzadeh 等[28]进行了一系列标准固结试验(ASTM D2435),以表征

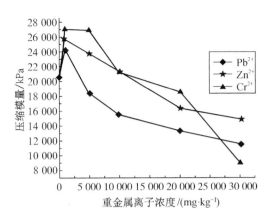

图 3-14　不同重金属离子浓度与土壤压缩模量的关系

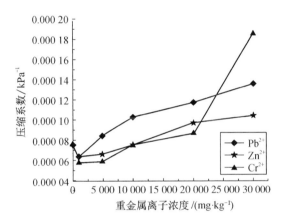

图 3-15　不同重金属离子浓度与土壤压缩系数的关系

一维加载-卸载过程中未污染和污染的高岭土的压缩性变化。结果表明随着柴油含量的逐渐增加,压缩指数 C_c 逐渐减小,到达一定数值后趋于不变。

另外,根据 Kermani 和 Ebadi[27] 的研究,土的干密度与含水率的关系曲线如图 3-16 所示。随着有机污染含量从 0% 增加到 12%(0~120 000 mg/kg),最大干密度从约 1.65 g/cm³ 增加

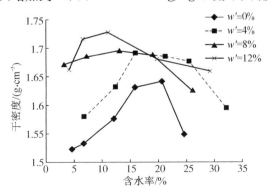

图 3-16　不同含油率土样的压实曲线

到 1.73 g/cm³，最优含水率从 19.2% 降低到 10.1%。土压实性的提高可以归结于油的润滑性，这是由于油吸附在黏土颗粒表面而导致的。

3.6 孔隙结构

黏土样品在不同重金属污染物和离子浓度下的孔径分布曲线如图 3-17(a)所示。结果表明，当溶液中的重金属浓度从 0 增加到 5 000 mg/kg 时，对应于孔隙体积峰值的孔径从 1 μm 增加到 30 μm。由于重金属离子的侵入，导致土壤 DDL 的变化，引起了污染土壤的絮凝效应，导致孔隙的增加。

不同离子溶液孔径分布曲线的结果如图 3-17(b)所示，从中可以看出，天然样品孔径尺寸主要呈现为 0.2～5 μm。而在重金属污染样品中，主要的孔径约为 1 μm 和 100 μm。黏土颗粒的聚集导致了土颗粒间的孔隙类型的变化，由微孔隙转向为大孔隙，表明由于金属离子的侵入导致颗粒的结构的变化和重组引起了岩土体宏观工程性质的变化[32]。

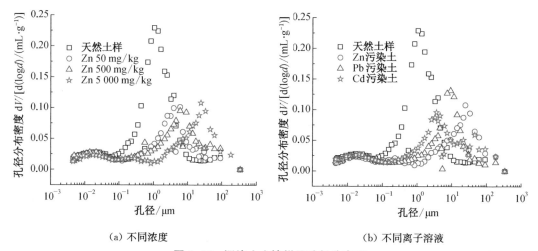

（a）不同浓度   （b）不同离子溶液

图 3-17 污染土土壤样品孔径分布图

图 3-18 为含油率为 0%、2%、6% 和 10% 的柴油污染黏土的孔径分布分析结果。由图可以看出，未污染土及污染土均呈"单峰结构"，且孔径分布多集中在 1～100 μm 之间，污染土体孔径有所增大。

方伟[33] 对柴油污染高岭土采用环境扫描电镜和常规扫描电镜对其微观结构进行了分析，并采用压汞技术对污染土孔隙结构进行了测试，得出了柴油污染高岭土的柴油含量存在一个阈值，超过该值后污染土工程性质由水控状态转变为油控状态的结论。

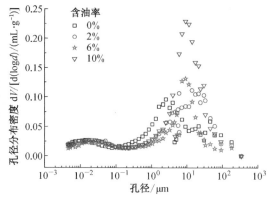

图 3-18 不同含油率的柴油污染土孔隙体积分布图

　　上述表明,土体受石油烃类有机物污染后,土体界限含水率、强度与固结特性、击实特性、渗透特性、颗粒级配、微观结构等工程性质会发生明显改变,但不同学者的研究结论却有所不同,这是由岩土体的独特性所决定的。

第4章 污染场地处理原则与方法

4.1 污染场地处理原则

污染场地治理原则可按污染源、传播途径、受体三个方面进行考虑[1]，即：①消除污染源，在污染源位置对污染物质进行萃取或者通过其他方法改变有害物质的成分或者毒性；②对传播途径进行控制，通过固化、稳定污染物质，阻止其进一步扩散；③加强污染场地的管理和保护，限制场地使用功能，防止人类等受到侵害。

根据上述原则，污染场地处治可以分为三大类：自然衰减处理、隔离和修复，如图 4-1 所示。

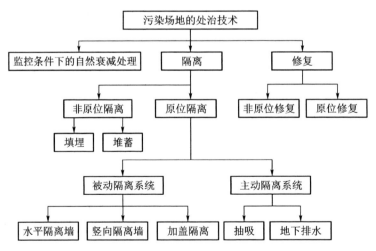

图 4-1 污染场地的处治技术分类（据文献[2，3，4]整理）

所谓自然衰减处理，也称为内部修复（Intrinsic Remediation），指在适当的环境条件下，利用自然界土体存在的天然的净化能力来去除污染物质的毒性，是一个"不干预"过程，而不是传统的工程处理过程，但涉及生物学、化学和岩土工程学等领域，需要进行必要的监控,以确保去除毒性反应的进行。

　　隔离包括非原位隔离和原位隔离。非原位隔离是指将污染土开挖搬运走,堆填至有害废弃物填埋场或者直接在地表堆蓄,适用于污染物质埋深较浅或污染成分复杂的场地。原位隔离包括被动隔离系统和主动隔离系统,被动隔离系统通过在污染场地周边进行加盖封顶或打设隔离墙等措施将污染源隔离,阻止土中污染物质直接与人类或动物接触,降低渗透污染的风险,防止污染扬尘的产生或者土中污染物质的挥发,该技术并没有从本质上去改变污染物质的成分、毒性、内部的迁移趋势和污染土的体积,仅是限制污染物质的移动;主动隔离系统通过设置抽水井或排水沟收集被污染的地下水,该方法简单易行,可防止大面积的污染物质迁移,但很难将污染物质降低到要求的浓度。

　　修复技术则是最为积极的场地处治方法。污染场地的修复标准可分为两类:①基于修复指南或修复规范(如土壤质量标准)的修复方案。该方案以将污染场地恢复至未污染前的状态为修复目标。②基于风险评价的修复方案。该方案根据污染物质的种类、浓度、可能的暴露途径和潜在受害者进行场地风险评估,然后对场地的每种污染物质设定特定的浓度界限值作为修复的目标值。美国针对"棕色场地"开展的超级基金修复计划中最初采用的是第一种设计方法,但随后发现这样的修复成本很高,于是变换角度从污染的"受体"出发,提出了基于风险评价的修复设计理念。基于风险评价的处理方法不需要完全消除或摧毁污染物质。荷兰在污染场地的风险评价系统中将土的环境质量分为目标值、界限值和干涉值三个等级(表4-1),污染场地的修复标准即为达到土体质量要求中的"目标值"。

表 4-1　荷兰污染场地环境质量等级[5]

目标值	在该值下,某种物质对人类、动植物、生态系统的环境风险可忽略不计
界限值	该值指部分环境质量未达到目标值,但在某一计划期内需要达到的环境质量值,它强调了需要满足的基本环境义务
干涉值	该值指需采取一定措施以防止环境污染风险的出现,是否需要立即采取措施与特定的场地条件有关

4.2　污染场地处理方法

　　污染场地的具体处理方法可按不同依据来进行分类,如表 4-2 所示[6]。常用污染土处理技术如表 4-3 所示[7]。

表 4-2　污染场地修复方法的不同分类[6]

分类依据	类别	机理
按对污染物质的作用形式	摧毁	污染物质通过生物或物理化学方式完全降解
	去除	污染物质通过状态转换和恢复过程被去除(如浸提、吸附等)
	稳定	污染物质还保留在原位,但通过生物、化学或物理过程,其移动性和毒性都减小了
	包裹	污染物质被包围起来,阻止其暴露于周围环境中
	固化	通过添加固化剂等方法,污染物质被转化成低活性的物质
按处理机理	物理,化学,物理-化学,生物,热处理,联合处理	
按处理位置	原位和非原位,其中非原位包括原场址和异地	

表 4-3　常用修复技术比较(据文献[2,3-4]整理)

方法	Technology	方法简介	优、缺点	主要处理对象	修复时间*
固化/稳定法(in/ex)	Solidification/Stabilization	将水泥等固化剂与土搅拌,形成物理化学特性稳定的固体材料,减小污染物质的淋滤特性	优点:水泥搅拌技术成熟,水泥固化体长期稳定性好。缺点:处理深度受限	H. M., PAHs, PCBs, Inorg	6~12个月或更久
动电修复(in)	Electrokinetic	利用动电现象(电渗、电泳、电解),将污染物质从土里分离和去除	优点:二次污染少,可用于低渗透性土或淤泥。缺点:适用于浅层、低浓度污染场地,处理时间长	H. M.	6~12个月
蒸气浸提(SVE)(in/ex)	Soil Vapour Extraction (SVE)	将非饱和区的高挥发性物质利用合适的抽取装置通过蒸气来去除	优点:造价低。缺点:适用于非饱和浅土层	VOCs, SVOCs	6~12个月或更久
曝气法(in)	Air Sparging (AS)	将一定压力和体积的压缩空气注入饱和土中,输送氧气促进污染物质生物降解,气压劈裂增加了水力和气流的通道促进物质挥发至地表,收集后去除	优点:深部处理。缺点:不一定洗提、降解所有物质,一些挥发性污染物质又不受控制,迁移到周围构筑物的危险	VOCs, SVOCs	/
冲洗法(in)	Soil Flushing	将热水或清洗剂的水流注入含水层,使物质挥发至非饱和区被真空抽井收集,或溶解于水中被抽取	优点:易操作。缺点:产生废水需处理,易二次污染	VOCs, SVOCs, PAHs, H. M.	6~12个月
洗土法(ex)	Soil Washing	土和浸提剂在搅拌器中进行淋洗,用沉降池,过滤,旋液分离器,离心等方法分离洗液和被净化的土	优点:易操作。缺点:需对洗液进行处理	VOCs, SVOCs, PAHs, H. M. PCBs, Pest	6~12个月
焚烧(ex)	Incineration	污染土粉碎后焚烧,对废气进行处理	优点:处理污染物质的类型广。缺点:造价高	VOCs, SVOCs, PAHs, PCBs, Pest	<6个月
热脱附(热解吸)	Thermal desorption	通过加热到足够的温度发生直接或间接热交换,使有机污染物挥发或分离	优点:处理有机污染效果好。缺点:造价高	VOCs, SVOCs Pest, Hg	<6个月
玻璃固化法(in or ex)	Vitrification	通过电极加热土至高温(2 000℃),有机物燃烧或挥发,污染土熔化并转换成稳定的玻璃态或结晶态	优点:适用范围广,污染土体减小25%~50%。缺点:造价高	VOCs, SVOCs, PAHs, H. M., PCBs, Pest, Inorg	<6个月
植物修复法(in)	Phytoremediation	通过植物的吸收、挥发、根滤、降解、稳定等作用,净化土壤或水体中的污染物	优点:适用范围广,无二次污染。缺点:植物本身需要处理	VOCs, SVOCs, Inorg, H. M.	>12个月
生物堆法(ex)	Biopiles	污染土堆积约2 m左右的高度,由预埋管供应空气,利用土中好氧微生物分解去除污染物	优点:成本低,无二次污染。缺点:促进微生物活性的营养素的开发,温度、pH等条件控制	VOCs, SVOCs, PAH	<6个月
生物通风法(in)	Bioventing	采用低流速的气流提供保持生物活性所需要的氧气,降解污染物质	优点:成本低,无二次污染。缺点:不适合低渗透性土	VOCs, SVOCs, PAH	<6个月

注:H. M. 重金属;VOCs/SVOCs 挥发/半挥发性有机质;PAHs 多环芳烃;PCBs 多氯联苯;Pest 杀虫剂;Inorg 非有机质;(*)处理20 000吨土需要的时间;(in)原位修复技术;(ex)非原位修复技术。

图 4-2 是美国超级基金项目 1982 年至 2005 年间进行的 977 个场地的修复方法统计[8]。图中原位修复技术 462 项，占总项目的 47%。蒸气浸提法是原位修复技术中最常用的方法，占原位修复项目的 54%、总项目的 26%。固化稳定技术(S/S 技术)在原位和非原位修复技术中都得到了广泛应用，共占总项目的 23%。将以上污染场地按照污染物质的类型统计发现重金属及重金属化合物污染场地共占 216 处，采用的各种修复技术的场地数量如图 4-3 所示，S/S 法修复重金属污染场地的数量占到了 80.6%。

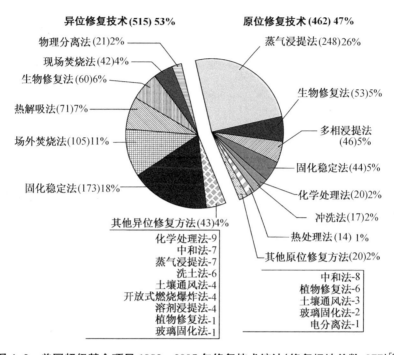

图 4-2　美国超级基金项目 1982—2005 年修复技术统计(修复场地总数:977)[8]

图 4-4 是欧盟一些国家 2000 年、2002 年修复污染场地数量的比较[9]，其中荷兰和丹麦的修复场地数量大大超过其他国家。

近年来我国污染场地修复技术的研究得到了快速发展，针对耕地污染土壤、油污染土壤开展了植物、微生物修复技术研究[10-15]，动电修复法处理重金属污染土壤技术的初步研究[16-17]，疏浚污泥的水泥固化法研究[18-20]，蒸气浸提法和曝气法的室内试验研究[21,22]等，据统计[23]，我国土壤修复技术中应用次数排前 3 位的为固化/稳定化、化学处理和焚烧处理

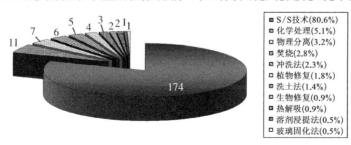

图 4-3　美国超级基金项目 1982—2005 年各类修复技术修复的重金属污染场地数量统计(据文献[8])

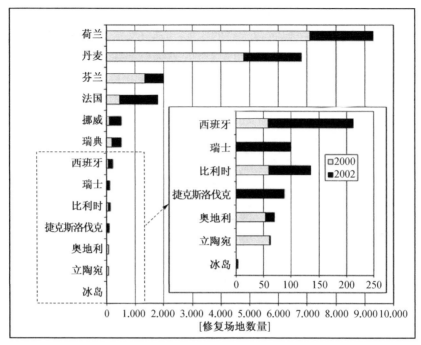

图 4-4　欧盟国家修复污染场地数量统计(2000 年、2002 年)[9]

技术；而美国土壤修复技术中应用次数排前 3 位的为气相抽提、固化/稳定化和焚烧。中美土壤修复技术应用情况具有明显差异性(图 4-5)。对于一些周期短，技术相对成熟，二次污染风险相对较高的修复技术，如固化/稳定化、化学处理、焚烧等，我国的应用比例要高于美国。

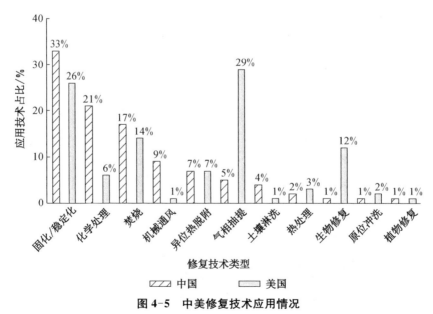

图 4-5　中美修复技术应用情况

　　下面简要介绍几种污染场地处理技术，固化/稳定化法、曝气法和隔离法将在下面几章详细介绍。

4.3 **几种污染场地处理技术简介**

4.3.1 淋洗技术

淋洗修复技术是指利用化学试剂与土壤中的污染物结合,通过回收淋洗液去除污染物,是一个以水溶液为介质的物理分离和化学提取过程[24]。该方法具有快速有效、适应性强、成本适中、操作性强等优点。

淋洗技术分为原位淋洗和异位淋洗。原位淋洗是将淋洗溶剂由注射井注入污染土壤中,淋洗剂携带污染物质到达地下水后用泵抽取被污染的地下水,并于地面上去除污染物的过程(图4-6)。异位土壤淋洗是先将污染土壤挖掘出来,置于专门淋洗装置中,用水或淋洗剂溶液清洗土壤,将土壤与含污染物的废水或废液进行分离,处理后的土壤可就地处置或运至其他地点处置,废水与废液进行集中处理(图4-7)。

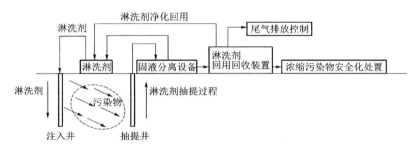

图4-6 原位土壤淋洗修复示意图[25]

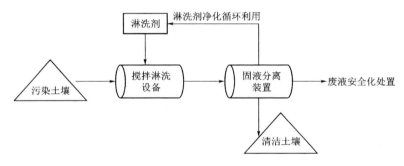

图4-7 异位土壤淋洗修复示意图[25]

淋洗法修复污染土的常用添加剂及其作用如表4-4所示。具体添加剂的适用范围和优缺点见表4-5。

表4-4 常用淋洗添加剂及其作用

常用添加剂	作用
表面活性剂	提高土的可湿性和亲油性杂质的溶解度
络合剂	将重金属以及它们的不溶性化合物转换成水溶性化合物
悬浮剂	将一些不溶物质转化成分离的状态
酸或 pH 控制液	保持化合物的稳定性和悬浮过程的分离性

表 4-5　用于不同污染土壤的溶剂[25]

代表产品	适用范围	优点	缺点
强酸：HCl＋CaCl₂等	重金属污染土壤	污染物去除效果明显	土壤理化性质改变,产生大量废液,造成二次污染,已不再适合使用
螯合剂：EDTA、NTA、SDS等	重金属污染土壤	污染物去除效果好,在较宽的 pH(3～8)范围内都有清洗能力,能有效去除 Pb、Zn、Cu、Cd 等	价格贵,容易造成二次污染
天然有机酸：草酸、柠檬酸、乳酸等	重金属污染土壤	易被生物降解,对环境无污染,能有效去除 Cr、Zn、Cu、Cd 等	成本高
化学表面活性剂：Tween80,Brij30,TritonX-100	有机物污染土壤	污染物去除效果好	有些活性剂氧化降解后可能产生有毒物质
生物表面活性剂：糖脂、多糖脂、脂肽或中性类脂衍生物等	有机物污染土壤	作用机理与化学表面活性剂淋洗法相似,同时由于生物表面活性剂还具有良好的环境兼容性,可促进土壤中有机污染物的微生物降解过程	修复效果不如化学表面活性剂及有机溶剂,商品化程度低,成本高昂
有机溶剂：低相对分子质量短链醇类和酮类	有机物污染土壤	有机溶剂便于回收利用,成本低	有些含有毒性

　　土壤淋洗技术可用于处理重金属和有机污染物,尤其对烃、硝酸盐及重金属的重度污染具有较好的效果[25]。该技术一般要求处理土壤具有较高的渗透性,质地较细的土壤(如红壤、黄壤等)由于对污染物的吸附作用较强,需经过多次冲洗才能达到较好的效果。另外,控制不当时,冲洗废液可能会逸出控制区而产生二次污染问题[26]。

4.3.2　焚烧法

　　焚烧技术是使用 870～1 200 ℃(1 400～2 200 ℉)的高温,挥发和燃烧(有氧条件下)污染土壤中的卤代和其他难降解的有机成分,这是一个热氧化过程,在这个过程中,有机污染物分子被裂解成气体或不可燃的固体物质。

　　焚烧方式主要是采用多室空气控制型焚烧炉和回转窑焚烧炉,与水泥窑联合进行污染土壤的修复是目前国内应用较为广泛的方式。焚烧过程需要对废物焚烧后的飞灰和烟道气进行检测,防止二噁英等毒性更大的物质的产生,并需满足相关标准。焚烧技术通常需要辅助燃料来引发和维持燃烧,并对尾气和燃烧后的残余物进行处理。

　　焚烧技术可用来处理大量高浓度的 POPs 污染物以及半挥发性有机污染物等。对污染物处理彻底,清除率可达 99.99%。如果与水泥窑协同处置,需要对污染土壤进行分选,并对其中的重金属等成分进行检测,保证出产的水泥的质量符合相关标准。

　　焚烧法也是危险废物处理的最终处置方式。在焚烧过程中,危险废弃物中的有机废物从固态、液态转换成气态,气态产物再经进一步加热,在高温下其有机组分最终分解成小分子,小分子与空气中的氧结合生成气体物质,经过空气净化装置,再排放到大气中通过与空气中的氧气反应,在焚烧炉内转化成气体和不可再燃的固体残留物。近几年对国内外危险废物焚烧处理方法及设备调查的结果显示,对于组分比较复杂的危险废物,欧美等发达国家大多都采用回转窑和二次焚烧流程技术。而且根据《全国危险废物和医疗废物处置设施建设规划》中的技术要求,优先采用对废物种类适应性强的回转窑焚烧技术。回转窑特别适用于焚烧处理含卤代有机废液,含氧化物的废液、漆渣、卤代芳烃、含高聚物的危险废物。

4.3.3 热脱附技术

热脱附(TD),又称热解吸,是指通过直接或间接热交换,将污染介质及其所含有的有机污染物加热到足够的温度(通常被加热到150~540℃),使有机污染物从污染介质上得以挥发或分离的过程[27]。

热脱附技术主要可分为2个单元,如图4-8所示,第一单元为加热单元,通过加热将土壤中有机污染物挥发成气态后分离,在加热处理物质的过程中,亦会将土壤中的水分一起蒸发,故第一阶段的加热单元又称为干燥器;另一单元为气态污染物处理单元,含有污染物的气体处理达标后排放至大气。气体处理单元根据有机物的性质、浓度及经济性等因素选燃烧等方式处理气态污染物。

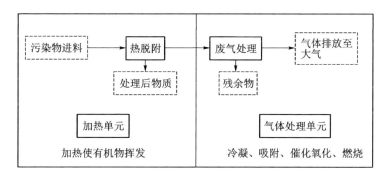

图4-8 热脱附系统原理示意图[27]

依处理场地区分,可区分为离场处理及现地处理两种。处理方式的选择须视污染范围及深度决定,亦即污染体积决定了挖除及载运费用,污染体积大适合现地处理,相反,污染体积小则适合离场处理。

一般而言,热脱附技术根据处理系统特性的不同,可分为不同类型,如按设计结构,可以分为回转S式、炉式、堆体式、螺旋式系统。按加热方式,热脱附技术分为两大类:土壤或沉积物加热温度为150~315℃的技术为低温热脱附技术;温度达到或超过315~540℃的技术为高温热脱附技术[28]。

热脱附技术适用于处理挥发性有机物(VOC)和挥发性重金属(如Hg)、半挥发性有机物(SVOC)、农药,甚至高沸点氯代化合物PCB污染土壤的治理与修复上。但该技术对仅受无机物污染(如绝大多数重金属)的土壤、沉积物等的修复是无效的,同时也不适用于腐蚀性有机物、活性氧化剂和还原剂污染土壤的处理与修复。杨勤等[29]研究热脱附处理汞污染土的效果,脱附率接近90%。耿春雷等[27]利用回转窑高温热脱附技术去除污染土中多环芳烃,实现了一次性整治不同沸点有机污染物,没有产生二噁英剧毒有害物质,且修复后的土壤可安全回填。

热脱附技术对污染土壤的性质有一定的要求。例如,热脱附技术适宜于处理含水率较低(小于20%)的污染土壤,过高的含水率会增加因水的汽化而消耗的能量,增加热脱附处理成本,影响其处理效率;热脱附技术适宜于处理黏粒含量低于20%的土壤,因为黏性土含量增高会导致处理成本随之增加;为使土壤受热均匀,粒径大于 5 cm 的土壤颗粒及黏土块(或条)在热处理之前应该进行预处理,采用压碎、混合石灰调整或移除等措施处理。

热脱附技术对污染物的修复效率受多种因素的影响,但加热温度已经成为决定土壤热脱附技术有效性的最关键因素(NSEFC,1998)[28]。Falciglia 等[30]研究 100~300 ℃加热条件下土壤中汽油的热脱附动力学过程,发现 150℃时,污染物的去除率接近 100%。对于不同温度的热脱附,延长加热时间同样能够明显提高低温热脱附技术的处理效果。王瑛等[31]研究用热脱附去除 DDT 及其同系物的效果,发现污染水平对 DDT 的去除率没有显著影响,土壤粒径对 DDTs 的去除率影响显著,粒径越大的土壤越有利于 DDTs 脱附。张攀等[32]研究了热脱附温度、热脱附时间、土壤含水率、初始浓度以及土壤类型等对污染土壤中硝基苯热脱附效率的影响。当土壤含水率为 2%,硝基苯初始浓度为 165.54 mg/kg,脱附温度为 300 ℃,脱附时间为 30 min 时,硝基苯的热脱附效率为 85.88%,土壤含水率过高和过低都不利于硝基苯的脱附,当含水率为 15%时,达到了最佳的热脱附效果。硝基苯初始浓度对其脱附效率有较大的影响,随着初始浓度的增加,硝基苯脱附效率呈现增大的趋势。而土壤类型对硝基苯热脱附效率的影响较小,在实际修复过程中可以忽略。

为进一步提高热脱附技术效果,发展了微波辅助热脱附技术。它是以微波能量作为热源,通过提高土壤温度,增强有机污染物的挥发性,达到从土壤基质脱附的目的。在加热过程中,土壤水分所产生的水蒸气能有一定的气提效果,所以部分研究者也将微波对含水土壤加热辅助解吸技术称为微波辅助蒸气气提技术[33]。

与传统热处理技术由外至内的热传导不同,微波加热可使被加热的土壤介质内外同时加热升温,从而有效防止了由外至内的热传导造成的土壤外层易挥发性物质和水分的快速挥发而引起的土壤外层结构发生变化,以致阻碍土壤内层污染物挥发的问题[34]。

4.3.4 生物修复技术

生物修复技术包括植物和微生物修复技术。

(1)植物修复技术

植物修复利用植物对土壤中的污染物进行吸收、转移、聚集或降解,包括植物的吸收降解,植物根际微生物对有机物的降解,重金属的富集和螯合稳定,汞的植物挥发等一系列机制[35]。根据其作用过程和机理,可分为植物稳定、植物挥发和植物提取三种方法[36]。

植物稳定技术适合黏质土壤、有机质含量高的污染土壤的修复[37]。植物稳定是利用耐重金属植物降低土壤中有毒金属的移动性,从而减少金属被淋滤到地下水或通过空气扩散进一步污染环境的可能性,但它没有从根本上解决重金属的污染问题。如果环境条件发生变化,重金属的生物有效性又会发生改变[36]。

植物挥发是利用植物的吸收、积累和挥发而减少土壤中一些挥发性污染物,即植物将污染物吸收到体内后将其转化为气态物质,释放到大气中。

植物提取是指利用重金属超积累植物从土壤中吸取一种或几种重金属,并将其转移、贮存到地上部分,随后收割地上部分并集中处理,连续种植这种植物,即可使土壤中重金属含量降低到可接受水平。利用超积累植物来吸收土壤重金属的方法称之为持续植物提取,利用螯合剂来促进植物吸收土壤重金属的方法称之为诱导植物提取[38]。

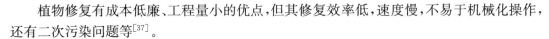

植物修复有成本低廉、工程量小的优点,但其修复效率低,速度慢,不易于机械化操作,还有二次污染问题等[37]。

（2）微生物修复技术

微生物修复主要是借助微生物的生化反应来清除或稳定环境中的有害物质。通过好氧氧化、厌氧氧化、还原降解等[35]把污染土中的有机物进行降解。在处理过程中,微生物把其中的有机污染物作为食物源,处理的最终产物主要是水和二氧化碳[39]。

污染土壤的微生物修复技术（Bioremediation）主要用于有机污染土的处理,尤其是对于那些含有能被微生物降解的有机污染土的处理很有效[39]。有些微生物具有嗜重金属性,利用微生物对重金属污染介质进行净化,在水体污染中被证明是一种很好的方法[36]。

微生物降解污染物由于具有低成本、高效率、管理简单、不产生二次污染等优点,在污染物治理中得到较多应用。

高等植物一方面可以提供土壤微生物生长的碳源和能源,同时又可将大气中的氧气经叶、茎传输到根部,扩散到周围缺氧的底质中,形成了氧化的微环境,刺激了好氧微生物对有机污染物的分解作用[40]。另外,高等植物根际渗出液的存在,也可提高降解微生物的活性[41],因而发展了植物微生物联合修复方法。

4.3.5　动电修复

动电修复技术是利用插入土壤中的两个电极在污染土壤两端施加低压直流电场,通过电化学和电动力学的复合作用驱动污染物富集到电极区,通过收集系统收集后进行集中处理或分离的过程[34]。该技术分为原位、异位两种修复方法,修复过程分为四部分:电解、电泳、电渗、离子迁移[33]。

目前,已经可以用电动修复技术有效地去除土壤中的重金属及石油烃、酚类、多氯联苯、胺类和有机农药等有机污染物,尤其是重金属污染土壤的修复中,电法显示了其高效性[42]。王业耀等[43]用电动方法对铬（Ⅵ）污染高岭土的修复进行了实验室研究,试验表明,电动修复可以有效去除高岭土中存在的铬（Ⅵ）,最高去除效率可达97.8%;高岭土中六价铬[Cr（Ⅵ）]以含氧阴离子形式存在,在电动修复过程中向阳极区域迁移;用蒸馏水冲洗和醋酸中和阴极电解产生的 OH^- ,可以提高铬的去除效率。此外该技术还可用于阻止带电污染物质向需保护的地带扩散,此时被称为"动电栅栏（electrokineticfencing）"[39]。

影响土壤电动修复效率的因素很多,包括土壤类型、污染物性质、电压和电流大小、洗脱液组成和性质、电极材料和结构等。其中,pH 控制着土壤溶液中离子的吸附与解吸、沉淀与溶解等,而且酸度对电渗速度有明显影响,所以如何控制土壤 pH 是电动修复技术的关键[42]。李欣[44]发现修复技术改进后的电动力修复技术适用于修复铅污染红壤,阴极酸化法能有效地提高修复效率、降低修复成本和缩短修复周期;土壤 pH 不但可以影响土壤中重金属的存在形态还可以通过影响土壤的电导率、土壤的温度和改变土壤的含水率来影响土壤中可以迁移的重金属含量。1995 年后陆续出现一些增强电法处理效果的方法,包括酸碱中和法、阳离子选择膜法、电渗析法、络合剂法、表面活性剂法、氧化还原法、EK -生物联用和 Lasagna™法等[34]。

第5章 · 固化/稳定化技术

5.1 概述

固化/稳定化技术(Solidification/Stabilization,简称 S/S 技术)是一种控制污染物自污染体释放的技术。该技术通过搅拌等方式使固化/稳定材料与污染体发生物理化学反应,实现吸附和包裹污染物、改变污染物形态和性质、降低污染物迁移能力和毒性,最终将污染体转化为环境达标的可接受材料[1]。该技术中的固化(solidification)指污染体经处理后形成一个具有一定强度和完整性的"结石体"。它与岩土工程中的化学加固技术在原理上一致;岩土工程领域又将固化/稳定材料统称为固化剂。稳定化(stabilization)则特指污染物与固化剂之间的化学反应[2]。

该方法分为原位和异位固化/稳定修复技术。原位固化/稳定修复技术是通过搅拌等方式采用固化剂在原位将土体中有害污染物固定起来,以阻止其在环境中迁移、扩散等并提高地基强度;异位固化/稳定修复技术是将污染土开挖运至专门地点,添加固化剂进行混合搅拌处理使之发生物理化学反应,从而达到降低污染物活性的目的[3-4]。基本原理如图5-1所示。

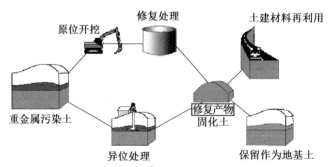

图 5-1　原位 S/S 法与非原位 S/S 法原理示意图

目前,常用固化剂包括:①无机胶结类,如水泥、石灰、粉煤灰等;②有机黏结类,如沥青等;③化学药剂,如硫酸亚铁、氢氧化钠等;④玻璃质材料。其中以水泥的应用最普遍,在美国环保署场地修复报道项目中居首(占 40%)[5]。

已有工程经验和技术对比表明,污染体(污染土、沉积物和污泥等)经固化/稳定化技术处治环境和工程指标同时满足二次开发和再利用要求,且兼具修复成本低、修复效率高、施工技术成熟等优势,特别适用于重金属污染场地(应用比例达 80%[1])。

5.2　固化/稳定法机理

5.2.1　污染物在土中的存在形式

污染物质在土中的存在形式取决于污染物质的类型、土的矿物成分、有机质成分及 pH 等。这些污染物质以多种形态存在于土中,如图 5-2 所示[6]:(a)以颗粒状与土颗粒同时存在;(b)液相包裹在土颗粒周围;(c)吸附;(d)吸收;(e)以液相存在于土体孔隙中;(f)以固相存在于土体孔隙中。污染物质与土颗粒之间的相互作用则主要有吸附、络合、沉淀[7]。

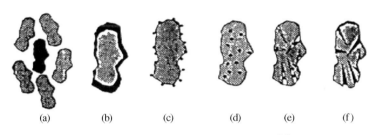

(a)　　　(b)　　　(c)　　　(d)　　　(e)　　　(f)

图 5-2　污染物质在土中的存在形式[6]

(1) 吸附

吸附作用包括表面吸附、离子交换吸附和专属吸附[8]。土壤胶体具有巨大的比表面积和表面能,比表面积越大,表面吸附作用越强,它属于物理吸附。离子从溶液中转移到土壤胶体是离子吸附过程,而胶体上原来吸附的离子转移到溶液中去是离子的解吸过程,吸附与解吸的结果表现为离子相互转换,即离子交换吸附,它属于物理化学吸附。土中的水合氧化物胶体对重金属离子有强烈的、专一的吸附作用,很难被解吸下来,称为专属吸附[8]。

何宏平[9]在痕量浓度下研究蒙脱石、伊利石、高岭石三种黏土矿物对 Cu^{2+}、Pb^{2+}、Zn^{2+}、Cd^{2+}、Cr^{3+} 五种重金属离子的吸附容量、吸附选择性及其介质条件对吸附量的影响发现,黏土矿物的阳离子交换容量越大,对重金属离子的吸附容量也越大,其大小顺序为蒙脱石>伊利石>高岭石。同时,不同黏土矿物对重金属离子具有明显的吸附选择性,蒙脱石对 Cr^{3+} 和 Cu^{2+} 有较好的选择性,伊利石和高岭石则对 Cr^{3+} 和 Pb^{2+} 有较好的选择性。随着吸附溶液 pH 的增大,其吸附量有增加的趋势。

李天杰等[10]认为黏土矿物胶体带有的负电荷对金属阳离子的吸附顺序一般是 Cu^{2+}>Pb^{2+}>Ni^{2+}>Co^{2+}>Zn^{2+}、Ba^{2+}>Rb^{2+}>Sr^{2+}>Ca^{2+}>Mg^{2+}>Na^+>Li^+,其中蒙脱石的吸附顺序为 Pb^{2+}>Cu^{2+}≥Ca^{2+}>Ba^{2+}≥Mg^{2+}>Hg^{2+},高岭石为 Hg^{2+}>Cu^{2+}≥Pb^{2+}。

当离子浓度不同或有络合剂存在时有可能打乱上述吸附顺序。土中各种胶体本身性质对专属吸附影响极大,以 Cu^{2+} 为例,土中各种胶体对 Cu^{2+} 的吸附顺序为:氧化锰(68300)>氧化铁(8010)>海洛石(810)>伊利石(530)>蒙脱石(370)>高岭石(120)(括号中数字为最高吸附量,$\mu g/g$)。在相同条件下,锰、铁和铝三种水合氧化物对 Pb^{2+} 的专属吸附差别也很大,吸附率分别为 100%、76% 和 27%。重金属离子的专属吸附与土中溶液的 pH 密切相关,在土通常的 pH 范围内一般随 pH 的上升而增加。在多种重金属离子中以 Pb^{2+}、Cu^{2+} 和 Zn^{2+} 的专属吸附亲和力最强。

Yong 等[7]总结了不同土对重金属的吸附顺序,详见表 5-1。

表 5-1　不同土对重金属的选择性吸附顺序[7]

土的类型	选择性吸附顺序
高岭土(pH 3.5~6)	Pb>Ca>Cu>Mg>Zn>Cd
高岭土(pH 5.5~7.5)	Cd>Zn>Ni
伊利土(pH 3.5~6)	Pb>Cu>Zn>Ca>Cd>Mg
蒙脱土(pH 3.5~6)	Ca>Pb>Cu>Mg>Cd>Zn
蒙脱土(pH 5.5~7.5)	Cd=Zn>Ni
含铝氧化物(无定形态)	Cu>Pb>Zn>Cd
含锰氧化物	Cu>Zn
含铁氧化物(无定形态)	Pb>Cu>Zn>Cd
针铁矿	Cu>Pb>Zn>Cd
富里酸(pH 5)	Cu>Pb>Zn
腐殖酸(pH 4~6)	Cu>Pb>Cd>Zn
矿质土(pH 5,不含有机质)	Pb>Cu>Zn>Cd
矿质土(含 20~40 g/kg 有机质)	Pb>Cu>Cd>Zn

吸附系数 K_d 可以用来描述吸附的程度,定义为 C_s/C_e,其中 C_s 为吸附在土表面的金属浓度($\mu g/g$ 土),C_e 为水中的金属浓度($\mu g/mL$),吸附越多,K_d 越大。K_d 与元素阳离子的大小和带电量以及土性有关。由于各类土的性质变化很大,所以 K_d 变化也很大。表 5-2 为各种金属在土中的吸附系数 K_d 值变化范围。

表 5-2　各种金属在土中的吸附系数[11]

元素	范围/(mL·g^{-1})
Pb	4.5~7 640
Zn	0.1~8 000
Cu	1.4~333
Cd	1.3~2.7

离子交换吸附作用在一定的环境条件下处于动态的平衡。影响土体中重金属解吸附的因素包括[8]:①盐浓度升高。碱金属和碱土金属阳离子将被吸附在固体颗粒上的重金属离子交换出来,这是重金属从土中释放出来的主要途径之一。②氧化还原条件的变化。土中氧化还原电位的降低使铁、锰氧化物部分或全部溶解,故被其吸附或与之共沉淀的重金

属离子也同时释放出来。③降低 pH。pH 降低,导致碳酸盐和氢氧化物的溶解,H^+ 的竞争作用增加了金属的解吸量。④络合剂含量增加。络合剂的增加能和重金属形成可溶性络合物,有时这种络合物稳定度较大,可以溶解态形式存在,使重金属从固体颗粒上解吸下来。除上述因素外,一些生物化学迁移过程也能引起金属的重新释放。

（2）络合

络合指金属阳离子与作为无机配位体的阴离子反应。可以与无机配位体发生反应的金属阳离子包括过渡金属和碱土金属。金属阳离子与无机配位体形成的络合物比与有机配位体形成的络合物的化合能力弱。重金属络合物的稳定性顺序为[12] $Cu^{2+}>Fe^{2+}>Pb^{2+}>Ni^{2+}>Co^{2+}>Mn^{2+}>Zn^{2+}$,这取决于离子半径。一般当金属离子浓度较高时,以吸附交换作用为主;而在低浓度时,以络合-螯合作用为主。当生成水溶性的络合物或螯合物时,则重金属在土壤环境中随水迁移的可能性增大[10]。

（3）沉淀

沉淀是土固定重金属的重要形式,它实际上是各种重金属难溶电解质在土体固相和液相之间的离子多相平衡,必须根据溶度积的一般原理,结合土体的具体环境条件(主要指 pH 和 Eh)研究和了解它的规律,从而控制土壤环境中重金属的迁移转化[10]。重金属的氧化物、氢氧化物以及硫化物和碳酸盐的性质和溶解-沉淀平衡条件不同,所以对重金属离子迁移的影响也不同[8]。

另外,土的类型不同,污染物质与土的作用也会不同。污染物质与砂土、粉土的作用主要为土颗粒表面的可逆吸附和被封闭在土颗粒孔隙中。黏土矿物及有机质成分与污染物质的作用比较复杂,包括吸附、氧化还原反应、沉淀、络合、水解和生物降解等。与未污染土相比,污染物质与土发生的这些物理化学反应使土的原有工程性质发生变化。

5.2.2 水泥固化重金属污染土的机理

硅酸盐水泥对重金属污染土的固化/稳定机理,可以归纳为四个方面:①水化产物(如水化硅酸钙、水化铝酸钙、氢氧化钙等)与重金属的相互作用,生成新结晶相实现化学固定(即稳定化作用);②水化产物和黏土矿物表面对重金属的物理吸附作用;③pH 和氧化还原条件引起的重金属沉淀作用;④水化产物对重金属的物理包裹作用。

（1）水泥水化产物与重金属的化学结合作用

水泥固化重金属过程中,重金属离子通过加成或置换反应化学结合进水泥结晶状水化产物 C-S-H 或 AFt/AFm 中,是 S/S 法的重要固化机理。Bhatty[13] 提出了金属离子 M 被 C-S-H 固化的化学机理,包括:

a）加成反应:

$$C\text{-}S\text{-}H+M \longrightarrow M\text{-}C\text{-}S\text{-}H \tag{5-1}$$

b）置换反应:

$$C\text{-}S\text{-}H+M \longrightarrow M\text{-}C\text{-}S\text{-}H+Ca^{2+} \tag{5-2}$$

c）形成其他一些新的可以固化金属的化合物。Thevenin 和 Pera[14] 认为除了以上的加成反应和置换反应,还存在:

$$M+OH^-+Ca^{2+}+SO_4^{2-} \longrightarrow 复合盐沉淀 \tag{5-3}$$

三价金属阳离子 Fe^{3+}、Cr^{3+}、Mn^{3+}、Ti^{3+} 可能置换水化产物钙矾石（Aft）晶格中的 Al^{3+}，而 Mg^{2+}、Zn^{2+}、Mn^{2+}、Fe^{2+}、Co^{2+}、Pb^{2+}、Cd^{2+}、Cu^{2+} 等二价金属可置换 Ca^{2+}[15-16]。水化产物单硫酸酯（Afm）、C_4AH_{13} 与 Aft 类似，其中的 Al^{3+} 和 Ca^{2+} 可被其他重金属离子置换。

Komarneni 等[17]研究发现 Cu^{2+} 能够置换 C-S-H 中的 Ca^{2+}，或以羟基碳酸盐形式存在或结合进 AFt/AFm 中。同样，Yousuf 等[18]认为 Zn^{2+} 可以取代 C-S-H 中的 Ca^{2+}，或形成锌酸钙。Ziegler[16]通过微观分析论证了结合进 C-S-H 中是水泥固化稳定 Zn^{2+} 的主要形式。Cocke[19] 和 Lee[20] 分别通过 XPS、SEM/EDS 观测证实了凝胶状 Pb-C-S-H 的存在。Ivey 等[21]认为 Cr^{3+} 能够通过置换 C-S-H 中的 Si^{2+} 结合进 C-S-H。Stellacci 等[22]采用 XRD 观测发现固化体中没有结晶状的 $Pb(OH)_2$、$PbCO_3$、$Pb_2(CO_3)(OH)_2$、$PbSO_4$ 生成，但有 $PbO \cdot SiO_2$ 存在，即溶解的铅主要以 Pb-C-S-H 胶体存在。Halim 等[23]发现 Pb 和 As 结合进了 C-S-H，而 Cd 有大部

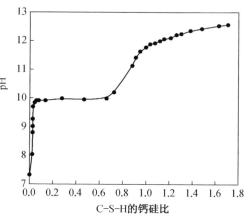

图 5-3　C-S-H 的钙硅比与胶凝系统 pH 的关系[25]

分以离散颗粒存在于水泥孔隙中，Cr^{6+} 则以自由 CrO_4^{2-} 离子形式存在。Glasser[24]认为 C-S-H 的钙硅比（Ca/Si）越低，金属阳离子结合进 C-S-H 的越多。C-S-H 的 C/S 与平衡状态下 pH 的关系如图 5-3 所示[25]。胶凝系统中的 C-S-H 需要有较低的 pH，保持低 Ca/Si，从而化学固定住更多的金属阳离子。但是如果溶液的 pH 低于 10，C-S-H 是不稳定的。图 5-3 显示，沉淀一些常见金属的最佳 pH 范围通常在 10 左右，因此可以通过增加一些适当的添加剂来控制水化系统的 pH，从而可以以化学结合或沉淀的方式固化更多的重金属[24]。

另外，Albino 等[26]、Bonen 等[27]研究发现 Pb^{2+}、Zn^{2+}、Cd^{2+}、Co^{2+}、Ni^{2+} 可以结合进钙矾石或其他硫铝酸盐矿物晶格；蓝俊康等[28]认为 Pb^{2+}、Zn^{2+}、Cd^{2+} 三种元素被钙矾石俘获的容易程度为 $Cd^{2+} > Zn^{2+} > Pb^{2+}$，这个顺序也是这三种离子与 Ca^{2+} 相似程度的排序，因此推断它们通过替换钙矾石中的 Ca^{2+} 进入钙矾石晶格。

（2）水泥水化产物对重金属的吸附作用

C-S-H 是一种无定形胶状微孔隙材料，具有很高的比表面积，可以通过物理方式吸附大量的阳离子和阴离子[29]。在许多情况下，C-S-H 物理吸附作用甚至强于化学作用。Glasser[30]认为，即使在水化反应的早期，C-S-H 胶体的生成和凝聚作用对重金属的固化效果也是非常显著的。Park 和 Batchelor[31]研究表明吸附过程对于固化 Cr^{6+}、Cd^{2+}、Pb^{2+} 和其他金属非常重要。Li 等[32]通过连续浸提实验认为 Cu^{2+} 和 Zn^{2+} 将以金属氢氧化物或者金属水化物形式沉淀于 C-S-H 或者 PFA 颗粒表面。蓝俊康等[33]通过吸附实验发现 C-S-H 对溶解态 Pb(Ⅱ)具有较强的吸附性，可达到 $9.202 \sim 26.190 \text{ g/kg}$。Cheng 和 Bishop[34]认为水泥固化体与无定形硅氧胶体一样对重金属有吸附作用，但该作用受 pH 的影响

很大,当 pH>9,金属解吸附的程度降低。C-S-H 胶体对阴、阳离子的固定作用与钙硅比(Ca/Si)有关,富钙的 C-S-H 胶体表面带正电荷,优先吸附阴离子,富硅的 C-S-H 胶体优先吸附阳离子。

(3)pH 和氧化还原条件引起的重金属沉淀作用

形成不溶性氢氧化物是水泥 S/S 固化技术的主要机理之一。水泥水化后的孔隙溶液呈较明显的碱性(pH=13),溶液中 OH⁻ 浓度的提高可生成金属化合物沉淀。McWhinney 和 Cocke[35] 研究发现早期形成 Zn、Cd 氢氧化物或氧化物是固化 Zn、Cd 污染物的重要机理。金属氢氧化物的溶解度随 pH 的变化是影响 S/S 过程的一个重要因素[36]。Bonen 和 Sarkar[37] 认为水泥固化过程中高的 pH 环境可以使很多金属形成氢氧化物、水合氧化物或者碳酸盐沉淀,但是这些沉淀在低 pH 环境下容易发生逆转反应。

图 5-4 是几种典型重金属氢氧化物溶解度与 pH 的关系。pH<10 之前,重金属氢氧化物溶解度随着 pH 的增长而降低;当 pH>10 之后,金属阳离子形成可溶性的化合阴离子,溶解度提高。值得注意的是,在 S/S 法应用过程中直接根据图 5-4 来预测某种金属在溶液中的理论含量是不可行的,比如当孔隙水被 Ca²⁺ 饱和时,基于平衡原理,Ca²⁺ 减小了相对少量的重金属溶解在溶液中的可能性。

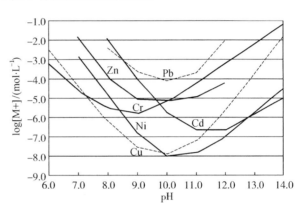

图 5-4 重金属离子溶解度随 pH 的变化[24, 38]

另外,在低 Eh 环境下,多元金属阴离子可以氧化还原为不溶的金属阳离子物质[39],如将有毒的六价 Cr^{6+} 还原为 Cr^{3+},并形成 $Cr(OH)_3$。

(4)水化产物对重金属的物理包裹作用

Roy 等[40] 研究认为金属氢氧化物被 C-S-H 物理包裹是水泥固化 Ni^{2+} 的主要机理。

Cartledge 等[41] 认为 Cd^{2+} 以 $Cd(OH)_2$ 的形式被包裹在 C-S-H 或 $Ca(OH)_2$ 中,Conner[42] 和 Park[43] 认为 Cd^{2+} 在水泥水化系统中形成了 $CdCa(OH)_4$,而 McWhinney 和 Cocke[35] 用 X 衍射观察到 Cd^{2+} 的氧化物、碳酸盐,或者氢氧化物形式。

不同重金属不同水泥采用 S/S 法固化的机理或效果有所不同。Chen 等[44] 采用 XRD 研究水泥固化 Cu^{2+}、Cr^{6+}、Pb^{2+}、Zn^{2+} 的硝酸盐发现,C_3S 悬液中有 $Ca_2Cr(OH)_7 \cdot 3H_2O$、$Ca_2(OH)_4 \cdot 4Cu(OH)_2 \cdot H_2O$、$CaZn_2(OH)_6 \cdot 2H_2O$,但是没有发现铅,铅被完全吸附到 C_3S 水化产物上。Cocke[19] 和 Cheng[34] 也发现 Pb^{2+} 被吸附在 C-S-H 上。但是 Bhatty[13] 和 Bishop[45] 认为还有可能生成硅酸铅沉淀。Lee[20] 通过 XRD 试验认为 Pb^{2+} 在 S/S 过程中的反应包括两个方面:①在孔隙中的沉淀;②与水泥颗粒的其他反应。Pb^{2+} 在孔隙水溶液为碱性的情况下沉淀为硫碳酸铅($Pb_4(OH)_2SO_4(CO_3)_2$)、水合羟基碳酸铅($3PbCO_3 \cdot 2Pb(OH)_2 \cdot H_2O$)以及其他未知的铅盐。在水泥颗粒上,$Pb^{2+}$ 通过吸附被结合进 C-S-H,形成 Pb-C-S-H 胶体结构;在随后的长期养护过程中,$Pb_4(OH)_2SO_4(CO_3)_2$ 等沉淀盐可能在酸侵蚀下溶解,这些溶解的铅被吸附到富硅的 C-S-H 表面,形成更为不溶的 Pb-C-S-H 胶体。

Li 等[32]研究认为在强碱性条件下 Zn^{2+} 可以以 $Zn(OH)_4^{2-}$ 和 $Zn(OH)_5^{2-}$ 形式存在,这种阴离子形式阻碍了其向带负电荷的 C-S-H 表面吸附,但是它们可能形成锌钙的水合产物,如 $CaZn_2(OH)_6 \cdot H_2O^{[46]}$。

Roy 和 Cartledge[47]研究水泥处置电镀泥浆中以 $Cu(NO_3)_2$ 形式存在的 Cu^{2+} 发现,Cu^{2+} 固化后的主要形式为 $CuO \cdot 3H_2O$。

蓝俊康等[48]经过合成实验发现 CrO_4^{2-} 能替换钙矾石中的 SO_4^{2-} 形成铬酸型钙矾石,Cr^{3+} 能代替 Al^{3+} 形成 $Cr(III)-SO_4^{2-}$ 或形成双铬钙矾石($Cr(III)-CrO_4^{2-}$ 钙矾石),Stephan 等[49]研究水泥固化含有 2.5wt% Cr^{6+} 的灰渣,发现 Cr^{6+} 主要存在于 C-S-H 中,在 C-S-H 的某些区域 Cr^{6+} 含量达到了 6wt%(wt% 为质量百分比)。

Mulligan 等[50]认为一些金属如 Se^{3+}、Cr^{6+}、Hg^{2+} 不合适采用 S/S 固化技术,因为它们不会形成溶解度很低的氢氧化物。

Conner[42]研究发现 Zn^{2+} 在 II 型水泥中的固化效果稍好,而 I 型水泥固化其他重金属的效果好。Murat 和 Sorrentino[51]认为 I 型水泥可以固化大量的 Cd^{2+} 和 Zn^{2+},而铝酸钙水泥(CAC)水泥更容易固化 Cd^{2+} 和 Cr^{6+},这与 I 型水泥富含硅酸盐矿物,CAC 水泥富含铝酸盐矿物,从而与重金属物质形成不同的矿物成分有关。Lange 等[52]比较了五种不同的水泥:I 型水泥、白波兰特水泥(WOPC)、Va 水泥、Vb 水泥和 CAC 水泥的 S/S 固化效果,白水泥、I 型水泥处置 Cr^{6+}、Va 水泥处置 Se^{3+}、I 型水泥处置 Cu^{2+} 的效果较好。Lee 比较了澳大利亚水泥和韩国水泥的 S/S 固化效果。Lin 等[54]研究发现含硫水泥(Sulfur Polymer Cement,SPC)对于抵抗酸环境和盐环境具有很好的效果,是固化低放射性材料和混合废弃物的很好材料,但是对含铅污染土的处置效果不好。

综合上述内容,水泥固化重金属污染土的机理可用图 5-5 来描述。

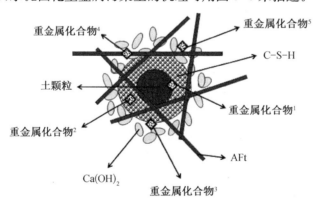

^{1} 吸附或沉淀于土颗粒表面　　^{2} 物理包裹或化学结合进 C-S-H 胶体
^{3} 吸附或沉淀于 C-S-H 表面　　^{4} 化学结合进 AFt 等其他水化产物
^{5} 孔隙水溶液中的不溶性重金属化合物

图 5-5　水泥固化重金属污染土微观机理示意图

随着水泥水化反应的进行,水泥-土-重金属系统中生成 C-S-H 胶体填充于土颗粒孔隙,同时在表面生成板状的 $Ca(OH)_2$ 晶体和针状的钙矾石(AFt)等其他水化产物。重金属以不同的化合物形式按多种方式固化于水泥-土-重金属系统中,如:①吸附或沉淀于土颗粒和 C-S-H 表面;②物理包裹于 C-S-H 中;③化学结合进 C-S-H 胶体、化学结合进 AFt 等其他水化产物；④以不溶性重金属化合物形式悬浮于孔隙水溶液中等。水化反应越完全，能观察到的 C-S-H 胶体、Ca(OH)$_2$ 晶体越显著。

值得注意的是，重金属氢氧化物沉淀填充于土颗粒孔隙间，在一定程度上提高了系统早期强度。当重金属浓度较低，包裹于水泥颗粒表面的重金属沉淀密封膜较薄时，随着沉淀的溶解，水分子穿透该膜，与水泥发生水化反应，使水泥-土-重金属系统后期的强度得到快速增长。对于重金属浓度很高的水泥-土-重金属系统，重金属氢氧化物沉淀于水泥颗粒周围，形成密封层，阻碍水化反应需要的水与水泥颗粒接触，影响水化反应的发生，因而会降低固化土的强度。

水泥固化重金属污染土的工程性质

5.3.1　强度特性

硅酸盐水泥系固化/稳定化重金属污染土的工程特性指标主要是强度和渗透系数。美国要求最终做填埋处置的固化/稳定化固废的无侧限抗压强度 q_u 不小于 0.35 MPa(28 d)，并建议渗透系数 k 小于 10^{-9} m/s 或低于周边土渗透系数 2 个数量级[56-57]。

一般认为由于土中重金属对水泥水化的延缓和抑制作用，相同试验条件下 CHMS 的强度较未污染固化土呈不同程度地降低；另一方面，也有文献报道了 CHMS 强度高于未污染固化土的案例。然而，已有试验研究结果显示，28 d 标准养护条件下水泥掺量达 5%、污染浓度小于 1%(1×10^4 mg/kg)CHMS 的无侧限抗压强度均满足大于 0.35 MPa 要求，普遍可达 1 MPa[54-59]。

（1）固化重金属土强度随时间的关系

图 5-6 为不同含铅量的污染土采用 5%、7.5%、10%水泥固化稳定后无侧限抗压强度随龄期的变化，其中 Pb0 为不含铅的对照(Control)试样。

Pb0.01、Pb0.1、Pb1-CHMS 试样强度与对照样相似，都随着龄期的增长而提高，且在龄期超过 90 天后，仍有明显的强度增长趋势。Pb3-CHMS 试样 56 天之前强度缓慢增长，90 天强度呈略微降低的异常现象，5%、7.5%、10%三种水泥掺量下都表现出该特性。

高浓度 Pb^{2+} 严重阻碍了水化反应的发展，CHMS 中形成的水化产物 C-S-H 很少，对 Pb^{2+} 的吸附、置换作用早就达到了饱和，溶解的铅只能以阴离子态存在于孔隙水中。

图 5-7、图 5-8 分别为不同重金属离子的水泥固化土强度随时间的关系。对于重金属浓度 0.01%、水泥掺量 5%的试样(M0.01＋C5)[图 5-7(a)、图 5-8(a)]，各类重金属 CHMS 试样 1 天~14 天强度增长趋势与对照样相似；28 天强度表现为 Zn>Cu、Cd、Ni、Pb>Control，即 0.01%含量的各种重金属离子都表现为对水泥固化土水化反应的促进作用；28 天龄期之后，对照样的水化速率逐渐赶上重金属 CHMS 试样，90 天强度表现为 Zn、Cu、Cd、Control>Pb。

对于重金属浓度 0.05%、水泥掺量 5%的试样(M0.05＋C5)[图 5-7(b)、图 5-8(b)]，其强度规律为 Ni>Cd>Control，Ni、Cd-CHMS 试样与对照样相比对强度的促进作用在

28 天龄期时达到最大,90 天龄期后对照样强度与 CHMS 试样强度值趋于一致。

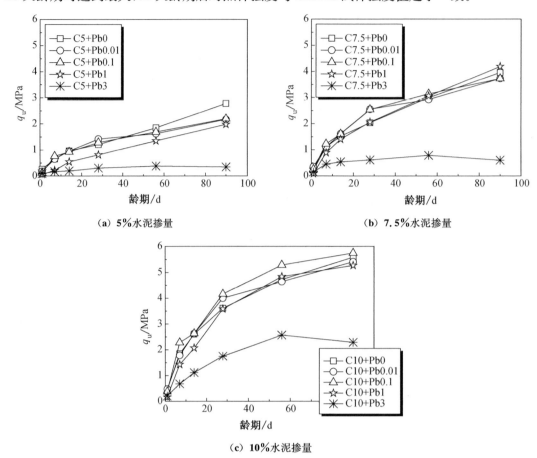

(a) 5%水泥掺量

(b) 7.5%水泥掺量

(c) 10%水泥掺量

图 5-6 含铅及不含铅水泥固化土无侧限抗压强度随龄期变化

对于重金属浓度 0.1%、水泥掺量 5%的试样(M0.1+C5)[图 5-7(c)、图 5-8(c)],1 天~28 天龄期内,除 Zn-CHMS 试样外,其他 CHMS 试样强度增长趋势与对照样相似,而 Zn-CHMS 试样强度明显较低。Zn-CHMS 试样早期水化反应显著滞后,强度增长缓慢,但随后水化反应速度加快,28 天龄期强度与其他试样接近。28 天龄期之后,各试样的水化速度开始有较明显差异,56 天强度表现为 Ni>Control>Cu、Pb、Zn,90 天强度表现为 Control>Cu、Zn>Pb。

对于重金属浓度 1%、水泥掺量 5%的试样(M1+C5)[图 5-7(d)、图 5-8(d)],其强度发展规律表现出明显的差异,总体表现为 Control>Pb>Cu>Zn。Pb-CHMS 试样随着龄期的增长,强度从对照样的 20%提高到 70%;Zn、Cu-CHMS 试样 90 天龄期内的强度无明显增长,且随着龄期的增长,与对照样的强度差异反而增大。可以推断,1%浓度的 Zn^{2+}、Cu^{2+} 严重阻碍了 CHMS 试样的水泥水化反应,Zn、Cu-CHMS 试样早期的强度贡献主要来自于碱性环境中形成的 Zn、Cu 氢氧化物对土颗粒的胶结作用,而不是 C-S-H 的生成。Zn 同 Pb 一样,属于两性金属,随着龄期的发展,锌的氢氧化物逐渐溶解于孔隙水中,形成锌酸根阴离子,使 Zn-CHMS 试样的强度表现为不升反降的特性。

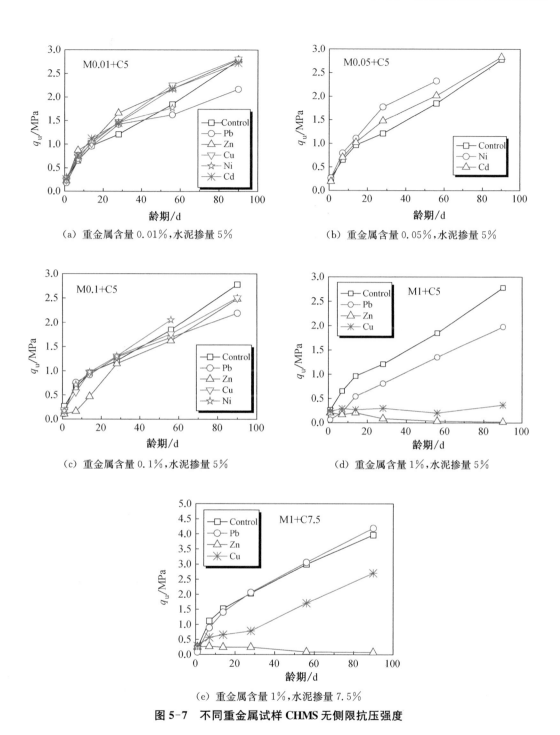

(a) 重金属含量 0.01%,水泥掺量 5%

(b) 重金属含量 0.05%,水泥掺量 5%

(c) 重金属含量 0.1%,水泥掺量 5%

(d) 重金属含量 1%,水泥掺量 5%

(e) 重金属含量 1%,水泥掺量 7.5%

图 5-7　不同重金属试样 CHMS 无侧限抗压强度

(2) 固化土强度随重金属浓度的关系

图 5-8 比较了 Pb^{2+} 浓度以及水泥掺量对 Pb-CHMS 无侧限抗压强度值的影响。

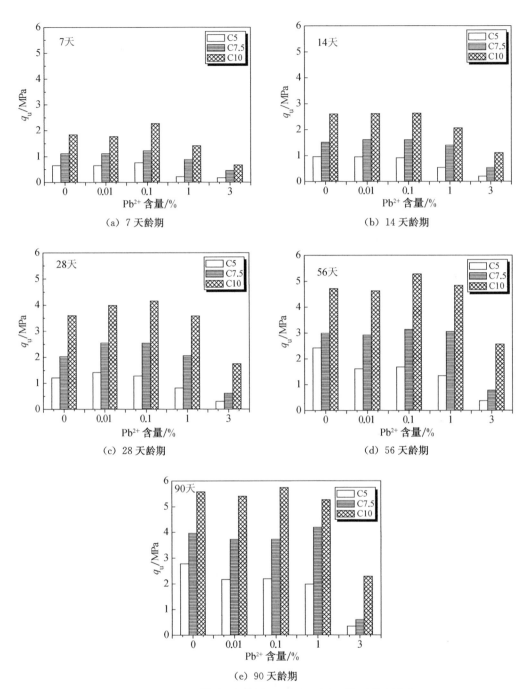

图 5-8　不同 Pb^{2+} 含量对水泥固化土无侧限抗压强度影响

同一 Pb^{2+} 浓度同一龄期 Pb-CHMS 试样,随着水泥掺量的增加,强度提高。

Pb^{2+} 浓度对水泥固化过程的影响较为复杂。与未污染水泥土相比,Pb^{2+} 浓度对 Pb-CHMS 强度的影响存在一个"临界浓度"。当 Pb^{2+} 浓度低于该临界浓度时,Pb-CHMS 与未污染水泥土相比强度略有提高,说明在该浓度范围内,Pb^{2+} 对水泥水化有促进作用;当 Pb^{2+}

浓度超过该临界浓度,Pb-CHMS强度大大降低,即此时 Pb^{2+} 阻碍或延迟了水泥的水化作用。该"临界浓度"还与水泥掺量和龄期有关。28 天龄期时,Pb-CHMS 5%水泥掺量对应的"临界浓度"在 0.1% Pb^{2+} 浓度附近,7.5%、10%水泥掺量对应的"临界浓度"在 1% Pb^{2+} 浓度附近。此外,在"临界浓度"范围内,随着 Pb^{2+} 浓度的增长,Pb-CHMS 强度有一个先提高后降低的过程。

　　总的来说,CHMS 的强度特性可归纳为图 5-9,具体包括 CHMS 强度随龄期的变化、重金属浓度对 CHMS 强度的影响。

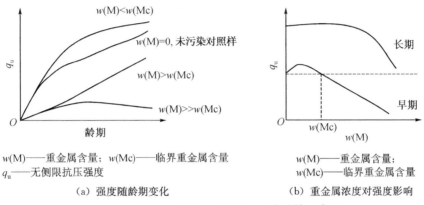

(a) 强度随龄期变化　　　　　　　　(b) 重金属浓度对强度影响

图 5-9　CHMS 试样无侧限抗压强度特性示意图

　　少量(0.01%、0.05%)的 Pb、Zn、Cu、Cd、Ni 可提高 CHMS 试样的 28 天强度,主要原因是这些重金属离子在碱性环境下生成了少量的氢氧化物沉淀,为 C-S-H 胶体和 $Ca(OH)_2$ 沉淀提供了成核的场所[41],促进了具有强烈吸附性的 C-S-H 胶体等水化产物更快发挥胶凝、团聚作用,将小的土颗粒团聚成大的水泥土团粒结构;同时 Ca^{2+} 可与土颗粒中的 SiO_2、Al_2O_3 等矿物成分在碱性环境中发生凝硬反应生成不溶于水的结晶化合物,并逐渐硬化形成致密的结构[63],因此对于 CHMS 系统来说,因为有一部分游离的重金属离子与 C-S-H 胶体中的 Ca^{2+} 发生了当量离子交换[13],置换出来的 Ca^{2+} 促进了与土颗粒的硬凝反应。随着龄期的发展,对照样水化反应生成的 C-S-H 团聚作用逐渐增强,重金属离子对早期强度的贡献优势逐渐削弱,90 天龄期时,CHMS 与对照样强度趋于一致。

　　当土中重金属浓度较高时,CHMS 试样的强度可能大大降低。例如,对于 1%浓度的 Pb、Zn、Cu-CHMS 试样,由于重金属离子含量较高,其在碱性环境下生成的氢氧化物沉淀在水泥土颗粒周围形成了致密的不透水层[33, 19, 44, 64-66],阻碍了水泥水化需要的水与水泥颗粒接触,水化反应大大延迟,强度增长缓慢;此时,这些氢氧化物的胶结作用对 CHMS 试样的强度有一定贡献;对于 Pb、Zn-CHMS 试样,由于 Pb、Zn 的两性特征,随着系统酸碱环境的变化,Pb、Zn 的部分氢氧化物可逐渐溶于水中,与 OH^- 作用形成亚铅酸根、锌酸根离子,导致 Pb、Zn-CHMS 试样强度随龄期增长反而降低。提高水泥掺量,可以降低 Pb、Cu 对水泥水化反应的阻碍作用。

　　(3) 水泥固化重金属污染土强度预测公式

　　影响 CHMS 强度和渗透系数的影响因素主要包括污染程度和类型、养护条件(龄期、碳化条件等)、水泥掺量、干密度、水灰比和污染土的类型等。

陈蕾通过分析,给出了适用于重金属污染土的根据某一已知龄期 T 时的强度 $q_{u, T}$ 来预测另一任一龄期 t 时强度 $q_{u, t}$ 的经验公式:

$$q_{u, t} = 0.97 \cdot q_{u, T} \cdot T^{-0.56} \cdot t^{0.56}$$

$$(5\text{-}4)$$

将 T=7,14,28,56,90 天对应的不同重金属浓度、不同水泥掺量 CHMS 试样的无侧限抗压强度作为已知强度,来预测其他龄期的强度值,结果如图 5-10 所示。

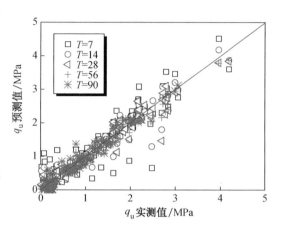

图 5-10 实测强度与公式(5-4)预测强度比较

进一步地,得到预测不同水泥掺量的固化铅污染土强度公式:

$$q_{u, aw} = q_{u, ak} \cdot \left(\frac{a_w}{a_k}\right)^{1.8+0.078 \cdot \ln(w_{Pb}+0.0045)}$$

$$(5\text{-}5)$$

a_w/a_k 为水泥掺量 a_w 与某一特定水泥掺量 a_k 的比值,$q_{u, aw}/q_{u, ak}$ 是对应的强度。将 a_k=5、7.5、10(%)时不同 Pb^{2+} 浓度($w_{Pb}\leqslant 1\%$)、不同龄期 Pb-CHMS 试样的无侧限抗压强度作为已知强度,通过公式(5-5)预测其他水泥掺量下对应的强度值,结果如图 5-11 所示。

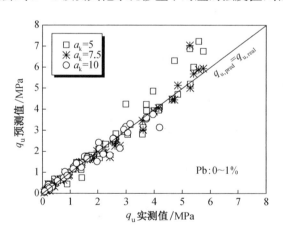

图 5-11 实测强度与公式(5-5)预测强度比较

对于实际工程来说,Pb^{2+} 污染程度大于 1% 浓度的工况较罕见,而通过低水泥掺量时的强度预测高水泥掺量下的材料强度更符合工程实际,因此取 a_k=5 后的公式(5-6)更具有工程实用性。

$$q_{u, aw} = q_{u, a5} \cdot \left(\frac{a_w}{5}\right)^{1.8+0.078 \cdot \ln(w_{Pb}+0.0045)}$$

$$(5\text{-}6)$$

5.3.2　变形模量 E_{50}

图 5-12 是 Pb-CHMS 试样无侧限抗压强度试验得到的 28 天龄期的典型应力-应变曲线。

从图 5-12 中可以看出,各试样应力-应变过程都可分为 3 个阶段:第 1 阶段为加载初始阶段,此时应力-应变曲线近似为一条直线;第 2 阶段为应力-应变曲线进入非线性上升阶段,此时应力逐渐增大,达到峰值;第 3 阶段为应力-应变曲线陡降阶段,即材料的破坏阶段。

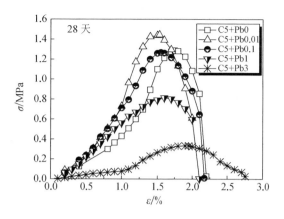

图 5-12　Pb-CHMS 试样应力-应变曲线(28 天龄期)

高浓度重金属试样达到极限强度后,呈现一定程度的塑性破坏特征。

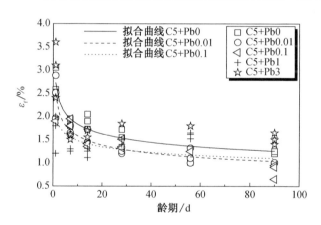

图 5-13　破坏应变随龄期的变化

图 5-13 是 5% 水泥掺量的 Pb-CHMS 试样破坏应变随龄期 T 的变化。不同 Pb^{2+} 浓度、不同龄期 Pb-CHMS 试样的破坏应变主要分布在 1%~2.5% 之间。

图 5-14 分析了 Pb-CHMS 试样破坏应变 ε_f 与无侧限抗压强度 q_u 的关系。Pb0、Pb 0.01、Pb 0.1-CHMS 试样随着强度的增加,破坏应变减小。这与常规水泥土(不含铅)的应力-应变结果一致。水泥固化重金属铅污染土 28 天龄期后的

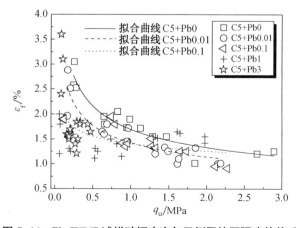

图 5-14　Pb-CHMS 试样破坏应变与无侧限抗压强度的关系

破坏应变大小为 Pb3＞Pb1＞Pb0＞Pb 0.01、Pb 0.1。

变形模量是无侧限条件下压应力与相应压缩应变的比值,反映了材料抵抗弹塑性变形的能力,对水泥土来说,通常用变形模量 E_{50}(峰值应力的 50% 所对应的割线模量)来表征材料的变形特性。

研究表明,E_{50} 变化规律与无侧限抗压强度增长规律很相似,图 5-15 是 90 天龄期内 Pb-CHMS 试样 E_{50} 与无侧限抗压强度的关系比较。试验得到的 CHMS 的 E_{50}/q_u 值在 40～75。

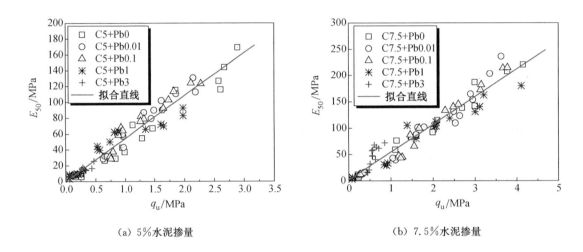

(a) 5%水泥掺量　　　　　　　　　　(b) 7.5%水泥掺量

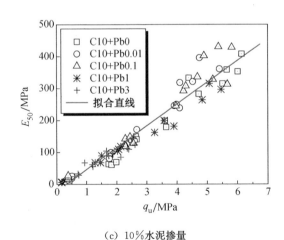

(c) 10%水泥掺量

图 5-15　Pb-CHMS 试样 E_{50} 与无侧限抗压强度关系

5.3.3　渗透特性

目前针对硅酸盐水泥系固化/稳定化污染土渗透系数的研究相对较少。综合已有的 CHMS 渗透特性试验研究,CHMS 渗透系数介于 10^{-10}～10^{-6} m/s(见表 5-3)。通常,水泥掺量越高,龄期越长,浓度相对越低,则 CHMS 渗透系数相对越小。

表 5-3　硅酸盐水泥系固化/稳定化污染土渗透系数

污染源（浓度）	水泥掺量	龄期	渗透系数/$k(m \cdot s^{-1})$	参考文献
铅（1%、5%）	5%、7.5%	1 d、7 d	$10^{-7} \sim 10^{-6}$	
铅（1 000 mg/kg）	20%	7 d	$1.2 \times 10^{-9} \sim 1.8 \times 10^{-8}$	[67]
英国某工业污染场地	10%、20%¹	28～84 d	$3 \times 10^{-9} \sim 2 \times 10^{-8}$	[68]
英国某工业污染场地	5%、10%、20%	28 d～1 yr	$2 \times 10^{-9} \sim 6 \times 10^{-8}$	[69]
英国某工业污染场地	7.5%	3 yr	3×10^{-11}	[70]

¹水泥与矿渣总掺量

5.4　水泥固化重金属污染土的环境安全性

S/S 法固化修复污染土是利用固化剂将污染物质固定在水泥土系统中，阻止其向周围环境的扩散、迁移。因此研究水泥固化重金属污染土的化学稳定性是检验 S/S 法固化效果的重要指标。重金属物质从水泥固化体中溶出并释放出来的风险被称为重金属物质的淋滤特性。

淋滤试验（Leaching Test），也称作溶出试验、滤出试验、浸出试验，指废弃物或者固化材料与浸提剂（leachant）通过一定方式接触，使污染物质从中释放出来的过程，用于模拟现场污染物质的迁移和扩散趋势，从而评价有害废弃物对环境的风险。S/S 法固化污染土的淋滤试验可用来估计固化土中重金属的分布、潜在的固化机理和污染物质的迁移特性，从而预测固化效果的长期化学稳定性。Schwantes 和 Batchelor[71]指出经过水泥固化封闭后的重金属污染土仍会有再溶出的风险。研究固化重金属污染土的长期稳定性很有必要。表 5-4 是 U. S. EPA 的毒性淋滤试验（Toxic Characteristic Leaching Procedure，TCLP）[72]规定的重金属的最高限值，用于对淋滤试验结果进行评估。

表 5-4　RCRA 规定的 TCLP 试验重金属限值[72]　　　　　　　　　单位:mg/L

砷	钡	镉	铬	铅	汞	硒	银
5.0	100	1.0	5.0	5.0	0.2	1.0	5.0

污染物质淋滤的数量和速率受很多物理、化学或生物因素的影响，详见表 5-5[73]。

表 5-5　影响淋滤的因素[73]

物理特性	化学和生物特性
颗粒大小和形状	淋滤的动力平衡
固体颗粒的矿物成分	物质的淋滤趋势
淋滤时间	材料的 pH，或其他环境因素（碳化，酸雨）
淋滤液流速	络合
温度	氧化还原条件
固体基质的孔隙和渗透系数	吸附过程
水文地质条件	生物调节过程

已有试验研究均表明浸提液的 pH 是硅酸盐水泥系固化/稳定化重金属污染土(以下简称 CHMS)浸出量的控制因素。浸提液 pH 呈碱性时基本不出现重金属浸出;相反,浸提液 pH 降至 6 后重金属浸出量呈不同程度的增大;其中,铅、锌、镉、钴、砷(五价)和铬(六价)的浸出量可达污染土中重金属总量的 60% 以上[74-75]。基于此,目前国内外研究与场地风险评估中普遍采用酸性浸提液进行浸出毒性试验;其中美国环保署所提出 TCLP 试验方法[76]的浸提液 pH 最低,因此被用于评价固化/稳定化土最不利环境的浸出特性。我国针对不同工况分别提供了三种固体废物浸出毒性浸出方法[77-79];其中醋酸缓冲溶液法与美国环保署的 TCLP 试验方法基本一致(见表 5-6)。当试验测定浸出浓度超过评价标准所规定的浓度限值,则判定固化/稳定化处治效果不达标。目前,我国污染场地固化/稳定化修复的环境安全评价标准主要采用《危险废物鉴别标准 浸出毒性鉴别》(GB 5085.3—2007)[80]或IV类水质标准[81-82]。各国固废浸出毒性试验均未指定试样龄期;为便于统一评价和比较,国内外学者普遍采用标准养护下 7 天、28 天龄期试样。

表 5-6 中、美固体废物浸出毒性试验方法中浸提液和适用条件比较

试验方法	浸提液	适用条件
醋酸缓冲溶液法 (HJ/T 300—2007)	对碱性固废[1],取冰醋酸稀释液(pH2.64);对非碱性固废,取冰醋酸-氢氧化钠混合水溶液(pH4.93)	固废及其再利用产物中有机物和无机物的浸出毒性鉴别
硫酸硝酸法 (HJ/T 299—2007)	对重金属和 SVOC,取质量比为 2∶1 的硫酸-硝酸混合水溶液(pH3.2);对氰化物和 VOC,取水	固废及其再利用产物,以及土壤样品中有机物和无机物的浸出毒性鉴别
水平振荡法 (HJ 557—2010)	二级水	受地表水或地下水浸沥时,固废中无机污染物的浸出风险
毒性浸出试验 (TCLP)	对碱性固废[1],取 0.1 mol/L 醋酸(pH2.8);对非碱性固废,取 0.1 mol/L 醋酸钠缓冲液(pH4.93)	模拟填埋场内城市垃圾分解产生的酸液对所填埋的固化/稳定化工业废弃物(5%)与城市垃圾(95%)的浸出风险
合成沉淀浸出试验 (SPLP)	以密西西比河为界,以西地区土,取质量比为 1∶1.5 硝酸-硫酸混合水溶液(pH5.0);以东地区土,该浸提液稀释至 pH4.2	模拟酸雨作用下,土中无机和有机污染成分的浸出风险

[1]碱性和非碱性固废定义由规范[76]具体内容中给出

表 5-7 汇总了已有国内外学者通过 TCLP 试验对 CHMS 环境安全性的评价。总体上,CHMS 的环境安全风险主要包括两点:①高浓度(例如铅浓度>1 000 mg/L)条件下浸出浓度超标,浸出风险大;②固化/稳定化污染土 pH 呈强碱性,对周边土、水造成二次污染。导致重金属浸出的机制包括但不限于:①稳定化所形成水合氧化物、氢氧化物、重金属-钙形式复盐沉淀物发生逆转反应;②重金属自水化产物和黏土矿物表面的解吸附;③物理包裹作用失效;④水化产物中钙与重金属的竞争浸出。提高水泥掺量无法从本质上消除上述浸出机制,也因此对降低浸出浓度、控制浸出风险的作用有限[55, 83]。

与固化/稳定化固废的填埋处治不同,原位固化/稳定化重金属污染土通常将作为场地二次开发的地基土。TCLP 试验等加速浸出试验难以合理评价敏感水体环境作用下

CHMS 的长期浸出风险。目前国内外学者正积极开展这方面研究。主要研究方法基于美国材料与试验协会(ASTM)和欧盟标准(CEN)的半动态浸出试验和土柱淋滤试验;模拟工况涉及了酸雨侵蚀、硫酸盐和氯盐侵蚀、干湿循环和碳化作用等[84-85]。Du 等[86-88]指出,有别于加速浸出试验中化学成因为主的重金属浸出机制,半动态浸出试验和土柱淋滤试验充分反映出实际工况条件下物理成因的浸出机制,包括扩散和表面侵蚀。模拟酸雨作用下水泥固化/稳定化铅污染土的浸出机制由扩散主导;存在水力梯度时,则涉及对流问题。浸提液 pH 的降低导致有效扩散系数 3～5 个数量级的增大;水泥掺量对扩散系数的影响有限。

表 5-7　基于 TCLP 试验的硅酸盐水泥固化/稳定化重金属污染土(CHMS)环境安全性评价

重金属	水泥掺量	龄期	污染程度/(mg·kg^{-1})	浸出结果	参考文献
铅	4%～15%	7d, 28 d	10^2～2×10^4	污染浓度为 1 000 mg/kg 时出现浸出浓度超标(>5 mg/L)	[55, 67, 89]
锌	4%～18%	7 d, 28 d	2×10^2～2×10^4	污染浓度为 1.5×10^4 mg/kg 时无法满足浸出限值(100 mg/L)	[55, 89]
镉	2%～20%	28 d	0.12～344	水泥掺量增至 5%时浸出浓度满足浸出限值(1 mg/L)	[90-91]
铜	7%～20%	28 d	37～59490	浸出浓度均达标(100 mg/L)	[91]
镍	7%～20%	28 d	23～253	浸出浓度均达标(5 mg/L),与未处治浸出结果差异小	[91]
砷	9%～20%	7 d, 28 d	81～1 000	浸出浓度均达标(<5 mg/L),较未处治时降低约 90%	[92]
铬(六价)	5%～15%	7～84 d	3 000～7 000	无法满足浸出限值(5 mg/L)	[61, 93]
硒(四价、六价)	5%～15%	7 d, 28 d	1 000	无法满足浸出限值(1 mg/L)	[94]

注:浸出限值标准采用《危险废物鉴别标准浸出毒性鉴别》(GB 5085.3—2007)

水泥系固化/稳定化重金属污染土主要存在 3 点缺陷:①对高浓度污染土的固化/稳定化效果差,表现为浸出超标、强度低;②经固化/稳定化处理污染土极易受外界酸雨侵蚀、冻融循环等环境条件的影响,存在重金属再浸出的潜在风险;③修复后固化体碱度高(pH>11),降雨引起的碱性物质浸出对周边土、水造成二次污染。对此,新型固化剂研发成为目前固化/稳定化技术研究的重要方法。一种比较普遍的方式是在硅酸盐水泥基础上通过添加粉煤灰、沸石、膨润土等硅酸盐材料实现提高固化体对重金属的吸附性能和强度[95-97]。近年来,东南大学[98-103]以改变固化/稳定化机理和工业废弃物再利用的研究思路出发,分别提出了新型磷酸盐固化剂和碱激发矿渣固化剂。

5.5　固化/稳定化施工技术

固化/稳定化修复按施工位置可分为原地异位和原地原位施工两种。原地异位施工主要用于小规模污染土修复，包括污染土开挖移出、固化/稳定化混合搅拌、回填碾压和设置顶部覆盖层等施工步骤。原地原位施工则借助于深层搅拌设备直接在土层中形成固化/稳定化桩体，常用技术有搅拌桩技术、旋喷桩技术、整体搅拌技术等。表 5-8 比较了这两种施工方式的搅拌工艺和技术优缺点。搅拌工艺和搅拌实际效果是施工阶段影响固化/稳定化效果的控制因素。例如，Wang 等[104]和 Jin 等[105]分别报道了采用 GI AL-LU 筛分斗搅拌和深层搅拌技术施工水泥和 GGBS＋MgO 固化/稳定化污染土的无侧限抗压强度，发现后者强度较前者高出数十倍。Day 等[106]对采用高压旋喷技术施工的水泥固化/稳定化镉污染场地进行取样检测发现，未充分搅拌和均匀搅拌部分试样的 TCLP 浸出浓度均未达标。

表 5-8　原地异位施工与原地原位施工技术比较

比较项目	原地异位施工	原地原位施工
搅拌设备	筛分斗、卧式搅拌机	地基处理中深层搅拌技术施工设备
搅拌效率	约 50 t/d	15～30 根/(天·台)[70]
技术优势	① 搅拌效果检验便利；②对设备进场承载要求等场地限制小；③开挖深度受地下水水位影响	① 深层搅拌技术成熟；②适合于城市工业污染场地，施工过程对邻近地下结构影响小；③施工过程不造成二次污染
技术缺陷	① 露天开挖易引起二次污染；②搅拌效果与土的含水率有关，晾晒作业周期长，可达总工时 80% 以上；③处治后须额外采取隔离措施；④大体量修复的施工成本高	① 局部搅拌缺陷对固化/稳定化效果影响大；②搅拌效果检验难度较大；③小规格修复的施工成本高

根据已有研究，针对几种常见类型污染土，按照其重金属污染程度和固化后用途的不同，可参考表 5-9 选择固化剂类型和掺量，其中 SS-A 固化剂是东南大学研发的新型固化剂，适用于高浓度重金属污染土的固化稳定。重金属污染场地固化稳定施工工艺流程如图 5-16 所示。

表 5-9　不同类型污染土固化稳定化处理参数

污染土类型		Pb 污染含砂黏土		Zn 污染黏土		高浓度 Pb 污染黏土	
适用固化剂		水泥		水泥		SS-A	
重金属离子浓度 $w(M)$（%）		$w(M)$ $\leqslant 0.1$	$0.1 < w(M)$ $\leqslant 1$	$w(M)$ $\leqslant 0.1$	$0.1 < w(M)$ $\leqslant 0.2$	$w(M)$ $\leqslant 0.05$	$0.05 < w(M)$ $\leqslant 0.1$
环境安全性要求	固化剂推荐掺量（%）	5	10	12	12	5	12
强度要求	固化剂推荐掺量（%）	5	5	10	12	/	/
不同用途推荐固化剂掺量（%）	绿化用地	5	10	12	12	5	12
	建筑、道路填料	5	10	12	12	/	/

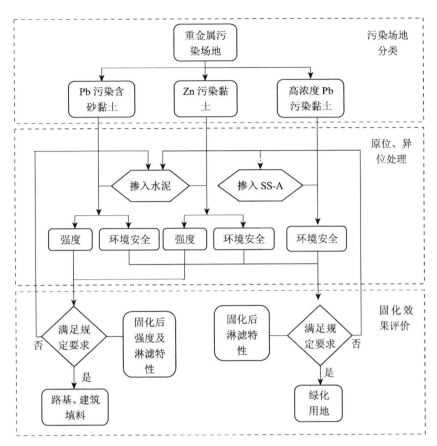

图 5-16　重金属污染场地固化/稳定化修复工艺流程图

第6章 · 曝 气 法

6.1 概述

曝气法（AS）是一种经济有效的修复地下水中挥发性有机物（Volatile Organic Compounds，VOCs）的技术，多应用于受烃类燃料和氯化溶剂等挥发性有机物污染的场地。如图 6-1 所示，曝气法通过注气井，由空压机将空气注入含水层，注入的空气向上通过饱和区的过程中形成独立气泡或连续通道，使地下水中的污染物经过扩散和挥发进入空气，然后随空气上升到达非饱和带，被气相抽提系统清除。除物理去除过程外，AS 过程中带入的氧气还能强化好氧生物的降解过程，加快污染物的去除。

曝气法在实际工程中已经得到推广应用，2009～2011 年间美国"超级基金"土壤和地下水治理项目中曝气法的应用比例比较高，达到了 9%[1]。曝气法是一个复杂的多相传质过

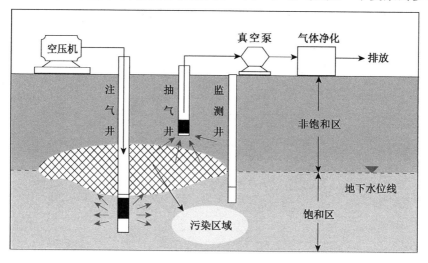

图 6-1 曝气法示意图

程,其处理效果主要受场地条件、曝气压力、曝气流量、曝气井深度、污染物特性、影响区域的大小等因素影响。

 6.2 曝气法机理

AS过程是一个动力学过程,气相、水相以及NAPLs(Non-aqueous Phase Liquids)之间存在质量交换(传质过程),主要包括污染物的相间传质、污染物的生物降解和污染物的传递过程。其中,污染物的挥发和有氧生物降解是最主要的去除机理。在曝气影响区域外或由于空气滞留而无法与空气直接接触的污染物溶解于水中,无法通过挥发途径进入气相,此时去除机理主要为扩散或水动力弥散。不同修复阶段中,控制修复速率和效率的机理也不同,此外,根据场地环境、地质条件的变化,各种机理对AS修复作用的贡献也不同。

挥发性有机物的赋存状态和运移规律主要受到其本身物理化学性质的影响。VOCs在土体中的赋存状态主要有四种(图6-2):①蒸气(气相);②溶解于孔隙水中(水相);③吸附于土颗粒表面(固相);④非水相液体(NAPL)[2]。平衡状态下,气相有机物所占的比例主要受到蒸气压、亨利常数和沸点的影响;水相有机物所占的比例主要受溶解度的影响;固相有机物所占的比例主要受吸附系数的影响。

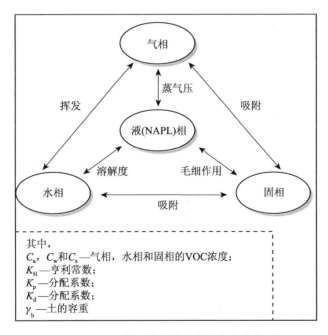

图6-2 VOCs在土体中的赋存状态和转化过程

气相有机污染物:目前在大多数石油泄漏事故中所出现的有机污染物均为挥发性有机污染物,一旦泄漏后会不断挥发,从而进入周围的土壤气,并随浓度梯度造成进一步扩散。

水相有机污染物:溶解在孔隙水中的有机污染物,土层中的有机污染物通过降雨淋滤、灌溉及与地下水的直接接触等途径而不断地溶解到地下水中,并随着地下水一起流动并扩散,导致被污染的地下水羽状体的形成。

固相有机污染物:由于吸附作用或是毛细作用而残留在土颗粒表面的有机污染物,它们虽然仍以液态存在,但是不能在重力的作用下自由运动。其残余饱和度的大小与孔隙介质的污染物有密切的关系,这部分有机污染物是地下环境系统中难以清除的部分。

NAPL 相有机污染物:即自由态有机污染物,指泄漏后在重力作用下可以自由移动的部分,其中密度比水小的称为轻非水相液体(LNAPLs),而密度比水大的则称为重非水相液体(DNAPLs)。由于 LNAPLs 和 DNAPLs 物理化学性质的不同,其泄漏及运移的过程也有所不同。地下水中 LNAPLs 污染的主要来源是采油和输油管线的破裂以及地下油罐的泄漏,而 DNAPLs 污染的主要来源是煤焦油以及干洗、电子及金属加工业中大量使用的有机溶剂(如 TCE、PCE)等[3]。此外,密度不同导致它们运移行为也不同,LNAPLs 向下移动到地下水位附近时,会浮在水面上,形成轻油透镜体;DNAPLs 会穿越地下水位继续向下移动,直到碰到阻碍为止,形成重油聚集区[4]。由于自由态有机污染物通过挥发和溶解过程不断地向土壤气和地下水中释放污染物,而且自然状态下多数有机物的挥发和溶解都较缓慢,自由态污染物本身的迁移也会使污染范围进一步扩大,因此自由态有机污染物的存在被视作一个长期的污染源[5]。

地下水曝气法通过将空气注入含水层,引起挥发性有机化合物进入气相和氧气进入液相的质量转移。注入的空气向上通过饱和区的过程中形成独立气泡或连续通道,使污染物挥发并被带到包气带,然后被气相抽提系统清除。除了挥发性有机物的物理去除外,AS 过程中带入的氧气还能强化好氧生物降解过程。如图 6-3 所示为曝气过程中污染物的质量传递过程,空气注入含水层后,能加速吸附在土颗粒上的污染物解吸并溶解到地下水的过程,还能加速土壤和地下水中的污染物向气相的挥发过程,并通过吹脱作用进入饱和区气相后被带出,即主要加速图中的过程①②③。

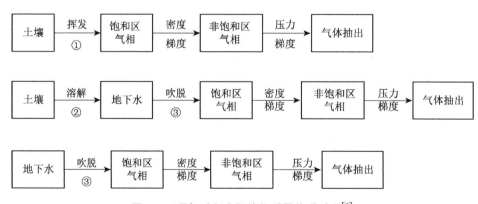

图 6-3　曝气过程中污染物质量传递过程[6]

6.2.1　污染物的相间传质

（1）挥发作用（液相—气相）

挥发作用是指 AS 修复初期污染物通过对流和扩散作用从水相传递到气-液界面,部分污染物挥发进入气相并被带出含水层的过程,它是 AS 去除污染物前期最主要的去除机理[7, 8]。

特定污染物的挥发由其蒸气压和亨利常数所决定。如果污染物的蒸气压大于 $5\ mmHg$ 并且亨利常数大于 $10^{-5}\ atm \cdot m^3/mol$，则认为其是可挥发去除的，适宜采用 AS 去除[9]。

平衡条件下污染物气液两相的分率是由亨利定律确定的。亨利常数越大，则污染物存在于气相中的平衡浓度就越大，即越适合用 AS 去除。

挥发作用主要仅存在于 AS 过程早期，因此较大的亨利常数尽管能够利于挥发作用但并不会显著缩短修复时间[7,10]。

（2）溶解作用（NAPL 相—水相）

在 AS 后期，污染物向水相的溶解则成为 AS 去除污染物的关键因素[7, 8]。AS 过程增加了污染物在地下水中的溶解。当水处于静态时，水相表面处浓度梯度最大，有机物的溶解缓慢；当空气喷入造成水相的扰动，增加了水相和 NAPL 相的混合，因此 NAPL 相在水相中的溶解量也增加[10]。

一般采用溶解速率（单位时间内溶解于水中的污染物浓度，与 NAPLs 在水中的溶解度和当前水中的 NAPLs 浓度的差值成正比）描述污染物溶解的快慢。地下水曝气过程中，污染物的溶解速率会加快，这是由于压缩空气进入土体后对水相和 NAPL 相产生了扰动，水相与 NAPL 相接触面增大引起的[11]。

Burchfield 等[12]的模型试验显示污染物亨利常数（影响挥发作用的主要因素）的增加并不能显著地影响其 AS 的去除效率，但是溶解度的增加却极大地增加了其 AS 的去除效率。

Malone 等[13]认为 NAPLs 可分为两类：一类具有较高的比表面积，与水相的传质相对容易；另一类则相反，与水相间的传质缓慢而可逆。

（3）吸附/解吸（固相—水相）

黏土层表面或土体表面自然产生的有机物质对污染物都有吸附作用，与矿物质表面相比较，土体有机物质对有机分子具有更强的吸附作用。有机物的吸附随着土体中有机物质浓度的增加而增加。含有大量有机污染物的土体，其吸附分配系数和脱附分配系数的比值比较高。如果比值等于或小于 1，则说明介质没有滞留有机物的能力，也就是说有机物是可解吸的。

土颗粒对于 NAPLs 的吸附能力会随着 NAPLs 浓度的增加而增大。由于水与 NAPLs 在吸附过程中具有很大的竞争性，因而土体的含水饱和度也会影响 NAPLs 的吸附程度[10]。喷气造成饱和含水层中污染物与孔隙水的混合，并且水土接触面在扰动影响下增大，由此增加了 VOCs 在土层中的解吸附，使其进一步溶解于地下水。

值得一提的是，AS 技术主要应用于含水砂层，考虑到砂土具有低分配系数及低天然有机碳的固相分数的特点，几乎不具备吸附/解吸有机污染物的能力，因此通常可忽略土体吸附的影响[14]。

6.2.2 污染物的生物降解

生物降解是 AS 过程中另一个重要的污染物去除机理。挥发只是使污染物迁移出处理区，而生物降解则是将污染物转化为无害的物质。在 AS 过程后期，地下水和饱和土体中剩余污染物的挥发性和溶解性较差，此时生物降解成为主要的过程[15, 16]。

目前针对生物降解在污染物去除中的贡献尚难以定量，主要通过溶解氧量（Dissolved Oxygen，DO）和生物降解菌生长量等描述[17, 18]。Johnston 等[15]的研究表明，当溶解的污染物浓度小于 $1\ mg/L$ 时，生物降解将成为 AS 过程中主要的去除机理，AS 过程是向饱和土体中提供了氧气,强化了地下水中有机物的有氧生物降解。对于 MTBE 污染的土体和地下水,生物降解作用显得尤为重要[19]。

在饱和土体中,有机物的有氧生物降解不仅需要氧气,而且氧气量还必须达到一定的水平。Miller[20]的研究表明,在地下土层中,维持有氧生物降解需要 2%～4%(体积比)的氧气浓度。传统的原位供氧过程采用过氧化水(水中含有过氧化氢)以增加地下的氧含量,而 AS 简单易行而且成本低廉,是向饱和土层中提供氧气的一种有效方法。

挥发作用只能使有机污染物迁移出污染区,而降解作用可以将有毒的污染物降解为无毒物质。降解作用,尤其是生物降解作用,是地下水曝气修复后期的主要机理[15, 16]。Johnson 等[15]认为挥发是 AS 去除挥发性有机物的主导机制,而在衰减最快的时期内,生物降解作用与挥发的作用至少在同一数量级。

6.2.3 污染物的传递机理

在含水层,AS 过程曝入的空气主要通过分散的气体孔道向上流动。污染物的传递机理包括了对流、弥散(机械扩散)和扩散(分子扩散)等方式。地下水中 NAPLs 污染物一般分散在土层孔隙、黏土裂隙等,这些污染物首先通过对流、弥散作用使污染物从 NAPL 相溶解成为液相,并通过高浓度区向低浓度区域的分子扩散作用运动进入空气通道,然后通过挥发作用去除[21]。

对流是由于压力梯度的存在使得气相或液相的污染物在水和空气中流动,其与土颗粒的粒径分布、土的结构、孔隙率以及含水率有密切的相关性。污染物的对流强化了相间传质,一般采用对流通量描述对流作用的大小,对流通量与气流速率和污染物的浓度成正比。

机械弥散是由于孔隙水的微观流速变化引起的。AS 过程中空气的曝入会促进污染物的混合,有助于弥散过程的进行[22],但对流-弥散作用也会导致污染物向未污染的区域迁移[23, 24],因此需要合理地布置 AS 井及 SVE 抽提井的位置。

扩散过程是指污染物由高浓度区向低浓度区运动。其扩散通量可以用 Fick 第一定律(公式 6-1)表达:

$$J = -D\frac{\partial C}{\partial x} \tag{6-1}$$

式中:J 为扩散质量通量($MT^{-1} \cdot L^{-1}$);D 为分子扩散系数;$\partial C/\partial x$ 为浓度梯度微分表达式。

由于扩散作用非常缓慢,这使得污染物去除的时间增长。

在曝气影响区域外或由于空气滞留而无法与空气直接接触的污染物溶解于水中,无法通过挥发途径进入气相,此时去除机理主要为扩散或水动力弥散[10, 21]。

6.3 AS 过程气相运动基本规律

曝气过程中气相运动规律是曝气法设计施工的一个关键问题,需要确定曝气形态、影响区大小和气相饱和度分布规律。事实上 AS 技术有机污染物的去除率主要取决于单井影响区域的大小[11]。描述影响区域的参数主要有两个:影响半径和渗气夹角[11]。影响半径(the Radius of Influence,ROI)是指从曝气井中央到空气影响区域边缘的径向距离,该范围内曝气气压和气流能够引起污染物从液相转变为气相[25]。渗气夹角是指影响区域峰面与竖直方向的夹角。影响区域的大小取决于土体的气体渗透率[11]。此外,曝气压力、气体流量、曝气井深度也对影响区域的大小有不同程度的影响。

研究 AS 过程气相运动规律的方法主要有数值模拟方法和室内模型试验方法。下面详细介绍室内模型试验方法。

6.3.1 室内模型试验方法

室内物理模型试验为研究曝气过程中空气的流动形态和污染物的去除效率及确定其影响因素提供了一种较为可靠的方法。相关学者根据其研究目的发展了一些试验装置,主要是一维和二维模型试验装置。

Reddy 和 Adams[26, 27]采用一维土柱模型试验装置,如图 6-4 所示,对饱和土层和地下水中苯的去除及其影响因素进行了研究,并专门测试分析了曝气过程中空气流量对三氯乙烯去除效果的影响。有机玻璃圆筒尺寸为 $\phi 9 cm \times H93 cm$,其上设有 7 个采样孔,在试验过程中可进行水样采集,并进行气相色谱分析以确定污染物的浓度。左边水箱用于饱和土样的存放并保持水位常水头,右边设有流量和压力计等,用于试验过程的曝气压力和空气流量监测与控制。

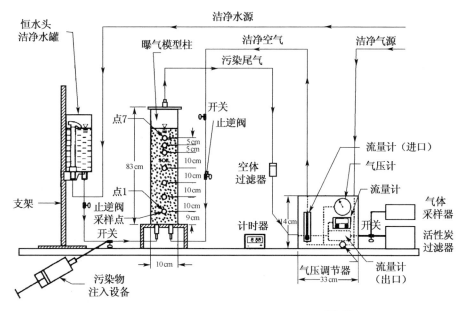

图 6-4 曝气法室内一维模型试验装置图[26, 27]

Braida 和 Ong[28]建立了如图 6-5 所示的模型装置对有机污染物的挥发特性进行了研究,探讨了曝气过程中污染物挥发对其去除效率的影响。其模型尺寸为 $\phi 14 cm \times H56 cm$,空气通过装置底部一直径为 1.1 cm 的圆柱状透气石注入,为了保证气体均匀地通过整个土柱,在底部预先填入一层 3~5 cm 厚、直径 3 mm 的粗玻璃珠。

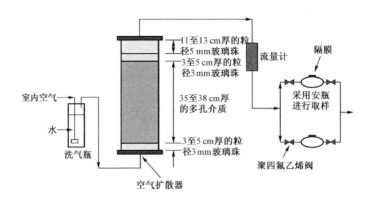

图 6-5　曝气法室内一维模型试验装置图[28]

Reddy 和 Adams[29, 30] 使用二维玻璃槽模型装置(如图 6-6 所示)研究了曝气过程地下水流动以及土层异质性对污染物的去除效果的影响。模型尺寸为 121 cm×72 cm×10 cm，左右两边有两个 10 cm 宽的水箱,通过控制水箱内水位高度可模拟在静水或地下水流动条件下的曝气试验。模型箱侧壁上布置有 20 个采样孔,可进行水样采集并进行气象色谱分析以测量污染物浓度。此外,模型装置还配有压力计和流量计等可严格控制试验过程中的曝气压力和空气流量。

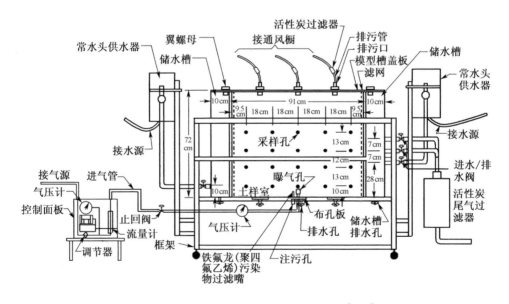

图 6-6　曝气法室内二维模型槽示意图[13, 14]

Elder 和 Benson[31] 使用二维试验模型装置,如图 6-7 所示。模型尺寸为 40 cm×44 cm×3.8 cm,为了防止优势流的产生,在模型前后面板上涂有一薄层湿聚氨酯橡胶,然后粘上一些细玻璃珠,当聚氨酯橡胶风干后,移除玻璃珠,在玻璃面板表面形成点状凹凸表面,然后再填入试验砂土,使其与玻璃面板间的接触具有类似土壤颗粒间的结构。同时,其上顶盖为齿状,接有管路,可以用来测量曝气过程中各个部分的出气流量。

不同研究者针对不同的研究目的设计了不同的试验模型,表 6-1 总结了一些研究者的

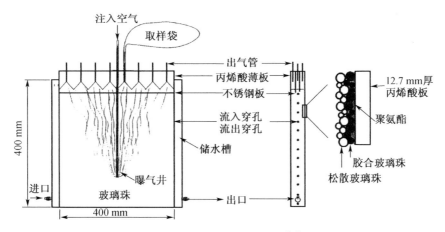

图 6-7 二维试验设备简图[31]

试验模型及其研究内容。

由于曝气法更适用于高渗透性土层,而对于渗透率较低的黏土层不适用,因此室内试验研究主要采用的试验材料多为砂土,同时由于土壤颗粒本身的不透明性导致气体在试样内部的运动形态无法直接观察,一些学者在研究气体运动形态时常选取适当的透明或半透明材料替代,如硅胶颗粒、玻璃珠等。表 6-2 总结了已有的一些研究者采用的试验材料。

表 6-1 曝气室内模型试验研究

研究者	模型尺寸	土壤介质	污染物	曝气方式	研究内容
王战强[32]	一维模型 100 cm×8 cm	天然石英砂	MTBE	连续曝气、脉冲曝气,曝气流量: 0.8~2.5 L/min	砂土吸附试验、AS 传质试验、BS 传质试验
Reddy 等[26]	一维模型 93 cm×9 cm	细砾、均匀砂、混合砂	苯	连续曝气、脉冲曝气,曝气压力: 6.9 kPa,曝气流量:2.25 L/min	颗粒粒径和级配对曝气效果的影响,脉冲曝气的影响
Braida 等[28]	一维模型 56 cm×14 cm	玻璃珠、石英砂	苯系物	曝气流量:0.7、0.8、1.1 L/min	有机物扩散试验、污染物的最终去除量
Kim 等[33]	一维模型 100 cm×5 cm	细、粗砂	苯	曝气流量:0.036、0.4 L/min	用表面活性剂减少污染物与多孔介质间的表面张力,强化曝气效果
张英[8]	二维模型 100 cm×80 cm ×15 cm	天然石英砂	甲苯	连续曝气,曝气流量 0.8~13 L/min	传质试验、砂土吸附性、ROI 测定、污染浓度变化
Ji 等[34]	二维模型 73 cm×88 cm ×2.5 cm	透明玻璃珠	—	连续曝气、脉冲曝气,曝气流量: 0.6、3、4、10 L/min	空气流型、模拟土壤的直径以及各向异性对气体通道形成的影响
Baker 等[35]	二维模型 110 cm×90 cm ×3 cm	透明玻璃珠		曝气压力 2.2~2.5 kPa、4.0~7.2 kPa、5.4~8.7 kPa	空气流型、影响半径、脉冲曝气对 ROI 的影响
Peterson 等[36]	二维模型 90 cm×90 cm ×2.5 cm	天然石英砂	甲苯	曝气压力:8.3~8.9 kPa,曝气流量:1.0~1.3 L/min	评价饱和砂土中甲苯的去除率

（续表）

研究者	模型尺寸	土壤介质	污染物	曝气方式	研究内容
Heron 等[37]	二维模型 116 cm×56 cm ×4 cm	淤泥、砂土	四氯乙烯	脉冲曝气，曝气流速：0.1、0.2、0.4、0.8 L/min	气体流型、污染物移除效果、不同时间的脉冲曝气效果、曝气最佳周期
Tsai 等[38]	二维模型 50 cm×50 cm ×3 cm	砂土	—	气体流速：3 L/min	通过电导率来观察曝气过程中孔隙率的变化
Semer 等[39]	三维模型 200 cm×60 cm ×68 cm	中细砂、细砾、中砾	—	曝气压力：9.8～196.2 kPa、曝气流量：3.7～31.6 L/min	模拟地下水、曝气压力、曝气流量、曝气深度对空气流型、ROI 的影响
Kim 等[40]	三维模型 200 cm×60 cm ×68 cm	砂土	三氯乙烯	曝气流量：1.2～1.5 L/min 曝气 1 天停顿 1 天	研究脉冲曝气对三氯乙烯污染地下砂土层的修复效果

表 6-2　室内试验土壤介质材料的物理力学性质总结

研究者	土壤介质材料	土壤类型	有效粒径 d_{10}/mm	平均粒径 d_{50}/mm	不均匀系数 C_u	曲率系数 C_c	孔隙率	干密度	渗透系数 cm/s
刘燕[11]	高强度喷丸玻璃珠	0.8～1.0 1.5～2.0 4.0～5.0 0.8～5.0	0.88 1.55 4.1 0.86	0.9 1.75 4.5 1.75	1.12 1.16 1.12 2.21	0.98 0.98 0.98 0.59	0.35 0.33 0.33 0.22	1.615 1.684 1.676 1.953	—
Semer 等[39]	天然土	粗砂 中砂 细砂 细砾	0.43 0.18 0.08 2.5	0.55 0.25 0.11 1.53	1.28 1.39 1.38 1.88	—	0.45 0.47 0.50 0.42	1.45 1.40 1.33 1.53	
Reddy 等[41]	天然土	中砂 细砾	0.18 2.35	—	1.0 1.1	2.1 2.0	—	1.56～1.85 1.62～1.90	0.020 1.60
Rogers 等[42]	石英砂	—		0.305 0.190 0.168	1.41 2.16 1.64		0.37 0.377 0.40	—	
Chao 等[43]	粗砂 中砂 细砂 玻璃珠		0.42～2.38 0.11～1.00 0.074～0.5 0.59～0.84	1.126 0.187 0.155 0.613	1.709 0.398 0.278 0.788	1.6 2.2 2.0 1.36	—	0.410 0.388 0.476 0.397	1.56 1.59 1.53 1.59	0.055 0.027 0.006 0.051
Waduge 等[44]	天然土	0.6～1.2 0.3～0.6	—	—	—		0.44 0.40	—	0.613 0.094
Baker 等[35]	透明玻璃珠	4.7～1.1 0.85～0.31 0.41～0.11 4.7～0.11			1.9 1.4 1.9 7.5	0.85 1.10 0.97 1.34	0.36 0.40 0.39 0.31	1.59 1.50 1.51 1.72	1.20 0.10 0.010 0.015
Peterson 等[45][46]	天然砂	0.84～1.00 0.18～0.21	— 0.12	—	— 1.6		0.44 0.45	1.4	0.019
Mortensen A P 等[47]	天然砂土	0.0～0.5 0.3～0.6 0.6～1.4		0.29 0.47 0.99	—	—	0.39 0.39 0.39		0.012 0.067 0.11
杨乃群 等[48]	石英砂	粗砂 细砂 掺混砂	—	0.5 0.25 0.35	—	—	—		0.161 0.013 0.025

东南大学岩土工程研究所自行研制的地下水曝气一维模型试验系统,试验装置示意图和实体照片如图 6-8 和图 6-9 所示。

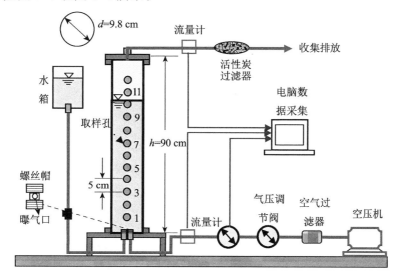

图 6-8   一维模型试验测试系统示意图

图 6-9   一维模型试验测试系统实物图

一维土柱材质为有机玻璃,以利于观察试验过程中的空气流动状况、砂土结构和水位变化。有机玻璃柱高度为 90 cm,内径为 9.8 cm,上下法兰材料为 18 mm 厚不锈钢板,由三根金属拉杆固定。柱身分布 12 个采样孔用于试验过程中的水样采集,从下向上依次编号为取样孔 1~12,采样孔间距 5 cm。连接管路上配有各种压力表、流量传感器用于测定试验过程中的压力和进、排气流量,以及调节阀以控制气体和液体管路,使用 CKD 公司生产的流量传感器(精度为 3%)测定进气和排气流量。此外,系统配有自动数据采集功能,可对试验过程中的进气流量、进气压力等进行实时观测。试验柱底板开有两个孔,分别用于饱和试验砂土、加入污染物以及压缩空气的注入。注水口直径 0.5 cm,与水箱相连接,通过重力将水注入土柱内。为使气体更加均匀分散地通过土体,注气口露出底部 2 cm,上部用高 1 cm 的螺丝帽拧紧,使气体不直接喷入土体,螺丝帽下面对称分布开有 4 个直径 0.4 cm 的小孔。

二维模型试验装置如图 6-10～图 6-12 所示。

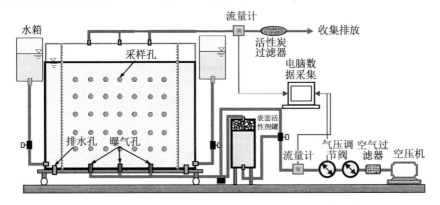

图 6-10　二维模型试验测试系统示意图

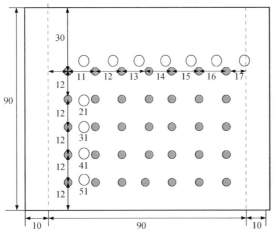

图 6-11　二维模型箱采样孔布置示意图(单位:cm)

图 6-12　二维模型试验测试系统实物图

6.3.2　曝气形态

关于单井影响区域的气型,目前主要有两种观点:一种观点认为影响区域的形状是圆锥面形[49-52];另一种观点认为影响区域的形状是抛物面形[34, 53-55]。图 6-13 为上述两种基本喷气流型示意图。

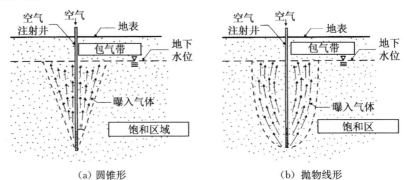

(a)圆锥形　　　　　　　　　　(b)抛物线形

图 6-13　两种基本喷气流型示意图

影响曝气形态的因素主要有土的颗粒大小、曝气压力和流量、土层结构等。

Ji等[34]采用玻璃珠模拟土壤介质,研究颗粒粒径对气体运动形态的影响。试验中用粒径为0.2 mm到4 mm的玻璃珠模拟细砂到细砾,模拟了均质土层和异质土层中的空气流动形态,得到以下结论:在均质土层中,当颗粒粒径大于4 mm时,气体以独立气泡的方式运动;当颗粒粒径小于0.2 mm时,气体以微通道的方式运动;当颗粒粒径约2 mm时,气体运动处于上述两种方式的过渡段;且气体影响区域的形状以曝气点为中心轴对称分布(图6-14)。而在异质土层中,由于气体的流动受到渗透率和毛细压力不同的影响,则不会表现出上述对称分布的情况。东南大学通过室内模型试验也得到了类似的结论(图6-15)。

一般认为,当土体粒径较小(<0.75 mm)时,气体以微通道方式运动;当粒径较大(>4 mm)时,气体以独立气泡方式运动。

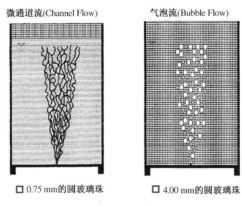

图6-14 两种基本喷气流型示意图

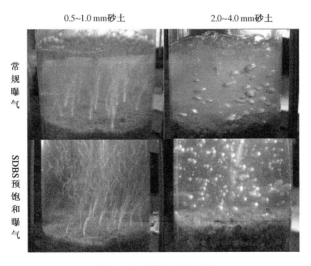

图6-15 模型试验照片

Ji等[34]的试验发现:对于均质土体,无论何种气体流动方式,其流动区域均以通过曝气点的垂直轴对称;非均质土体,空气流动不是轴对称的。这两种流动方式分别如图6-16(a)和图6-16(b)所示。这种非对称性是由于土体渗透性的细微改变以及气体喷入土体时遇到的毛细阻力所致。

此外,Ji 等[34]认为气体的流动受土体渗透率、异质夹层的几何结构和大小,以及曝气流量大小等的显著影响。存在异质夹层的土体中,曝入气体无法到达直接位于低渗透率夹层之上的区域,且仅当曝气流量足够大时气体才能穿过该夹层,如图 6-16(c)和图 6-16(d)所示。

图 6-16(a) 均质土体中空气的流动[34]

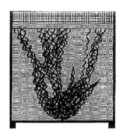

图 6-16(b) 非均质土体中空气的流动[34]

图 6-16(c) 小流量下分层土体中空气的流动[34]

图 6-16(d) 大流量下分层土体中空气的流动[34]

Reddy 等[29]认为在 AS 过程中,当空气遇到渗透率和孔隙率不相同的两层土体时,若两者的渗透率之比大于 10,气体一般不经过渗透率较小区域;若两者的渗透率之比小于 10,则气体从渗透率小的土层进入渗透率较大的土层时,其形成的影响区域变大,但气体的饱和度降低。

气体以微通道形式运动时,通道的数量和分布是流量的函数:高流量条件下,微通道的数量增加,污染物与气体接触增大,去除率增大;流量较小的条件下,微通道的数量较少,微通道附近的污染物可以很快去除,而没有靠近微通道的污染物只有通过向微通道扩散,才可以达到去除的效果。曝气流量随曝气压力增加而增大。Lundegard 等[51]认为曝气速率的变化可通过人为控制调节,而受土层影响较小。

Ji 等[34]的研究表明,曝气流量的增加使气体通道的密度增加(相对渗透率增加)、水的有效饱和度降低,影响半径也有所增加。当曝气流量小于 5 m³/h 时,流量增加造成 ROI 急剧增长;当流量大于 5 m³/h 时,ROI 的增加较缓慢[8]。因此,曝气流量的增大有利于 AS 修复效率的提高,而在较低曝气流量下,喷入气体的分布稀疏而且分散[8]。

气体流量的增加一方面增加了气体在土体中的饱和度,但另一方面也会使气体在土体中的分布极不均匀,较易形成局部优先流,降低了 AS 总体的修复效果。过大的曝气流量极易造成土体介质的扰动和破坏,甚至改变土体介质局部范围内的渗透性能[29]。张英[8]通过乙炔示踪曝气气流发现以较高流量曝气时,气体的分布变得不均匀,易于在介质中形成优先流,验证了上述观点。

曝气流量大小对气体分布的影响如图 6-17 所示。

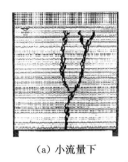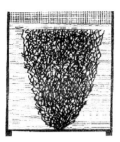

(a) 小流量下　　　　　(b) 大流量下

图 6-17　AS 的空气分布示意图

6.3.3　影响区范围

AS 技术去除有机污染物的效率主要取决于单井影响区域的大小。所谓影响区域,是指单个曝气井所能处理的土体体积大小。描述影响区域的参数主要有两个:影响半径和渗气夹角[11]。影响半径(the Radius of Influence,ROI)是指从曝气井中央到空气影响区域边缘的径向距离,该范围内曝气气压和气流能够引起污染物从液相转变为气相[25];渗气夹角是指影响区域峰面与竖直方向的夹角。渗气夹角的概念最早由 Nyer 等[49]提出,在 Reddy 等[57]、胡黎明等[50, 58]的研究中得到进一步推广。Baker 等[35]对于均质砂土,观察到非周对称的气型,并定义影响半径 ROI 取为平均值。

影响区域的大小取决于土体的气体渗透率[11, 39]。此外,曝气压力、气体流量、曝气井深度也对影响区域的大小有不同程度的影响。通常,ROI 约为 1.5 m(粉质土体)至 30.5 m(粗砂质土体)范围内[25]。

目前,确定 ROI 的方法主要有四种[59]:①地下水水位的上升变化;②地下水中溶解氧 DO 的变化;③水位以下区域气相压力的变化;④渗流区污染物气相浓度变化。

地下水水位的上升变化是指在曝气时,空气由曝气点向上迁移的过程中驱替饱和土体中孔隙水,使水位高度升高,观察到水位升高的径向范围即为 ROI。该方法的局限性在于水位升高并不一定反映空气和污染物接触的实际面积;其次,上层非饱和土层较高的侧向渗透系数将增加上升地下水的侧向运移,从而导致所观察到的地下水水位上升区域大于实际的曝气影响范围;再者,水位的升高过程短暂,在曝气开始一段时间后就基本无法清晰观察且具有较大人为误差存在。

地下水中溶解氧 DO 的测定以及污染物浓度的测定需要从修复区域的不同地点对地下水进行取样和测定。此类方法能够较精确地评价 ROI,但是取样和测定需耗费大量成本和较长的测定时间,从而限制了其在现场的应用,而且原位生物耗氧降解可能降低该类方法的准确程度。

McCray 等利用多相流软件 T2VOC 对正压分布与水位以下污染物去除区域间的关系进行了模拟。模拟结果表明,ROI 受多孔介质的非均匀性和各向异性的影响极大,不同性质土体的 ROI 存在如公式(6-2)所示的关系:

$$\mathrm{ROI}_1 = \mathrm{ROI}_2 \cdot \left(\frac{\delta_1}{\delta_2}\right)^{1/2} \tag{6-2}$$

式中,δ 为水平向渗透系数与竖向渗透系数的比值;ROI 为曝气的影响半径(文献[30]中定义为气体饱和度为 10% 的曝气区域)。

该公式适用的竖向渗透系数范围广,但要求水平向渗透系数基本保持一致。Lundegard 等[51]发现水平向渗透系数对稳定气型的影响较小,因此将公式(6-2)改为公式(6-3):

$$ROI_1 = ROI_2 \cdot \left(\frac{k_{v2}}{k_{v1}} \right)^{1/2} \tag{6-3}$$

式中,k_v 为土体的竖向渗透系数。上述经验公式可适用于水平向渗透率介于 $10^{-8} \sim 10^{-11}\,cm^2$(即粉砂、砂土)。

McCray 等提出采用测定气相压力能够准确地测定曝气 ROI 的方法(根据气体饱和度定义的影响区域)。假设曝气区域为水-气两相系统,水相在毛细压力的作用下易进入小孔隙;气相则倾向于进入相对较大孔隙。因此,气相将进入监测井。在经过初始阶段,气型趋于稳定,而水相状态则近似于曝气前的静水状态(除距离曝气井非常近的范围)。稳定阶段,水相承担较大的压力,两相间的压力差即为毛细压力。稳定的气压正值数值上就等于水-土体系中的毛细压力。

McCray 等基于数值模型,认为气相的侧向迁移及气体饱和度主要取决于毛细压力。

Leeson 等[60]总结认为除去上述四种方法外,确定 ROI 的方法还包括有空气泡(Air Bubbling)、氦气示踪(Helium Tracer)、SF6 示踪(SF6 Tracer)、电阻 X 射线断层摄影术(Electrical Resistance Tomography,ERT)等。

6.3.4 气相饱和度

1. 气相饱和度的数值模拟分析方法

TOUGH(Transport of Unsaturated Groundwater and Heat)是非饱和地下水流及热流传输的英文缩写,是一个模拟孔隙或裂隙介质中多相流、多组分及非等温水流及热量运移的数值模拟程序。该程序采用整体有限差分方法进行空间离散,通过内置几何数据处理以适应不同裂隙介质的模拟,已被众多研究者应用于原位曝气过程中的理论分析。本研究采用 TOUGH2 中的 EOS3 模块对地下水曝气过程中的空气流动规律及不同参数对气体流动形态影响规律进行模拟,以探讨各参数在地下水曝气修复过程中的作用。

模拟中相对渗透率-饱和度关系采用 Fatt and Klickoff(1959)表达式,具体形式如下:

$$k_{rw} = \left(\frac{S_w - S_{wr}}{1 - S_{wr}} \right)^{n_1} \tag{6-4}$$

$$k_{rg} = \left(\frac{S_g}{1 - S_{wr}} \right)^{n_1} \tag{6-5}$$

式中:k_{rw}、k_{rg} 是液相和气相的相对渗透率,S_w、S_g 是液相和气相的饱和度,S_{wr} 是液相残余饱和度,$n_1 = 3$。在模拟砂土介质中,水相残余饱和度取值为 0.15。图 6-18 为 $S_{wr} = 0.15$ 时的相对渗透率-饱和度关系曲线图。

毛细压力-饱和度关系表达式是描述曝气过程中多相流运动的重要方程,模拟中采用 van Genuchten's 两相表达式:

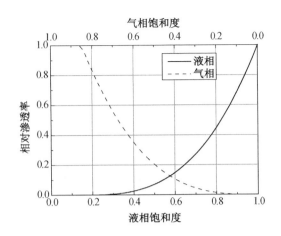

图 6-18   相对渗透率-饱和度关系曲线图($n_1 = 3$, $S_{wr} = 0.15$)

$$P_{cgw} = \frac{\rho_w g}{\alpha_{gw}} \left[\left(\frac{S_w - S_m}{1 - S_m} \right)^{-1/m} - 1 \right]^{1/n_2} \tag{6-6}$$

式中：P_{cgw} 为气-水间毛细压力（$ML^{-1} \cdot T^{-2}$），α_{gw} 和 S_m 是由多孔介质材料确定的常数，ρ_w 为液体密度（ML^{-3}），g 为重力加速度（LT^{-2}），$m = 1 - 1/n_2$，为经验常数。图 6-19 为 $\alpha_{gw} = 5$，$n_2 = 2$ 时的毛细压力-饱和度关系曲线图。

求解区域在 x 和 z 方向长度分别为 40 m 和 16 m，几何模型剖分成 31 层 58 列共计 1 798 个单元。上表面

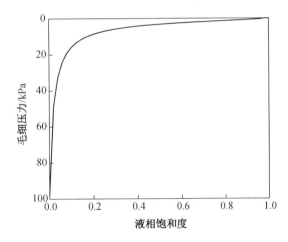

图 6-19   毛细压力-饱和度关系曲线图（$\alpha_{gw} = 5$, $n_2 = 2$）

为大气边界，压力恒定为大气压，左右两边以及底部为非流水边界。边界条件设置完成后，首先进行重力-毛细力平衡分析以达到稳定状态，并将计算结果作为曝气模拟的初始条件。此外，模拟过程在 20 ℃恒温条件下进行，因此不考虑温度影响。计算过程中使用的主要参数见表 6-3。

模拟案例以均质土层为分析对象，研究其固有渗透率对曝气过程气体分布形态的影响。再选定土层固有渗透率为 5×10^{-11} m²，对不同注气流量和不同曝气点深度条件下的气体分布形态进行分析，模拟中采用的相对渗透率-饱和度关系曲线如图 6-18 所示，毛细压力-饱和度关系曲线如图 6-19 所示。主要的模拟方案如表 6-3 所示。在每个模拟案例中，输出每一个单元中在不同时间下各相的压力、饱和度得到模拟结果，总模拟时长 8 天。

表 6-3　空气流动形态影响因素模拟方案

土体固有渗透率 k/m^2	5×10^{-10}、5×10^{-11}、5×10^{-12}
空气注入流量 $Q/(g\cdot s^{-1})$	0.5、1.0、1.5、2.0
曝气深度 d/m	4、5、6、7
水平垂直渗透率比	1、2、4、8

2. 气相饱和度与气体流动形态模拟结果

根据气相饱和度等值线图可以确定影响半径,并可分析影响气体分布形态的各种因素。以曝气过程土体中气相饱和度为 1% 处为曝气影响的边界,并以其与 $z=-1$ 处的交点至曝气井的水平距离定义为模拟中的曝气影响半径。

图 6-20 不同渗透率地层中,空气注入流量为 1.0 g/s 时的气相饱和度分布剖面图。从图中可以看出,气相饱和度近似为抛物线形状,这与 Ji 等[34] 的实验结果一致。空气注入流量越大,气体分布范围越大,同一位置气相饱和度也越大。计算结果表明,土体固有渗透率从 5×10^{-10} m^2 降低至 5×10^{-12} m^2,曝气影响半径由 2.2 m 增至 4.87 m。当渗透率为 5×10^{-10} m^2 时,地下水位线以下整个影响区域内的气相饱和度最大值不超过 15%,而渗透率为 5×10^{-12} m^2 时,影响区域内的气相饱和度最大值甚至超过 40%,说明土体的渗透率对曝气过程中的气体分布规律具有显著影响。

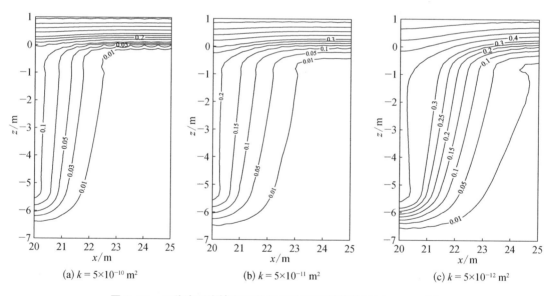

(a) $k=5\times10^{-10}$ m^2　　(b) $k=5\times10^{-11}$ m^2　　(c) $k=5\times10^{-12}$ m^2

图 6-20　三种渗透率情况下的气相饱和度等值线图($Q=1.0$ g/s)

图 6-21 不同注气流量时,土层渗透率为 5×10^{-11} m^2 情况下气相饱和度分布剖面图。从图中可以看出,随着空气注入流量的增加,影响区域变大,气相饱和度也有所提高。当空气注入流量 Q 为 0.5 g/s 时,曝气影响半径为 2.96 m,而 $Q=2.0$ g/s 时,曝气影响半径为 3.54 m,说明空气注入流量的增加对曝气影响半径的增大效果不明显。Leeson[60] 观测到增加气体注入流量对曝气影响范围没有较大影响,但可以增加气体孔道数量和密度。

图 6-22 为曝气影响半径与土体固有渗透率、空气注入流量的变化关系。

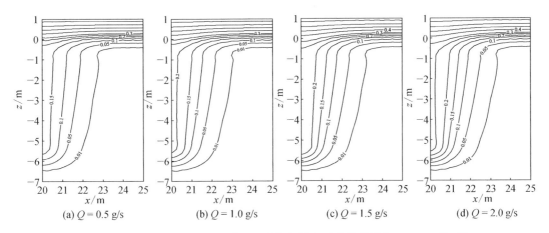

(a) $Q = 0.5$ g/s　　(b) $Q = 1.0$ g/s　　(c) $Q = 1.5$ g/s　　(d) $Q = 2.0$ g/s

图 6-21　四种空气注入流量情况下的气相饱和度等值线图($k = 5 \times 10^{-11}$ m²)

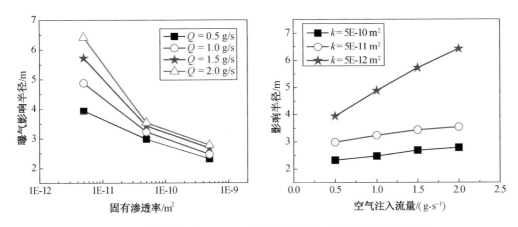

图 6-22　影响半径($z = -1$ m 处)随渗透率和空气注入流量的变化

因此,在实际工程中,如果土层的渗透率较高,当空气注入流量达到一定数值,形成稳定的曝气形态后,继续增加空气注入流量对曝气影响半径的提高有限,而对于渗透率较低的土层,虽然提高空气注入流量可以显著提高影响半径,但由于土层渗透率较低,气体排出较为缓慢,进气流量提高的同时可能导致土体内局部压力的突增,有可能导致土层破坏并产生优势流,不利于污染物全面修复。因此现场曝气时,应先确定现场土体的固有渗透率,选取合适的空气注入流量,使影响范围足够大以覆盖目标污染区域,增大水相和气相间的接触面积,以促进污染物由水相向气相转移,达到较高的修复效率。

图 6-23 为不同曝气深度时的气相饱和度分布图(土体固有渗透率为 5×10^{-11} m²、空气注入流量为 1.0 g/s)。从图中可以看出,曝气影响半径随曝气深度的增大有所增大,但增大程度有限。四种曝气深度时曝气影响半径分别为 2.92 m、3.13 m、3.23 m 和 3.36 m。Lundegard 和 Andersen[51] 在对曝气法的理论研究中也获得了类似的结论。因此,曝气深度的确定主要基于有机污染物在地下水饱和带分布的下限深度。另外,由于深度越大,气体需要克服的静水压力越大,往往需要施加更大的曝气压力,因此需要综合考虑污染物的空间分布和施工经济性来选取合适的曝气深度。

图 6-24 为水平渗透率是垂直渗透率的 1、2、4、8 倍时的气相饱和度分布图(固定垂直

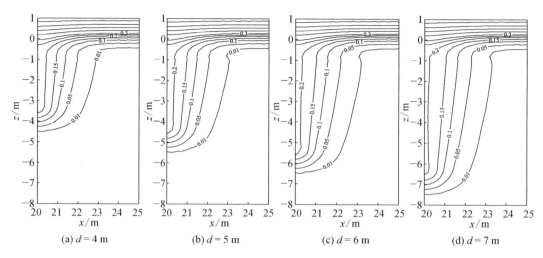

(a) $d = 4\ \mathrm{m}$ (b) $d = 5\ \mathrm{m}$ (c) $d = 6\ \mathrm{m}$ (d) $d = 7\ \mathrm{m}$

图 6-23　四种曝气深度时的气相饱和度等值线图

渗透率为 $1 \times 10^{-11}\ \mathrm{m}^2$)。水平渗透率增加时,曝气影响半径也逐渐增加,四种情况下曝气影响半径分别为 3.94 m、4.75 m、5.86 m、7.34 m,从图 6-25 可以看出曝气影响半径与水平垂直两向渗透率比值间近似为线性关系。

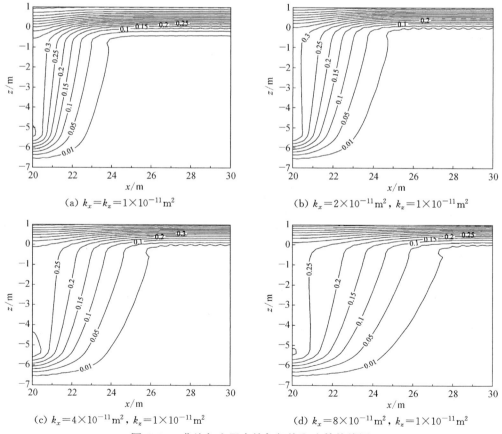

(a) $k_x = k_z = 1 \times 10^{-11}\ \mathrm{m}^2$ (b) $k_x = 2 \times 10^{-11}\ \mathrm{m}^2$, $k_z = 1 \times 10^{-11}\ \mathrm{m}^2$

(c) $k_x = 4 \times 10^{-11}\ \mathrm{m}^2$, $k_z = 1 \times 10^{-11}\ \mathrm{m}^2$ (d) $k_x = 8 \times 10^{-11}\ \mathrm{m}^2$, $k_z = 1 \times 10^{-11}\ \mathrm{m}^2$

图 6-24　非均匀土层中的气相饱和度等值线图

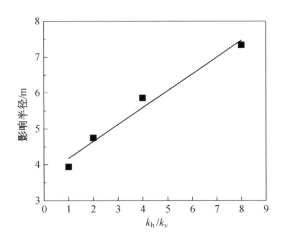

图 6-25　影响半径与水平垂直两向渗透率比值间的关系

6.3.5　曝气模拟试验成果

采用上述一维模拟试验装置,开展了如表 6-4 所示的曝气试验,包括两种粒径砂土、常规曝气、表面活性剂溶液预饱和曝气和泡沫化表面活性剂曝气三种情况。

表 6-4　SDBS 强化曝气修复气相运动规律模型试验方案

试验类型	砂土粒径	表面活性剂	表面活性剂注入方式
一维	0.5～1.0 (mm)	否	/
		是	100 mg/L SDBS 溶液饱和砂土
			气体带动 1 000 mg/L SDBS 产生泡沫进入砂土
	2.0～4.0 (mm)	否	同上
		是	
二维	0.5～1.0 (mm)	否	同上
		是	
	2.0～4.0 (mm)	否	同上
		是	

如图 6-26 所示为各曝气条件下气相饱和度与流量间关系,除了 2.0～4.0 mm 砂土泡沫化表面活性剂曝气,各曝气条件下气相饱和度随流量的变化均为先上升后基本保持不变的趋势。从气相饱和度的大小来看,表面活性剂溶液预饱和曝气的气相饱和度最高,泡沫化表面活性剂曝气的气相饱和度次之,而常规曝气的气相饱和度最低。

图 6-27 为各曝气条件下通道数与流量间关系,可以看出,在 0.5～1.0 mm 砂土中进行常规曝气时,随着流量的增大,后期的通道数会明显减少至较小值并趋于稳定状态,而以表面活性剂溶液预饱和则可以显著改善这一状况。

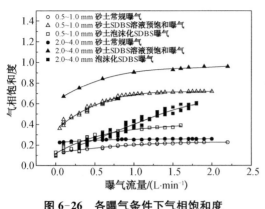

图 6-26　各曝气条件下气相饱和度
与流量关系

图 6-27　各曝气条件下通道数与流量关系

 6.4 曝气法去除有机污染物效果分析

6.4.1　一维曝气模拟试验结果

为研究有机污染物去除效果,开展了十二烷基苯磺酸钠(SDBS)强化曝气去除甲基叔丁基醚(MTBE)为代表的有机污染物的模型试验,试验方案如表 6-5 所示。

(1) 0.5~1.0 mm 砂土

为了对 0.5~1.0 mm 砂土中常规曝气和泡沫化表面活性剂曝气两种条件时不同初始MTBE 浓度条件下的数据进行平行比较,并能直观反映上中下各点浓度差,对 MTBE 以取样点 1(底部)的初始浓度进行归一化后见图 6-28(a)。将总的时间换算成空气连续注入的时间后见图 6-28(b)。从图中可以看出,以曝气修复试验开始后累计时间为横坐标时,泡沫化表面活性剂曝气时,相同时间下的浓度均高于常规曝气。

表 6-5　SDBS 强化曝气去除 MTBE 试验方案

试验类型	砂土粒径	表面活性剂	表面活性剂注入方式
一维	0.5~1.0 (mm)	否	/
		是	气体带动 1 000 mg/L SDBS 产生泡沫进入砂土
	2.0~4.0 (mm)	否	同上
		是	
二维	0.5~1.0 (mm)	否	同上
		是	
	2.0~4.0 (mm)	否	同上
		是	

(2) 2.0~4.0 mm 砂土

将浓度进行归一化处理后如图 6-29 所示,从图中可以看出,以曝气开始后累计时间为横坐标时,泡沫化表面活性剂曝气时仅有取样点 1(底部)的去除效果好于常规曝气。

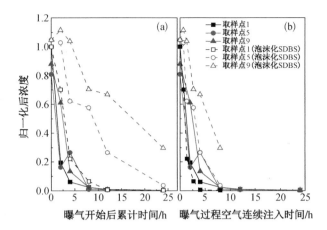

图 6-28　0.5～1.0 mm 砂土中各取样点 MTBE 归一化浓度随时间变化

而以曝气过程空气连续注入时间为横坐标时,泡沫化表面活性剂曝气时仅有取样点 1 和取样点 5 的去除效果均好于常规曝气。取样点 9(顶部)的 MTBE 浓度虽然高于常规曝气,但浓度降低的速率高于常规曝气,因此可以推断再曝气一段时间后其浓度也将低于常规曝气。

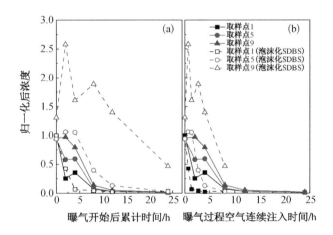

图 6-29　2.0～4.0 mm 砂土中各取样点 MTBE 归一化浓度随时间变化

6.4.2　曝气法去除 MTBE 效果分析

曝气修复的去除效果可以通过挥发性有机污染物的去除率和去除时间进行评价。定义去除率为曝气修复某时刻水中挥发出来的污染物质量与初始污染物质量的比值,实际中以浓度进行计算:

$$R_{MTBE} = (C_0 - C_w)/C_0 \times 100\% \tag{6-7}$$

式中,R_{MTBE} 为去除率(%);C_0 为初始浓度(mg/L);C_w 为某一时刻浓度(mg/L)。

从 MTBE 去除率与曝气开始后累计时间的关系[图 6-30(a)]可以看出,MTBE 在砂土中的去除效果从好到坏依次为 0.5~1.0 mm 砂土、2.0~4.0 mm 砂土、0.5~1.0 mm 砂土（泡沫化 SDBS）以及 2.0~4.0 mm 砂土（泡沫化 SDBS）。而如果从 MTBE 去除率与曝气过程空气连续注入时间的关系[图 6-30(b)]看，则泡沫化 SDBS 曝气的效果有显著的提升，2.0~4.0 mm 砂土中泡沫化 SDBS 曝气在后期要优于相同情况下的常规曝气。总体来看，表面活性剂的强化效果在 2.0~4.0 mm 砂土中体现得更明显。

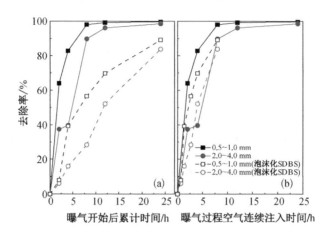

图 6-30　MTBE 去除率随时间变化

6.4.3　曝气法去除 MTBE 的集总参数分析方法

（1）传质过程集总参数

地下水曝气过程中，主要的传质过程发生在水和气两种流体之间，即气液两相间的传质。为了确定曝气过程中气液两相间的传质系数，一些学者提出了双区模型[43, 28, 61, 62]，如图 6-31 所示。

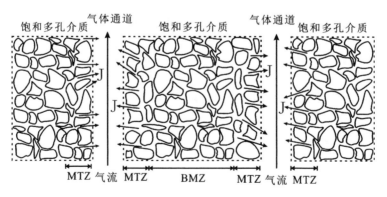

图 6-31　双区理论模型概念图

模型假定多孔介质中气体以通道方式运动，不考虑气体的压缩性以及滞留，且在气体通道和土壤颗粒间有一层连续的薄膜。曝气过程中，在气体通道附近的 VOCs 通过在气液界面处的挥发被空气带走，而离气体通道较远的 VOCs 则通过浓度差扩散至气液界面处。由于 VOCs 在水中扩散系数较低，因此不考虑气体通道对离其较远土体的影响，假设质量传递只发生在离气体通道较近的一定区域内。定义受到单个气体通道影响的饱和多孔介质区域为质量传质区(MTZ),而离气体通道相对较远的假设不受气体通道影响的区域为主体介质区(BMZ),质量传递只发生在气体通道和传质区间。

定义参数 F,以表示质量传质区的体积与土体总体积间比值。参数 F 与气体通道的尺寸及两个气体通道间距离密切相关,两个气体通道间距越大,F 值越小,受气体通道影响的区域也就越小。

在质量传质区内,VOCs 在气-液两相间的传质速率(J)可以用一阶动力学方程描述如下:

$$J = K_G A(HC_w - C_a) \tag{6-8}$$

式中,J 为气液间的传质速率($M \cdot T^{-1}$);$K_G A$ 为气相传质系数($L^3 \cdot T^{-1}$);H 为无量纲亨利常数;C_w 为水中 VOCs 的平均浓度($M \cdot L^{-3}$);C_a 为气相中 VOCs 的平均浓度($M \cdot L^{-3}$)。

在稳定气流条件下,曝气系统内气相对流的总质量守恒方程如下:

$$V_a \frac{dC_a}{dt} = K_G A(HC_w - C_a) - QC_a \tag{6-9}$$

式中,V_a 为土体中气体的总体积(L^3);Q 为空气注入流量($L^3 \cdot T^{-1}$)。

由于砂土具有极低的有机碳含量及低分配系数,因此模型中不考虑砂土对 VOCs 的吸附作用,则曝气系统内液相对流的总质量守恒方程如下:

$$F \cdot V_w \frac{dC_w}{dt} = K_L A\left(\frac{C_a}{H} - C_w\right) \tag{6-10}$$

式中,V_w 为土体中水的总体积(L^3);F 为传质区与土体的体积比。

在实际工程案例中,常用到气相传质系数,即 $K_G a(T^{-1})$,为气-水传质系数和单位体积内气液总接触面积的比值,其表达式如下:

$$K_G a = K_G A/V_a \tag{6-11}$$

由于实际条件下气液总接触面积难以确定,因此 $K_G a$ 一般合并表示集总气-水传质系数,称之为集总传质系数(或集总参数)$K_G a$。

(2) 模型简化求解

为了使计算简化,本书作了如下假设:

① VOCs 在气液界面处挥发出来后迅速被空气带走,因此气液界面处气相中 VOCs 的浓度 C_a 则可以忽略不计,即 $C_a = 0$;

② 在实际一维模型试验条件下,当曝气流量足够大时,土层中气体通道密度较大,假定全部砂土层都处于传质区内,则有 $F = 1$;

③ 由于试验过程中采集的为水样,研究曝气过程中孔隙水 MTBE 浓度的变化,故采用液相传质系数,即集总参数 $K_L a(T^{-1})$,其定义为:

$$K_L a = K_L A/V_w \tag{6-12}$$

则液相中的对流传质方程式(6-10)可简化为:

$$\frac{dC_w}{dt} = -K_L a C_w \tag{6-13}$$

对式(6-13)进行变形后得到：

$$\frac{\mathrm{d}C_\mathrm{w}}{C_\mathrm{w}} = -K_\mathrm{L}a\mathrm{d}t \qquad (6\text{-}14)$$

根据 VOCs 液相浓度的初始条件($t=0$ 时，$C_\mathrm{w}=C_0$)，对式(6-14)两边进行积分，得到任意时刻水中 VOCs 的浓度 C_w 的解析解为：

$$C_\mathrm{w} = C_0\exp(-K_\mathrm{L}at) \qquad (6\text{-}15)$$

式中，C_w 为水中 VOCs 任意时刻的浓度($\mathrm{M \cdot L^{-3}}$)；C_0 为水中 VOCs 的初始浓度($\mathrm{M \cdot L^{-3}}$)。

(3) 集总参数分析结果

基于方程(6-15)，结合饱和砂土中 MTBE 曝气修复室内试验测试结果，可确定集总参数 $K_\mathrm{L}a$，如表 6-6 和图 6-32 所示。

如表 6-6 所示为各曝气条件下各个取样点的集总参数 $K_\mathrm{L}a$ 值，其变化规律如图 6-32 所示，从图中可以看出各曝气条件下取样点 1、5 和 9 的 $K_\mathrm{L}a$ 逐渐减小，即模型柱从底部到顶部的传质速率逐渐减小；在 2.0～4.0 mm 砂土中受到表面活性剂泡沫强化修复的范围大于 0.5～1.0 mm 砂土；受到表面活性剂泡沫强化修复的范围内，集总参数 $K_\mathrm{L}a$ 值得到了显著提升，表面活性剂加入后加快了 MTBE 的传质速率。

(4) 基于集总参数的污染物去除效率简化评估方法

在评价污染物去除效果时，针对地下水中溶解相 VOCs 污染物，可采用基于集总参数的简化理论。地下水中 VOCs 任意时刻的浓度值 C_w 的计算公式为：

$$C_\mathrm{w} = C_0\exp(-K_\mathrm{L}at) \qquad (6\text{-}16)$$

式中：C_w 为水中 VOCs 任意时刻的浓度($\mathrm{M \cdot L^{-3}}$)，C_0 为水中 VOCs 的初始浓度($\mathrm{M \cdot L^{-3}}$)。其中 $K_\mathrm{L}a$ 为反映传质效率的液相集总参数，其数值受土体性质、污染物性质及曝气流量综合决定，可通过室内简单一维模型土柱试验基于测试数据计算获得。以 MTBE 为例，0.10～0.25 mm 粒径砂土中的 $K_\mathrm{L}a$ 值为 0.226～0.356 $\mathrm{h^{-1}}$，0.50～1.00 mm 粒径砂土中 $K_\mathrm{L}a$ 值为 0.189～0.608 $\mathrm{h^{-1}}$，而 2.00～4.75 mm 粒径砂土中的 $K_\mathrm{L}a$ 值为 0.740～0.926 $\mathrm{h^{-1}}$。

表 6-6　曝气去除 MTBE 试验中集总参数 $K_\mathrm{L}a$ 值

曝气条件	取样点	MTBE 浓度随曝气时间变化拟合公式	$K_\mathrm{L}a/\mathrm{h^{-1}}$
0.5～1.0 mm	1	$C_\mathrm{w}=948\mathrm{e}^{-0.798t}$	0.798
	5	$C_\mathrm{w}=767\mathrm{e}^{-0.532t}$	0.532
	9	$C_\mathrm{w}=835\mathrm{e}^{-0.320t}$	0.320
0.5～1.0 mm (SDBS 泡沫)	1	$C_\mathrm{w}=1040\mathrm{e}^{-0.864t}$	0.864
	5	$C_\mathrm{w}=1090\mathrm{e}^{-0.291t}$	0.291
	9	$C_\mathrm{w}=1090\mathrm{e}^{-0.125t}$	0.125

（续表）

曝气条件	取样点	MTBE 浓度随曝气时间变化拟合公式	K_La/h^{-1}
2.0～4.0 mm	1	$C_w=338e^{-0.431t}$	0.431
	5	$C_w=319e^{-0.199t}$	0.199
	9	$C_w=322e^{-0.131t}$	0.131
2.0～4.0 mm （SDBS 泡沫）	1	$C_w=550e^{-1.465t}$	1.465
	5	$C_w=519e^{-0.254t}$	0.254
	9	$C_w=722e^{-0.028t}$	0.028

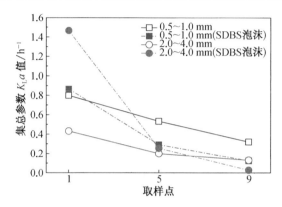

图 6-32　各曝气条件下不同取样点的集总参数 K_La 值

 ## 6.5　表面活性剂强化曝气技术

已有工程和研究成果表明,曝气技术存在下列局限性:当存在低渗透土层或是上覆盖层时,施加较高的喷气压力可能造成污染源的侧向迁移,造成污染范围扩大;喷入气体的不均匀分布导致部分受污染区无法或难以得到修复;AS 过程中加速了地下水流动,使污染物与地下水的混合增加溶解量,同时也可能造成污染范围扩大。

为了克服传统曝气技术适用的局限性,强化曝气技术应运而生。常见的强化曝气技术有:臭氧强化曝气技术、热空气强化曝气技术、微纳米气泡曝气技术和表面活性剂曝气技术。臭氧曝气通过在空气中加入氧化剂,以加强不挥发和半挥发性有机污染物的降解[63]。热空气强化曝气提升曝入空气的温度,增强污染物的挥发,从而提高污染物去除效率[64]。微纳米气泡强化曝气利用微纳米气泡与水接触面积大和在水中持续时间长,提高了污染物向气相传质效率,从而提高污染物去除效率[65]。

表面活性剂由亲水基和亲油基两部分构成,是一种能降低液-液、固-液、气-液界面张力的物质,具有增溶、乳化和润湿等作用[66]。表面活性剂强化曝气技术(Surfactant Enhanced Air Sparging,SEAS)通过在曝气过程中引入表面活性剂,降低地下水的表面张力,从而减小水气两相毛细压力,提高空气在地下水中饱和度,扩大气流影响范围,增加气流的穿透低渗透性地层能力[33, 67]。这样就大大增加了污染物同液体、气体的接触面积，未直接接触气流的污染物向界面扩散的距离也大大缩短，从而提高传统空气扰动技术去除效果[68]。研究证明大多人工合成的化学表面活性剂（阴离子表面活性剂、阳离子表面活性剂、两性表面活性剂、非离子表面活性剂及其他特殊表面活性剂）的单独使用或联合使用能够对土体中的 PAH、PCBs[69, 70]等有很好的去除效果。但人工合成的化学表面活性剂不易被土体中微生物降解，使用量过多可能造成二次污染。表面活性剂的选择十分重要，土体对表面活性剂的吸附量主要取决于土体有机质含量，吸附量较小的表面活性剂更适用于实际污染场地的修复[71]。

6.6　曝气法设计方法

曝气法设计包括曝气井的位置选择与间距，曝气深度确定，曝气压力和流量，曝气方式选择，表面活性剂强化工艺等[51, 72]。目前，曝气法修复技术在美国等国家已经得到广泛应用，在国内工程应用还处于起步阶段。

（1）曝气井布置

曝气井的位置应该包围整个污染物区域，或者在其扩散流动方向进行阻截。每一个注入井的半径影响范围需要通过现场实验确定，可以设立实验井，在其周围辐射方向设立观察井，并测量以下参数：①地下水位变化；②溶解氧和氧化还原电位变化；③地层中空气压力；④地下顶空压力，即在地下观测位置形成顶空，其平衡压力代表周围静态压力，这是一个最简单和可靠的参数方法；⑤有时可以采用示踪气体例如氦气或者六氟化硫。其中六氟化硫与氧气的溶解度类似，能够更好地揭示氧气的迁移扩散情况；⑥地层电阻的变化，可以产生三维变化图像。电流可以是直流电（ERT），也可以是 500 Hz 的交流电（VIP）；ERT 方法比较可靠，但是安装数目比较多的电极需要的钻取工作量

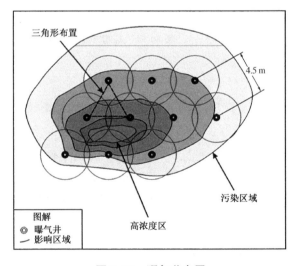

图 6-33　曝气井布置

比较大，成本升高，限制了该方法的使用；VIP 方法可以利用现有的观察井，容易实施；还有一种方法称为 GDT（Geophysical Diffraction Tomography）技术，可以得到更加精确和定量的结果，但是也比较复杂；⑦监测实验区域污染物浓度变化情况。

基于已经成功应用曝气修复的场地经验，建议曝气井间距为 4.5～6.0 m，并以三角形布置（如图 6-33 所示），且曝气井的间距不应超过 9 m。另外，曝气井采用三角形布置可以增加单个曝气井影响区域的重叠区。

（2）曝气深度

对于曝气井的深度,原则上应比污染区最深处再深约 1.5 m,但实际工程中受土壤结构等场地条件影响,可适当减小距离。但是,曝气井的底端离污染区域越近,则越有可能会有部分污染区不能与空气通道直接接触。实际深度一般不超过地下水水位以下 9~16 m 的深度。曝气井的深度影响空气注入所需要的压力和流量。

(3)曝气压力和流量

曝气压力必须克服注入点地下水的静态压力和土壤毛细管的压力才能够形成气流通道。毛细管压力与表面张力和毛细管直径相关,如式(6-17)所示:

$$P_c = \frac{2s}{r} \tag{6-17}$$

式中,P_c 是毛细管压力,s 是空气和水的表面张力,r 是平均水力半径。

在实践中,并不是压力越高,空气流量越广泛,曝气效果越好。所以,为了增加空气流量或者扩散曝气半径范围而增高压力时需要加倍小心。尤其是在开始阶段,空气通道还没有形成,过高的压力容易导致短路。此时,需要逐渐提高压力,循序渐进。

曝气流量范围一般在 140~560 L/min,曝气压力范围一般比静水压力大 70~105 kPa。在选择空气流量时,也需要考虑为了回收蒸气而进行抽提的能力。

(4)曝气机制

在连续曝气方式下,运行比较稳定;而在间歇曝气方式下,地下水位升降比较明显,可以强化传质效果,从而提高曝气修复的效果。但是间歇脉冲式的操作方式也可能导致井周围的土壤筛选分层现象产生,使比较细的土壤沉积在下层,导致阻塞现象。

(5)曝气井的构造

曝气井的构造与深度有关,与浅层曝气井相比,深层曝气井的构造更加复杂一些。曝气井也可以采用聚氯乙烯管材进行加工而成。曝气井的直径一般为 0.3~1.2 m。实际上,曝气修复效果与井的直径关系不大,因此井的直径以 0.3~0.6 m 比较经济。但是,在深度比较大时,小口径的井所需要的压力可能比较高。

另外视场地具体情况,针对场地饱和带土层对挥发性有机物有一定吸附性的情况,可选择采用特定类型的表面活性剂(如 SDBS)进行强化修复。因此,额外需要单独施工表面活性剂溶液或表面活性剂泡沫注入井。

(6)表面活性剂强化工艺

当考虑采用表面活性剂进行强化修复时,需结合试验 Batch 试验和二维模型试验初步对表面活性剂溶液的合理浓度进行优化,以获取最佳强化效果,即曝气影响范围扩大程度以及挥发性有机污染物的增溶和解吸附性能得以有效发挥。以 SDBS 溶液对砂土中 MTBE 污染物的去除为例,研究表明当其浓度达到 200 mg/L 和 500 mg/L 后增溶和解吸附特性才开始发挥作用。此外,地下水盐分浓度对表面活性剂的性能有显著影响。表面活性剂可采用灌注井注入方式,或直接利用压缩空气吹送表面活性剂泡沫带入两种方式。

(7)曝气技术设备选择

①空气压缩机或者鼓风机:可根据对压力的需要选择设备,一般当压力小于 12~15 psi 时,可以选择鼓风机,而压力比较高时应该选择空气压缩机;②真空抽气机;③管道及连接

件;④空气过滤器;⑤压力测量和控制仪表;⑥流量计;⑦空气干燥设备。

曝气修复工程的具体流程图如图 6-34 所示,下面将进一步作具体说明。

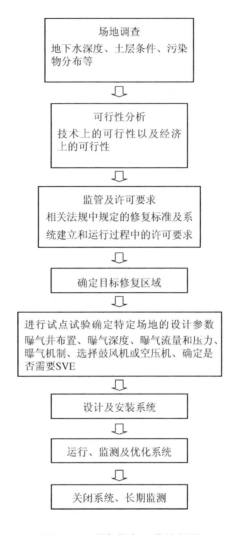

图 6-34　曝气修复工艺流程图

场地调查:场地条件和污染物性质是确定曝气是否适合这一场地以及是否有效的必要信息。表 6-7 列出了用于进行曝气可行性分析的场地特征参数。

表 6-7　用于曝气可行性分析的场地特征参数

项目	参数	备注
场地历史	场地工程计划	进行这一调查,以确定哪些参数已经确定以及哪些还需要继续收集
	化学品储存记录	
	污染物泄漏记录	

项目	参数	备注
场地地质/水文地质条件	地下地质条件	在目标处理区域内收集数据。包括土壤取芯，安装地下水调查井，进行含水层特征测试以及监测地下水深度。可以在一年中多次测量地下水位，还可通过近几年的数据估算地下水流速和方向的季节变化和长期变化
	土壤类型/分层	
	地下水深度	
	地下水流速	
	地下水流方向	
	水力梯度	
污染物类型及分布	污染物类型	需要搜集足够的数据，以确定污染羽水平向和竖向的范围，并了解污染羽随着时间的运动规律。污染物分布的数据应该绘制在等高线图及截面图上，以直观地了解污染羽的横向和竖向范围
	污染物浓度	
	LNAPL 厚度	
	LNAPL 去除潜力	
	污染物泄漏体积	
地球化学评估	溶解氧	这些参数对于大多数曝气场地来说是可选的。但是如果需要强化生物修复，则这些参数是很关键的
	氧化还原电位	
	pH	
	电导率	
	硝酸盐	
	$Fe(II)$	
	甲烷	
承受体评估	确定地下水污染的潜在承受体	进行现场调查，确定场地的边界，并确定可能受到污染物或修复过程影响的人员或资源
	确定蒸气迁移的潜在承受体	

可行性分析：主要包括技术上的可行性以及经济上的可行性。技术上的可行性分析主要考虑污染物种类以及地质和水文地质条件。曝气对于去除溶解的 VOCs 非常有效，对于低浓度的 LNAPL 和 DNAPL 也有去除的潜力。一般来说，如果要达到较好的去除效果，污染物必须具有足够的挥发性或是能够进行好氧生物降解。对于地质和水文地质条件，曝气对于砂土以及中层到浅层含水层（在地下水位以下约 15 m 内）比较适合。另外，场地的地质条件，比如分层、不均匀性和各向异性会使得通过介质的气流变得不规则，有可能会降低曝气修复的效率。如果土体的黏粒和粉粒含量比较高，且水力传导系数小于 1×10^{-3} cm/s，则该场地不适合使用曝气技术。

另一方面为经济上的可行性。曝气修复工程的主要费用包括初期投资以及运行和维护费用。初期投资包括场地调查、试点试验、设计和系统安装，而运行和维护费用包括监测、气体处理以及场地封闭的费用。以下列出了影响曝气修复工程设计安装以及运行和维护费用的主要因素：①污染物种类；②污染物面积和深度；③地下水深度；④场地地质条件；⑤AS/SVE 井距；⑥钻进方法；⑦要求的流量、真空度和压力；⑧修复时间；⑨法规要求；⑩气体处理要求。

监管及许可要求：大量环境方面的法规都会影响到曝气系统的设计、安装以及运行。在进行规划时，必须了解相关法律法规，例如 VOC 排放的限制以及严厉的清除标准都会显著影响到曝气技术的可行性。另一方面,还要从相关部门和机构获得许可并向他们出具报告(如钻井和钻孔许可,安装并运行空气污染控制设备的许可,地下注入控制的许可等)。

确定目标修复区域:目标修复区域是指曝气系统安装后达到最有效修复的区域。该区域的定义是基于场地条件以及相关的法规要求,该区域可能包含污染源区,溶解羽,浓度升高的局部区域,或是溶解羽的下梯度边界。目标修复区域的确定决定于污染物种类、分布以及与承受体的接近程度。

进行试点试验确定特定场地的设计参数:试点试验应该在目标修复区域内进行,并可以确定曝气修复的可行性。如果目标修复区域很大,则需要在多个点进行试点试验。进行曝气试点试验可用来:①发现曝气修复不可行的证据;②尽可能地确定气流的分布;③找出没有考虑到的问题;④找出需要在场地应用中解决的安全隐患;⑤提供在场地应用时的数据。为了达到这些目的,试点试验通常包括如下环节:①取样;②曝气压力和流量测试;③地下水压力响应测试;④土体气相取样以及排出的气体取样(含有 SVE 时);⑤溶解氧浓度测量;⑥氦气示踪测试;⑦直接观察,在复杂的地质条件下或是井距大于 4.5~6 m 时,还应该进行其他测试,比如 SF_6 分布测试、中子探测器分析以及地球物理测试;⑧复杂条件下(如污染物去除过程受土体吸附性影响,曝气影响范围偏小等)表面活性剂强化修复效果测试。

设计及安装系统:如果试点试验的结果较好,则可以进行曝气修复的场地应用。曝气系统的工程设计主要分为以下几类:①空气注入系统;空气注入系统的设计主要包括曝气井布置、曝气井设计和空压机的选择;②气相抽提及处理系统;③监测网;④表面活性剂溶液注入系统(视场地具体情况选择)。

运行、监测及优化系统:曝气系统的运行、监测和优化必须基于特定的修复目标。一般情况下,这些目标包括:同时考虑到时间和费用的情况下使质量去除效率最大化,使运行和维护费用最小化。例如,虽然在进行曝气系统的设计之前应该已经收集到了足够的场地条件数据,但是随着系统运行和监测过程的进行,必然会获得一些关于污染物范围和分布的新的数据,可以利用这些数据来调整系统的设计,以提高质量去除效率。如图6-35 所示,可在曝气修复盲区或是高浓度区适当增加几个曝气井,以加快污染物的去除。

关闭系统、长期监测:当清除目标达到后,或是继续进行曝气修复很不经济时,则可以关闭曝气系统。一般情况下,曝气系统在运行 6~18 个月后关闭。修复完成后,可适当减少地下水监测的范围和频率。进行长期监测的目的主要是确认:地下水扩散源正在收缩或是保持稳定,自然过程使得污染物浓度在长期条件下持续降低,场地符合人类健康和环境的标准。

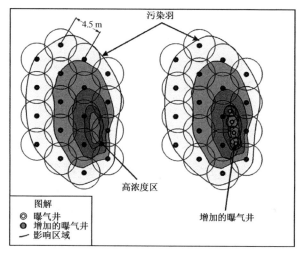

图 6-35 优化的曝气井布置

　　Leeson 等[72]对美国加利福尼亚州怀尼米港基地东侧的 NEX 汽油站污染场地进行原位曝气修复。该污染场地的主要污染物为苯系物 BTEX:苯(benzene)、甲苯(toluene)、乙苯(ethylbenzene)、混合二甲苯(total xylenes)等。曝气前污染物主要分布在地下 7~12 ft(约 2.1~3.7 m),受污染较严重的区域为地下 10~12 ft (约 3~3.7 m),分布区域面积约 529 m²。通过中试,确定曝气井间距为 15 ft (约 4.6 m),共设置了 17 个曝气井,曝气流量为 20 ft³/min(约 566 L/min)。经过 15 个月原位曝气,土中污染物的浓度明显降低,80%的取样点浓度都满足要求。

第7章

隔离技术

•---

7.1 概述

竖向隔离屏障技术是控制地下水和土中污染物迁移、提高风险管控能力的原位被动隔离措施。竖向隔离屏障技术既能够作为工业污染场地、填埋场和矿渣堆场的永久性处治措施,也能够作为临时性处治措施与地下水曝气等原位修复技术联合应用。其基本原理如图7-1所示。其平面与剖面布置形式如图7-2所示。

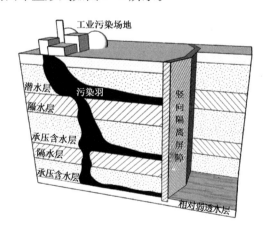

图 7-1   工业污染场地中的竖向隔离技术示意图

污染场地的竖向隔离屏障技术按材料可分为五类,包括:土-膨润土系、水泥系(水泥-膨润土、土-水泥-膨润土)、钢板桩、土工膜复合式和人工冻土屏障。表7-1综合对比了各类竖向隔离屏障技术性能。各类竖向隔离屏障的主要施工技术特点汇总于表7-2。采用开挖-回填、开挖-灌浆技术施工的土-膨润土、水泥-膨润土和土-水泥-膨润土竖向隔离屏障又可统称为泥浆墙(slurry-trench wall)。这类竖向隔离屏障因施工便利、就地取材、可处治范围大的优势,在欧洲、北美和日本等发达国家和地区的应用最广泛[1],英国侧重于使用水泥-膨润土竖向隔离屏障,而美国在工程应用和新材料研发上均更倾向于土-膨润土竖向隔离屏障,Evans等[2]系统性地对比了美、英两国典型竖向隔离屏障的技术指标异同,如表7-3所示。

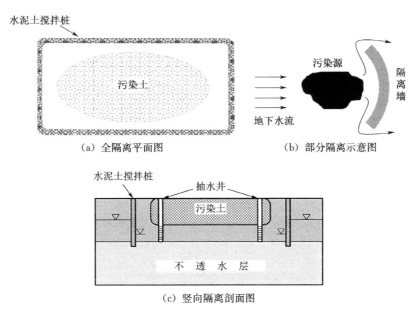

（a）全隔离平面图　　　　　　　（b）部分隔离示意图

（c）竖向隔离剖面图

图7-2　竖向隔离墙平面与剖面布置示意图

我国目前主要采用水泥系灌浆帷幕作为生活垃圾填埋场和工业污染场地竖向隔离屏障。

表7-1　不同类型竖向隔离屏障技术性能

类型	优势	缺点
土-膨润土系	① 渗透系数可达 10^{-11} m/s;② 工程造价低,约为水泥系的 $1/3\sim1/2$;③ 可大量使用原位土,无增容效果;④ 工后不形成地下障碍物,便于二次开发	① 开挖过程中出现污染土必须妥善处理;② 施工质量(例如,底部嵌固不良、砂砾沉底等)显著影响防渗截污性能;③ 防渗截污性能可能随时间削弱,干湿循环导致屏障的干裂
水泥系	① 渗透系数可达 10^{-9} m/s$\sim10^{-10}$ m/s;② 可采用非开挖施工技术,对污染场地扰动小,避免引起二次污染;③ 屏障强度可控	① 屏障垂直度、连续性控制要求高;② 开挖过程中出现污染土必须妥善处理;③ 水泥水化极易受污染物的不利作用;④ 水泥在硫酸盐等长期侵蚀作用下易开裂,影响长期稳定性
钢板桩	① 支挡效果好,可有效避免高水头引起的水力劈裂;② 非开挖施工,无额外弃土	① 搭接处开裂问题严重;② 材料易受腐蚀,难以作为长期隔离措施;③ 施工成本高
土工膜复合式	① 服役寿命长,通常达 100 年以上;② 不受干缩开裂、冻融循环的影响;③ 有效隔离气体(例如,VOCs);④ 可弥补土-膨润土系和水泥系竖向隔离屏障中施工质量问题引起的屏障缺陷	① 土工膜的抗氧化、抗降解和抗穿刺性将显著影响防渗截污性能和服役寿命;② 土工膜搭接处存在开裂的潜在风险;③ 高浓度有机污染液侵蚀土工膜;④ 土工膜嵌入深度有限(<10 m);⑤ 施工技术相对复杂、施工成本高
人工冻土屏障	① 渗透系数可达 $10^{-11}\sim10^{-13}$ m/s;② 污染物运移速率呈数量级减小;③ 屏障设计形式的自由度高;④ 无需土木工程材料,不引起二次污染;⑤ 工后不形成地下障碍物,便于二次开发	① 运行成本高,仅适用于短期隔离处治;② 污染作用下引起冰点降低,致使屏障出现溶解;③ 土层条件显著影响屏障厚度和处治效果,例如低含水率土层和砾石层中处治效果差

表 7-2　竖向隔离屏障技术施工技术特点

类型	常规施工方法	常规深度	常规厚度	成形周期	材料的主要施工质量内容
土-膨润土系	开挖-回填双阶段技术	8～24 m	0.6～1.0 m	3～5 d 屏障完成主固结	膨润土浆液密度、滤失量、黏度,回填料坍落度、渗透系数
水泥系	开挖-回填双阶段模式、原位搅拌/旋喷等非开挖单阶段技术	15～24 m	0.6～1.5 m	初凝:1 d 充分水化反应:90 d	膨润土浆液密度、滤失量、黏度、渗透系数、强度
钢板桩	冲击沉桩、振动沉桩、静力压桩	9～15 m	5～12 mm	—	钢板桩搭接
土工膜复合式	开挖-嵌入-回填三阶段模式、振动嵌入法、预制嵌入法	<10 m	1.0 m	—	土工膜搭接、膨润土浆液密度、滤失量、黏度,回填材料渗透系数
人工冻土屏障	循环制冷、一次性制冷系统	<10 m	1.5～4.8 m	10～120 d	温度、渗透系数

表 7-3　美、英两国典型竖向隔离屏障技术对比

对比项目	美国	英国
隔离屏障材料	土-膨润土	水泥-膨润土
技术规范	UFGS-02 35 27(2010)	英国土木工程师学会规范(1999)
施工方法	开挖-回填双阶段模式	原位搅拌/旋喷等非开挖单阶段模式
材料施工和易性要求	坍落度 100～150 mm	—
膨润土浆液施工和易性参数	密度、黏度、滤失量	密度、黏度(或静切力)
施工场地	需足够场地用以膨润土浆液及隔离屏障材料制备、存放	对施工场地空间要求低
常规屏障深度	8～24 m	15～24 m
常规屏障厚度	0.6～1.0 m	0.6～1.5 m
常规延伸长度	>1 km	<1 km
施工效率	23～140 m³/h	10～75 m³/h
成形周期	3～5 d 屏障完成主固结	初凝:1 d 充分水化反应:90 d
屏障固体含量[1]	约 70%	约 20%
渗透系数	$<10^{-9}$ m/s	目标:$<10^{-9}$ m/s(90 d) 容许范围:80%检测结果$<10^{-9}$ m/s;95%检测结果$<10^{-8}$ m/s;单个试样不得$>5\times 10^{-8}$ m/s(90 d)
无侧限抗压强度	实测约 5～10 kPa	要求>100 kPa(28 d)
变形破坏方式	塑性破坏	脆性破坏
材料参数测定	渗透系数、化学相容性	渗透系数、强度、破坏应变

[1]固体材料与屏障的质量比

美国环保署还建议了活性反应墙(PRB)隔离处理污染地基的思想,其基本原理如图 7-3 所示。它是一个原位的被动的由活性反应材料组成的墙,当污染地下水渗流通过时,可以通过降解、吸附、沉淀等方式移去溶解的有机质、金属、放射性物质或其他污染物[3]。常用的活性反

应材料包括工业副产品(粉煤灰、红泥等)和天然矿物材料(膨润土、沸石、方解石、磷灰石等)。

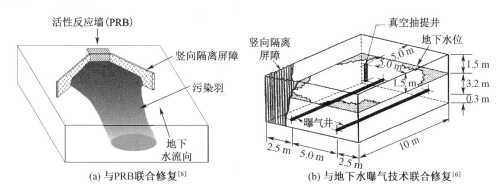

图7-3 渗透活性墙示意图

国际上已有工程实践表明,竖向隔离技术已被广泛纳入化学氧化/还原、热解吸、地下水曝气等原位修复及地下水抽提-处理异位修复方案,形成联合修复技术体系,提升修复效果,消除长期的二次污染隐患[4-9]。竖向隔离与活性反应墙、地下水曝气联合修复案例示意图如图7-4所示。

(a) 与PRB联合修复[5]　　(b) 与地下水曝气技术联合修复[6]

图7-4 竖向隔离技术与其他修复技术联合使用案例

 ## 7.2 竖向隔离屏障材料工作性能

土-膨润土竖向隔离屏障的基本工程性质包括施工和易性、压缩特性和渗透特性。施工和易性的研究对象分为膨润土浆液和土-膨润土竖向隔离屏障材料,通过控制膨润土浆液中膨润土掺量和隔离屏障材料含水率,达到便于施工的目的。隔离屏障材料的压缩特性控制了屏障变形;而渗透系数则影响了工后实际防渗控污性能,此外,由于屏障渗透系数与其所受应力状态有关,因此屏障受力分布也是重要研究之一。

7.2.1 竖向隔离屏障材料施工和易性

开挖-回填、开挖-灌浆施工技术中对竖向隔离屏障材料的施工和易性有明确要求,以确保开挖阶段槽体的稳定性,以及回填(灌浆)阶段的施工效率和施工质量。施工和易性参数包括膨润土浆液的重度、马氏漏斗黏度、滤失量、pH,以及竖向隔离屏障材料的坍落度,可以分别通过膨润土浆液中的膨润土掺量和竖向隔离屏障材料的含水率进行控制。

土-膨润土隔离屏障材料的施工和易性专指其标准坍落度,通常要求其值介于 100 至 150 mm 之间[10]。坍落度值通过隔离屏障材料含水率调节。已有试验结果均显示,土-膨润土竖向隔离屏障材料的坍落度与其含水率呈线性正相关[11-13]。控制坍落度的目的在于确保隔离屏障材料同时兼具一定的流动性和黏滞性,便于其回填施工,同时保证分段回填时屏障的整体性[10]。此外,这一含水率范围能够满足膨润土的充分水化及均匀拌和,避免出现膨润土抱团现象(膨润土水化不充分,导致外部水化膨润土包裹膨润土干粉)。土-膨润土竖向隔离屏障施工和易性要求总结于表 7-4。

表 7-4 土-膨润土竖向隔离屏障施工和易性要求

材料	控制指标	UFGS[14]	文献[15-16]建议值
用水	pH	6~8	—
用水	硬度	<200 ppm	—
用水	总溶解固体	<500 ppm	—
用水	污染物含量	小于美国国家饮用水标准(NPD-WRs)最大限制	—
新鲜膨润土浆液	密度	>1.025 g/cm³	1.01~1.04 g/cm³ <隔离屏障密度+0.25 g/cm³
新鲜膨润土浆液	马氏漏斗黏度	>40 s	32~50 s
新鲜膨润土浆液	API 滤失量	<20 mL(30 min)	15~25 mL(30 min)
新鲜膨润土浆液	pH	6~10	—
槽体中膨润土浆液	密度	1.025~1.36 g/cm³ <隔离屏障密度+0.24 g/cm³	<隔离屏障密度+0.25 g/cm³
槽体中膨润土浆液	马氏漏斗黏度	>40 s	38~68s
槽体中膨润土浆液	API 滤失量	—	—
槽体中膨润土浆液	含砂量	<10%	<5%~15%
隔离屏障材料	标准坍落度	100~150 mm	100~150 mm

Filz 等[17]指出开挖槽体稳定性的安全系数(F_s)主要取决于膨润土浆液重度(γ_s);当 $\gamma_s > 10.9$ kN/m³时,$F_s > 1.0$。Fox[18]通过 2D 和 3D 极限平衡理论分析了开挖槽体深度和纵深长度对其稳定性的影响。Li 等[19]则在 Fox[18]研究的基础上进一步明确了膨润土浆液重度、灌浆高度等施工参数和场地平整度对施工过程中开挖槽体稳定性的作用规律,并建立了安全系数分析计算方法。

范日东等[20]综合已有试验研究结果,明确了膨润土液限(w_L)对膨润土浆液施工和易性参数的作用规律,并提出了采用膨润土 w_L 预测满足膨润土浆液施工和易性要求的合理膨润土掺量的方法。表 7-5 给出了已有试验研究中膨润土浆液施工和易性技术参数及所使用膨润土的掺量和基本物理性质指标。满足膨润土浆液施工和易性要求的膨润土掺量 BC_s 与膨润土液限 w_L 的关系如图 7-5 所示。膨润土掺量低于所要求的 BC_s 时,膨润土浆液无法用于实际施工;膨润土掺量过高则易造成膨润土"抱团"现象,将严重影响搅拌效果,且不利于施工成本控制。当膨润土液限为 420% ~ 600% 时,已有试验研究所报道 BC_s 普遍取 5%[11-13];当膨润土液限大于 600% 时,则 BC_s 取 3% ~ 4% 可满足膨润土浆液施工和易性要求;配制膨润土浆液中主要检验密度是否满足施工和易性要求。此外,结合 Yang 等[21]和 Gleason 等[22]试验结果建议,液限值小于 250% 的膨润土不宜用于制备用于土-膨润土系竖向隔离屏障施工的膨润土浆液。

$$\begin{cases} BC_s = (-3.5w_L + 19.5)\% & (250\% < w_L < 420\%) \\ BC_s = 5\% & (420\% \leqslant w_L < 600\%) \\ BC_s = 3\% \sim 4\% & (w_L > 600\%) \end{cases} \quad (7\text{-}1)$$

式中:符号意义同前。

表 7-5 膨润土浆液施工和易性技术参数及所使用膨润土的掺量和基本物理性质指标

膨润土类型	BC_s/%	w_L/%	G_s	μ_{MF}/s	ρ_s/(g·cm⁻³)	F_L/mL	参考文献
钠基膨润土	5	511	2.67	46	1.03	*	[13]
	5	488	*	38	1.033	*	[12]
	5	497	2.72	40	1.025	*	[11]
	5.9	411.8	*	39	1.03	14.9	[23]
	5	420	2.71	38	1.03	14.7	
聚合物改性膨润土	2	255	2.67	39.3	1.01	10.6	[24]
商用改性膨润土	5	547	*	38	*	*	[25]
	5	1 007	*	51	*	*	
钠基膨润土	5	583	*	40	*	*	

注:表中 * 表示"未给出"

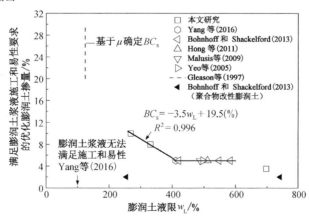

图 7-5 膨润土液限与满足膨润土浆液施工和易性要求的膨润土掺量关系

满足隔离屏障材料施工和易性要求的含水率范围主要取决于隔离屏障材料总膨润土掺量（BC_B）及隔离屏障材料液限（$w_{L,B}$）。三类土-膨润土竖向隔离屏障材料标准坍落度为 125 mm 时所对应的含水率（$w_{B,125}$）总体上为 1.0～1.6 倍 $w_{L,B}$，且各类隔离屏障材料 $w_{L,B}$-w_B 均呈良好的线性关系。黏性土-膨润土竖向隔离屏障材料 $w_{B,125}/w_{L,B}$ 集中于 1.0～1.2。砂-膨润土和砂-黏性土-膨润土竖向隔离屏障材料 $w_{B,125}/w_{L,B}$ 主要分布在 1.2～1.6。美国的《统一设施建设指导》（UFGS）[14]建议土-膨润土系竖向隔离屏障材料的标准坍落度为 100～150 mm。已有试验结果均显示，土-膨润土系竖向隔离屏障材料的坍落度主要取决于材料的总膨润土掺量和液限，并与其含水率呈线性正相关[11]。土-膨润土系竖向隔离屏障材料标准坍落度为 125 mm 时所对应的含水率总体上为材料液限的 1.0～1.6 倍。

7.2.2 竖向隔离屏障基本物理力学性质

1. 屏障材料渗透特性研究

竖向隔离屏障材料的渗透特性是材料配比和屏障厚度设计的重要依据。目前，国内外技术规范均将渗透系数小于 10^{-9} m/s 作为竖向隔离屏障防渗控制标准。国内外学者对各类土-膨润土系和水泥系竖向隔离屏障材料的渗透特性开展了系统性研究，明确了材料配比（膨润土掺量、改良材料掺量、水泥掺量等）、应力状态和试验方法对其渗透系数的影响规律，并通过微观结构分析方法阐明了膨润土和胶结材料提高防渗性能的作用机理[11-12, 27-32]。

对于土-膨润土系竖向隔离屏障材料，膨润土掺量和膨润土品质是渗透系数控制因素；改良材料（例如沸石粉、活性炭等）则基本不改变材料渗透系数[12-13, 31-32]。已有试验研究结果表明，采用天然钠基膨润土（例如怀俄明膨润土）和钠化改性钙基膨润土时，满足土-膨润土系竖向隔离屏障材料防渗要求的膨润土掺量分别须达到 5% 和 10% 以上[11, 32]；而天然钙基膨润土则不适用于制备土-膨润土系竖向隔离屏障材料，其渗透系数（膨润土掺量为 15%～25%）可达 10^{-8} m/s 以上[33]。已有试验研究所报道土-膨润土系竖向隔离屏障材料渗透系数与膨润土掺量关系汇总于图 7-6。此外，东南大学课题组[30-33]以膨润土孔隙比概念为基础，提出基于改进黏粒孔隙比（e_C^*）的砂-膨润土和砂-黏性土-膨润土竖向隔离屏障材料渗透系数的统一预测公式（式 7-2、式 7-3），预测结果介于 1/3～3 倍实测结果（如图 7-7 所示）。

$$\log(k) = 0.083 e_C^* - 11.06 \tag{7-2}$$

$$e_C^* = \frac{w}{LLR \cdot (1 - BC) \cdot CF_1/G_{S,1} + BC \cdot CF_2/G_{S,2}} \tag{7-3}$$

式中，e_C^* 为改进黏粒孔隙比；w 为竖向隔离屏障材料含水率；BC 为膨润土掺量；CF_1 和 CF_2 分别为主土（砂或砂-黏性土混合土）和膨润土的黏粒含量；$G_{S,1}$ 和 $G_{S,2}$ 分别为主土和膨润土比重；LLR 为黏性土与膨润土液限的比值。

对于水泥系竖向隔离屏障材料，渗透系数取决于胶结材料（水泥、矿渣）和膨润土的共同作用，并由于火山灰反应的进行随龄期延长而持续减小[29]。以往室内和原位试验研究的普遍结论为固体含量（膨润土与胶结材料质量之和与水的质量比值）达到 20%～30% 时渗透系数可达 10^{-10}～10^{-8} m/s[28, 34-36]（如图 7-8 所示）；其中，矿渣对水泥的置换比例建议为

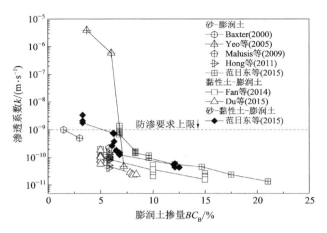

图 7-6 膨润土系竖向隔离屏障材料渗透系数与膨润土掺量关系

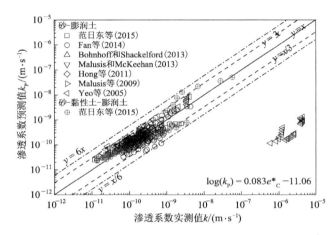

图 7-7 基于改进黏粒孔隙比的砂-膨润土和砂-黏性土-膨润土竖向隔离屏障材料渗透系数预测

80%[28]。但目前也有文献指出该掺量范围条件下水泥-膨润土竖向隔离屏障材料渗透系数仅为 $10^{-6} \sim 10^{-8}$ m/s（$28 \sim 84$ d 龄期)[37]。

试验方法对竖向隔离屏障材料渗透系数试验结果具有显著影响。原位试验结果较室内试验结果可高出 $10 \sim 10^4$ 倍,这一规律对于水泥系竖向隔离屏障尤为显著[9, 35]。Britton 等[27]综合对比了滤失试验、模型试验、注水试验、CPTu 孔压消散试验和刚性壁渗透试验确定砂-膨润土竖向隔离屏障材料渗透系数结果,明确了试样尺寸效应对渗透系

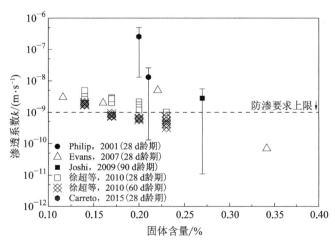

图 7-8 水泥系竖向隔离屏障材料渗透系数与固体含量关系

数测定结果的影响规律,发现渗透系数随试样尺寸减小呈减小的趋势。Manassero[38]阐明了通过 CPTu 孔压消散试验确定水泥系竖向隔离屏障渗透系数的方法,指出该方法能够通过渗透系数随屏障深度的变化规律高效地评估屏障缺陷分布;但另一方面,仍需进一步的数据积累以明确以竖向隔离屏障材料为对象的基于 CPTu 的土性分类方法,确保渗透系数确定中计算参数的合理选取。

近年来,干湿循环、冻融循环等敏感环境下竖向隔离屏障材料的防渗性能失效逐渐引起国内外学者的重视。例如,Malusis 等[39]研究发现干湿循环作用下砂-膨润土竖向隔离屏障材料的渗透系数可增大约 500~10 000 倍。Joshi 等[35]通过原位取样发现地下水位变动和施工缺陷是导致水泥-膨润土竖向隔离屏障长期防渗性能衰退的重要原因。因此,通过新工艺和新材料研发以提高竖向隔离屏障的长期耐久性能是现阶段关键技术问题之一。

2. 屏障实际受力分析

屏障实际受力状态是影响土-膨润土系竖向隔离屏障压缩和渗透特性的重要因素;其分析理论主要包括土拱效应理论和侧向挤土理论。Evans 等[40]认为土拱效应是由于低强度的竖向隔离屏障材料的不均匀位移所引起的;土拱的形成引起有效上覆土压力的重新分布,将向两侧相对刚性的土体转移。土拱效应理论分析认为屏障实际三向受力小于常规情况下的自重应力及静止土压力,屏障所受应力在屏障浅部呈非线性增大随后不再沿深度发生明显改变。Filz[41]认为土-膨润土竖向隔离屏障在土层中受到两侧土体水平向挤压,屏障所受水平应力为大主应力,而竖向应力则为小主应力。该侧向挤压理论将屏障变形类比为土的一维压缩固结。Malusis 等[42]的原位土压力测试结果验证了这一理论,实测结果显示屏障所受竖向总应力小于侧向总应力(如图 7-9 所示);Ruffing 等[43]在侧向挤压理论基础上提出改进,认为屏障两侧土层的主动土压力(k_a)随屏障侧向挤压而改变,数值上介于 k_a 与 k_0 之间。在此基础上,Ruffing 等[43]给出了基于屏障材料压缩指数和 k_{am} 的屏障工后变形计算方法。此外,Ruffing 等[44]通过孔压静力触探(CPTu)试验分析,认为土拱效应理论能够较好地描述浅层隔离屏障受力分布,而改进侧向挤压模型则更适用于有一定深度(<5 m)的屏障受力分析。浙江大学 Li 等[45]综合了土拱效应中单元体应力分析和基于温克尔假定的屏障侧向挤压变形控制方程,建立了一种新的土-膨润土竖向隔离屏障应力分布计算模型,并结合原位监测数据进行验证。较之原有土拱效应分析和侧向挤压模型,该计算模型能够最准确地给出屏障沿深度的应力分布(如图 7-10 所示)。

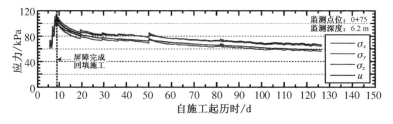

图 7-9　土-膨润土竖向隔离屏障土受力分析原位试验[42]

3. 屏障材料强度特性研究

竖向隔离屏障材料强度特性的研究对象集中于水泥系竖向隔离屏障材料;土-膨润土系竖向隔离屏障的强度特性则并非试验研究和屏障设计重点[46]。英国土木工程师学会规

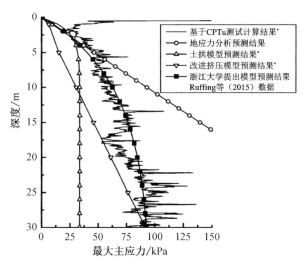

图7-10 主应力分布随深度变化的CPTu试验确定结果与理论计算对比($S_u/\sigma'=0.22$)[45]

范[47]要求水泥系竖向隔离屏障材料28 d龄期的无侧限抗压强度应不小于100 kPa。Joshi等[48]通过无侧限抗压强度和固结不排水三轴试验系统性地研究了龄期和有效围压对矿渣-水泥-膨润土竖向隔离屏障材料强度和破坏机制的影响,发现材料无侧限抗压强度在90天龄期后随龄期的延长达到稳定;材料破坏机制随有效围压增大逐渐由拉伸破坏转变为剪切破坏。Opdyke等[28]和Royal等[49]则专门研究了水泥系竖向隔离屏障材料中矿渣和粉煤灰掺量对强度特性的作用规律,指出矿渣与水泥最优质量比为4:1,该质量比低于3:1时矿渣掺量对强度无显著影响。Yu等[50]的试验结果表明土-水泥-膨润土竖向隔离屏障材料的黏聚力和摩擦角分别随水泥掺量和土的粗粒组含量增加而增大;此外,其认为固结排水三轴试验的应力状态较无侧限抗压强度试验条件更符合实际工况。土-膨润土系竖向隔离屏障的室内和原位试验研究结果均表明,材料的主固结是形成抗剪强度的主要原因,不排水抗剪强度为5~15 kPa[51-52]。

4. 屏障材料压缩特性研究

土-膨润土系竖向隔离屏障的压缩特性是屏障工后变形的重要作用因素,而由压缩变形所引起的孔隙比减小将有效提高隔离屏障的防渗截污性能。

通常认为重塑土的一维压缩曲线呈一直线,但三类隔离屏障材料的压缩曲线在有效竖向应力小于25 kPa时普遍存在一拐点。基于这一压缩曲线非线性结果,本书研究中将压缩指数(C_c)根据$e\text{-}\log(\sigma')$压缩曲线上所谓重塑土屈服阶段的直线段确定。

三类隔离屏障材料的体积压缩系数总体上介于$5\times10^{-5}\sim10^{-2}$ kPa^{-1},且均随平均有效应力增大而降低,即隔离屏障材料压缩性随有效应力增加由高压缩性趋于低压缩性。相同平均有效应力时,黏性土-膨润土隔离屏障材料的体积压缩系数大于砂-膨润土和砂-黏性土-膨润土隔离屏障材料试验结果。其主要原因在于:①黏性土-膨润土隔离屏障材料中的主土材料高岭土的压缩性高于砂或砂-天然黏土混合土;②砂颗粒易在压缩过程中逐渐形成骨架搭接,导致试样压缩性显著降低。考虑到实测土-膨润土竖向隔离屏障所受有效应力通常小于150 kPa[45],当平均有效应力为70.7 kPa(加载为50~100 kPa)时,KB、KBZ、CB和CBR试样的体积压缩系数分别为$6.3\times10^{-4}\sim2\times10^{-3}$ kPa^{-1}、$1.1\times10^{-3}\sim1.6\times$

$10^{-3}kPa^{-1}$、$2.0\times10^{-4}\sim2.1\times10^{-3}kPa^{-1}$、$3.5\times10^{-4}\sim1.4\times10^{-3}kPa^{-1}$，均可认为具有高压缩性[53]；黏性土-膨润土隔离屏障材料的体积压缩系数最大可分别高出砂-膨润土和砂-黏性土-膨润土隔离屏障材料试验结果的 6.6 倍和 3.4 倍。

图 7-11 给出了高岭土-膨润土 A 初始含水率与压缩指数关系。试验结果显示，对于同一配比隔离屏障材料，压缩指数随初始含水率增加呈线性增大且初始含水率对压缩指数的影响程度与膨润土掺量无关。

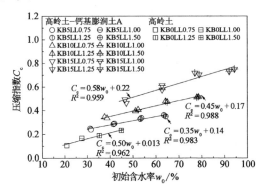

图 7-11　高岭土-膨润土 A 竖向隔离屏障材料初始含水率与压缩指数关系

三类土-膨润土竖向隔离屏障材料的液限与压缩指数关系如图 7-12(a)所示。压缩指数总体上均随液限增大而增大。

图 7-12(b)的结果则显示采用各类膨润土和天然黏土制备的砂-膨润土和砂-黏性土-膨润土隔离屏障材料具有基本一致的 LL^*-C_c 关系。

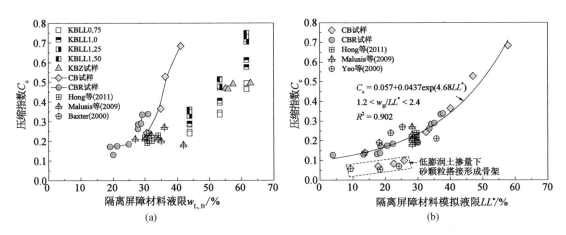

图 7-12　土-膨润土竖向隔离屏障材料液限($w_{L,B}$)和模拟液限(LL^*)与压缩指数关系

各类隔离屏障材料压缩指数与总膨润土掺量关系，如图 7-13 所示。由图 7-13 可知，砂-膨润土竖向隔离屏障 C_c 随膨润土掺量的变化趋势可分为两个阶段：当膨润土掺量低于某一值时，砂-膨润土隔离屏障材料的压缩性低，C_c 不随膨润土掺量增大而改变；超过该值后，C_c 则随膨润土掺量增大显著提高。对于砂-钠基膨润土(怀俄明膨润土)竖向隔离屏障材料，这一膨润土掺量为 3%。

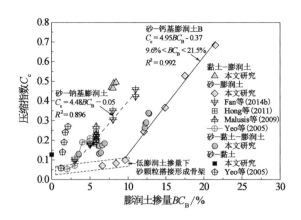

图 7-13 土-膨润土竖向隔离屏障材料膨润土掺量与压缩指数关系

7.2.3 竖向隔离屏障材料化学相容性

环境岩土工程领域中将化学相容性(chemical compatibility)泛指各类工程屏障材料抵抗污染作用对其工程性质造成不利影响的能力。我国《岩土工程勘察规范》(GB 50021—2001)[54]中通过工程特性指标变化率评价污染对土的工程特性的影响程度。已有试验研究中也采用污染前后工程特性指标的比值作为化学相容性评价依据[25, 55-56]。竖向隔离屏障材料的化学相容性主要指污染前后渗透特性变化规律,以及渗透系数是否能够满足防渗要求($k < 10^{-9}$ m/s);研究手段则主要包括膨润土自由膨胀指数试验、膨润土和竖向隔离屏障材料渗透试验和浸泡试验等。

污染作用下土-膨润土系竖向隔离屏障材料渗透系数的基本变化规律可借鉴膨润土渗透系数化学相容性研究成果,通过双层理论阐明作用机理。氯化钠、氯化钙等无机盐溶液作用对膨润土的膨胀特性具有显著影响,离子强度大于 10 mmol/L 时将导致自由膨胀指数减小 30% 以上(见图 7-14)[55,57-62]。进一步综合分析无机盐溶液作用下膨润土渗透系数与自由膨胀指数关系可知,渗透系数随自由膨胀指数减小具有以指数形式增大的统一变化趋势[55, 57-61],如图 7-15 所示。Liu 等[63]针对重金属铅、锌和镉作用下膨润土的渗透和膨胀特性试验得出了一致的变化规律。上述试验结果可归结为膨润土可交换阳离子(钠、钾、钙、镁)与外界阳离子发生离子交换反应,使得膨润土颗粒双电层斥力作用范围遭到压缩,引起膨润土颗粒发生团聚,膨胀性能减弱;由此,膨润土中宏观孔隙(macropores)比例显著升高,最终导致渗透系数出现增大[64]。朱伟等[65]则从土的结合水含量和有效孔隙率变化规律的角度阐明了土-液相互作用下渗透系数变化机制。另一方面,重金属铬对膨润土渗透系数的作用则取决于其存在形式。当铬以阴离子络合的六价铬形式存在时将不影响膨润土的分散状态,渗透系数与未污染状态基本一致[63]。

图 7-16 总结了已有国内外学者[25, 62, 64-65]所报道污染作用下土-膨润土系竖向隔离屏障材料渗透系数变化规律。分析结果表明,采用天然钠基膨润土和钠化改性钙基膨润土制备土-膨润土竖向隔离屏障材料时,膨润土掺量可分别取为 6% 和 10%。离子强度为 0~3 000 mmol/L 范围内氯化钙和铅-锌复合污染作用下土-膨润土竖向隔离屏障材料的渗透系数总体介于 $10^{-10} \sim 10^{-9}$ m/s 数量级,且增幅小于 20。然而,部分试验结果显示离子强

度大于 200 mmol/L 时氯化钙、重金属铅-锌复合作用下的土-膨润土系竖向隔离屏障材料渗透系数超出了防渗性能要求限值（$k > 10^{-9}$ m/s）。另一方面,东南大学试验研究结果显示六价铬（铬酸钾溶液）作用下土-膨润土竖向隔离屏障材料渗透系数基本不发生改变（增幅小于 2.5 倍）。进一步分析可知,相同孔隙比范围条件下各类土-膨润土系竖向隔离屏障材料渗透系数随离子强度升高呈先增大后趋于稳定的变化趋势,拐点所对应的离子强度为 150～400 mmol/L。针对天然钙基膨润土防渗性能差的缺陷,Du 等[66-68]提出了无机磷酸盐材料改良钙基膨润土以增强土-膨润土系竖向隔离屏障材料防渗和化学相容性。钙、铅和六价铬溶液作用下土-磷酸盐改良膨润土系竖向隔离屏障材料渗透系数均小于 3.0×10^{-10} m/s;其与未污染状态下试验结果相比的增幅则均小于 1 倍。此外,综合自由膨胀指数和改进黏粒孔隙比（e_C^*）对膨润土和土-膨润土竖向隔离屏障材料渗透系数的作用规律,东南大学提出了未污染和无机盐溶液作用下砂-膨润土竖向隔离屏障材料渗透系数的统一预测方法（式7-4）,所预测渗透系数和渗透系数比的预测值总体上介于 1/3 至 3 倍的实测结果范围。

$$\log(k) = 0.083 e_C^* \times SIR^{-0.25} - 11.06 \qquad (7\text{-}4)$$

式中,e_C^* 为改进黏粒孔隙比;SIR 为污染作用下膨润土自由膨胀指数与未污染状态试验结果的比值。

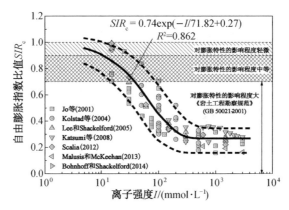

图 7-14　无机盐溶液作用下膨润土自由膨胀指数比值与离子强度关系总体趋势

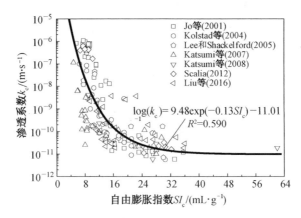

图 7-15　无机盐溶液作用下膨润土渗透系数与自由膨胀指数关系总体趋势

水泥系竖向隔离屏障材料化学相容性研究主要集中于硫酸盐（硫酸、硫酸钠等）对材料防渗性能和强度的影响[69-70]。国内外学者普遍将硫酸盐对水泥的侵蚀作用归结为硫酸根离子与氢氧化钙和水化铝酸钙的反应,从而生成了具有一定膨胀性能的钙矾石等产物,最终导致材料表观出现破坏,强度和防渗性能恶化。例如,Emidio 和 Flores[69]发现硫酸钠溶液（25 g/L）作用下水泥土试样渗透系数增幅达 200 倍。Kledyński[71]则指出减少水泥掺量并额外添加粉煤灰（272 kg/m³）可有效避免水泥系竖向隔离屏障材料在浓度为 1‰硫酸钠溶液作用下的长期开裂现象。除考察防渗性能外,浸泡试验是目前被普遍采用的水泥系竖向隔离屏障材料抗侵蚀能力鉴别方法。该方法侧重于考察极端环境（高浓度硫酸盐、强酸、强碱等）下材料表观形变和破坏规模随时间的变化趋势。Garvin 等[72]专门针对水泥系竖向隔离屏障材料提出了基于浸泡试验的抗化学腐蚀能力定性评价方法。进一步,Emidio 和 Flores[69]强调了试样侧限条件对试样剥落和开裂程度的重要影响。

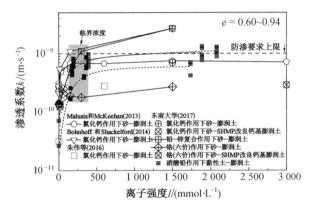

图 7-16　无机盐溶液作用下土-膨润土系竖向隔离屏障材料渗透系数随离子强度变化规律

 ## 竖向隔离屏障防渗截污性能

竖向隔离屏障阻滞污染物运移通过属于一维运移问题。陈云敏院士[73]指出该问题中主要包括对流、分子扩散、机械弥散和吸附 4 个过程,并分别由材料的渗透系数 k、有效扩散系数 D^*、机械弥散系数 D_m 和阻滞因子 R_d 进行表征。通过确定上述污染物运移控制参数,即可明确目标污染作用下屏障的防渗截污性能,从而确定满足设计服役年限的屏障厚度。

国内外学者针对污染物运移控制参数测定、工况模拟解析解和工程屏障服役年限分析开展了大量研究,为竖向隔离屏障防渗截污性能评价和设计方法提供了科学依据。例如,Shackelford 等[74-78]阐明了各种形式的扩散试验和土柱试验测定污染物运移控制参数的试验方法和计算求解过程。Chen 等[79-81]和 Xie 等[82-84]给出了污染物通过成层介质中的一维扩散解析解,并在此基础上分别给出了考虑对流-弥散-吸附耦合作用下无机和有机污染物运移通过 4 种典型填埋场衬垫系统的解答及工程算例。

张文杰等[85]通过透析试验、扩散试验测定了钠离子运移通过土-膨润土竖向隔离屏障材料的有效扩散系数。东南大学[33, 86]则通过土柱试验系统性地研究了重金属铅、锌、铬(六价)运移通过砂-钠化改性膨润土和砂-磷酸盐改良钙基膨润土竖向隔离屏障材料的运移特性。研究发现,离子强度为 15～180 mmol/L 条件下重金属铅、锌和铬(六价)运移通过两种土-膨润土系竖向隔离屏障材料的水动力弥散系数(D_h)介于 $2.0 \times 10^{-10} \sim 4.8 \times 10^{-10}$ m²/s(如图 7 17所示),阻滞因子则为 1.0～5.0。击穿曲线和累积质量率结果均表明,相同时间和离子强度条件下三种重金属在土-膨润土系竖向隔离屏障中的运移速率依次为:铬(六价)>锌>铅。

对于有机污染物控制参数试验研究,Krol 和 Rowe[87]结合扩散试验和 POLLUTE 污染物运移计算软件,测定了纯三氯乙烯(TCE)和最大溶解度条件下 TCE 运移通过粉土质砂-膨润土竖向隔离屏障材料的有效扩散系数($D^* = 3.5 \times 10^{-10}$ m²/s),并分析了分配系数、有效扩散系数以及屏障与污染源距离对运移过程中污染物峰值浓度的影响。Malusis 等[88]则结合 Krol 和 Rowe[87]扩散试验结果,通过批处理吸附试验评价了添加活性炭对苯酚击穿砂-膨润土竖向隔离屏障材料(膨润土掺量 5.8%)时间的影响。

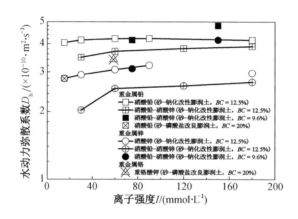

图 7-17　重金属运移通过土-膨润土系竖向隔离屏障材料的水动力弥散系数与离子强度关系

7.4　屏障设计方法

竖向隔离屏障设计包括竖向隔离屏障材料的类型和配比设计以及屏障施工方案设计。竖向隔离屏障材料设计以满足其化学相容性和防渗截污性能为前提。竖向隔离屏障施工方案设计中的关键则是明确其布置形式、屏障深度、嵌入相对弱透水层深度以及屏障厚度。

竖向隔离屏障的布置形式可根据不同水文地质条件设计为完全围封、逆地下水流向半封闭以及顺地下水流向半封闭三种形式。其中,完全围封的布置形式使用最为广泛[15];顺地下水流向的半封闭形式则通常被应用于与活性反应墙的联合使用修复污染地下水[5]。竖向隔离屏障深度通常要求达到相对不透水层($k < 10^{-9}$ m/s)。针对轻非水相流体(LNAPL)

污染,竖向隔离屏障深度设计可采用悬臂式,即屏障深度至污染羽下方。《建筑基坑支护技术规程》(JGJ 120—2012)[89]指出,基坑止水帷幕嵌入隔水层深度不宜小于 1.5 m。与该规程要求不同,美国《统一设施建设指导》(UFGS 02 35 27)[14]对用于阻滞污染物运移的土-膨润土竖向隔离屏障的嵌入相对不透水层深度的建议为 0.6 m。统计实际案例发现,实际嵌入深度设计值普遍介于 0.61~1.52 m,占总数的 85%[15]。梅丹兵[86]通过模型试验和数值模拟分析明确了嵌入深度和嵌入缺陷对污染物运移的影响规律,建议嵌入深度宜大于 1.3 m。

竖向隔离屏障厚度取决于材料性能、服役设计年限以及污染物击穿控制标准。目前,英国、美国等污染场地修复先进国家的相关技术规范、指导中均未涉及屏障厚度设计方法,仅就最小取值给出建议范围。例如,美国《统一设施建设指导》(UFGS - 02 35 27)[14]要求屏障厚度不应小于 0.9 m。实际工程案例中,各类竖向隔离屏障实际厚度则普遍为 0.7~1.0 m。

屏障厚度设计以污染物在有限距离($x=L$)内运移的 van Genuchiten 和 Parker 解[90]为基础。该解析解假定了:①土各向同性、均质;②土骨架不发生变形,孔隙液体积不变;③不考虑污染物运移引起的流体浓度变化;④不考虑化学势(例如运移控制参数 D_h、v_s 和 R_d 不随污染物浓度发生改变)、静电场、温度场等耦合作用;⑤吸附达到平衡状态;⑥不考虑材料的半透膜效应。此时,污染物运移控制方程可描述为:

$$\frac{\partial C_r}{\partial t} = \frac{D_h}{R_d} \cdot \frac{\partial^2 C_r}{\partial x^2} - \frac{v_s}{R_d} \cdot \frac{\partial C_r}{\partial x} \tag{7-5}$$

式中,C_r 为土中孔隙液的溶质浓度;D_h 为水动力弥散系数,$D_h = D^* + D_m$;x 为污染物运移方向的距离;t 为时间;v_s 为渗流速度;R_d 为阻滞因子。

控制方程(7-5)的初始和边界条件可表述为:

$$\begin{cases} C_r(x, 0) = C_i & x > 0 \\ \left[v_s C_r(0^+, t) - D_h \frac{\partial C_r(0^+, t)}{\partial x} \right] = v_s C_0 & t \geq 0 \\ \left[v_s C_r(L^-, t) - D_h \frac{\partial C_r(L^-, t)}{\partial x} \right] = v_s C_e & t \geq 0 \end{cases} \tag{7-6}$$

式中,C_0 为污染源浓度;$x=0^+$ 表示污染物运移方向一侧无限趋近于 $x=0$ 处;$x=L^-$ 表示污染物运移反向一侧无限趋近于 $x=L$ 处,L 为屏障厚度,其他符号意义同前。

此时,给出污染物在有限距离($x=L$)内运移的 van Genuchiten 和 Parker 解[90]为:

$$\frac{C_e - C_i}{C_0 - C_i} = \frac{1}{2} \left[\mathrm{erfc}\left(\frac{LR_d - v_s t}{2\sqrt{D_h t R_d}} \right) + \exp\left(\frac{v_s L}{D_h} \right) \cdot \mathrm{erfc}\left(\frac{LR_d + v_s t}{2\sqrt{D_h t R_d}} \right) \right] \tag{7-7}$$

式中,C_e 为流出液中污染物浓度;C_i 为 $x=0$ 处孔隙液的污染物浓度;erfc 为互补误差函数,其他符号意义同前。

根据所测定运移控制参数和该解析解即可通过 MATLAB 确定满足服役年限及其所对应击穿控制标准的屏障厚度。我国《生活垃圾卫生填埋场岩土工程技术规范》(CJJ 176—

2012)[91]以该解析解为基础提出了服役年限为 50 年、渗透系数 k 为 10^{-9} m/s 的屏障厚度简化设计方法。该方法中涉及参数包括屏障两侧水头差 H 以及屏障材料的阻滞因子 R_d 和水动力弥散系数 D_h，并通过引入安全系数用以综合考虑渗透破坏、机械侵蚀、化学溶蚀、施工因素等对防渗性能的影响。詹良通等[92]则进一步在该技术规范基础上将屏障服役设计年限和屏障渗透系数纳入屏障厚度设计。

除屏障材料运移控制参数外，击穿控制标准，即击穿时间所对应的相对浓度，是服役年限和屏障厚度设计中的重要条件。相同条件下，击穿控制标准的不同可导致数十倍的击穿时间差异。例如以渗流速度（$v_s=1\times10^{-11}$ m/s）、水动力弥散系数（$D_h=1\times10^{-10}$ m²/s）和阻滞因子（$R_d=3$）、屏障厚度（$L=1.0$ m）为例，击穿控制标准 C_e/C_0 为 0.1%～50% 时所对应服役年限介于 42～706 年。目前我国工程中主流的击穿控制标准包括：①《生活垃圾卫生填埋场岩土工程技术规范》（CJJ 176—2012）[91]所设定浓度阈值，取污染源浓度 10%；②以《地下水水质标准》IV 类水[93]所规定浓度限值作为流出液中污染物浓度 C_e 控制标准。

结合前述竖向隔离屏障化学相容性和防渗截污性能研究，各击穿控制标准条件下满足服役年限要求的屏障厚度取值汇总于表 7-6。计算结果说明：①对于城市工业污染场地综合修复的临时性隔离措施，1.0 m 的屏障厚度能够控制服役年限内重金属污染物迁移；②对于中长期的阻隔措施，为便于施工，建议通过提高隔离材料吸附性能（阻滞因子）以减小屏障厚度。

表 7-6　服役年限设计要求下土-膨润土系竖向隔离屏障厚度取值

设计服役年限	1 年			5 年			50 年			100 年		
污染类型	Pb	Zn	Cr	Pb	Zn	Cr	Pb	Zn	Cr	Pb	Zn	Cr
$C/C_0=10\%$	0.13	0.13	0.19	0.3	0.3	0.42	1.02	1.06	1.43	1.51	1.58	2.10
IV 类地下水限值	0.10	0.21	0.37	0.23	0.47	0.84	0.81	1.6	2.77	1.2	2.35	4.00
III 类地下水限值	0.19	0.16	0.40	0.42	0.36	0.89	1.42	1.24	2.92	2.07	1.84	4.22
美国环保署修复目标	0.19	0.16	0.37	0.39	0.36	0.84	1.33	1.24	2.77	1.94	1.84	4.00

注 1：屏障厚度计算结果精确至 0.01 m，向上取整
注 2：计算参数见表 7-7，其中，初始浓度 C_0 取为可见报道的最大浓度范围

表 7-7　重金属污染物运移通过土-膨润土系竖向隔离屏障分析计算参数取值

重金属污染物	C_0/(mg·L⁻¹)	k/(×10⁻¹⁰ m·s⁻¹)	i	n	D_h/(×10⁻¹⁰ m²·s⁻¹)	R_d
铅	0.5	5.5	0.3	0.5	4	4
锌	100	5.5	0.3	0.5	3	3
铬（六价）	100	1.8	0.3	0.5	2	1

7.5　竖向隔离屏障施工技术

传统的土-膨润土系和水泥系竖向隔离屏障施工技术主要包括开挖-回填、开挖-灌浆和

深层搅拌/高压旋喷技术。目前,开挖-回填和开挖-灌浆技术分别是土-膨润土系和膨润土-水泥竖向隔离屏障最为普遍的施工技术,具体依次包括开挖成槽、膨润土浆液护壁、屏障材料原位制备,以及材料回填/灌入成形四个步骤。然而,这两种技术最主要的缺陷在于开挖阶段易引起二次污染。深层搅拌/高压旋喷技术主要用于土-膨润土-水泥竖向隔离屏障施工。该技术属于非开挖施工,可避免二次污染。其主要技术缺陷则是易出现沿深度方向搅拌均匀性差异,导致屏障深部防渗性能和强度下降。

　　近年来,为确保施工质量、提高施工效率,等厚度水泥土地下连续墙(TRD)工法和双轮铣水泥土搅拌墙(SMC)工法逐渐被应用于竖向隔离屏障施工。研究表明,TRD 工法和SMC 工法具有材料搅拌均匀、屏障完整性好、施工效率高($5\sim30\ \mathrm{m^3/h}$)、施工深度大($60\ \mathrm{m}$)和场地适应性强等技术特点。而 SMC 工法较之 TRD 工法在施工成本、自动化程度和施工环境等方面具有更突出的优势。SMC 工法在工业污染场地竖向隔离屏障施工领域具有广泛的应用前景。

　　表 7-8 汇总了土-膨润土系和水泥系竖向隔离屏障各类施工技术优势和局限性。

表 7-8　土-膨润土系和水泥系竖向隔离屏障施工技术

施工技术	屏障类型	施工深度(m)	施工厚度(m)	施工技术优势	施工技术局限性
开挖-回填	SB	8～16	0.6～1.0 m	施工装备简便,施工效率高	施工占地大,对泥浆护壁、材料拌和等施工质量要求严格,开挖过程易造成二次污染
开挖-灌浆	CB	8～16	0.6～1.5	施工装备简便,施工效率高	施工占地大,对泥浆护壁等施工质量要求严格,开挖过程易造成二次污染
深层搅拌	SCB	5～25	0.5～1.0(单桩)	技术相对成熟,非开挖施工,可避免二次污染,屏障厚度不受制于施工设备	传统技术下搅拌均匀性沿深度方向差异大
高压旋喷	SCB	45～60	0.8～2.0	施工深度大,非开挖施工,屏障厚度不受制于施工设备;缺陷修补技术成熟	施工成本高
TRD 工法	SCB	15～60	0.55～0.85	搅拌均匀,施工效率高,土层适用性强	施工装备价格和运行成本高
SMC 工法	SCB	15～60	0.55～1.2	搅拌均匀,施工效率高,施工效率和成本优于 TRD 工法	施工装备价格和运行成本高

　　注:SB 为土-膨润土系竖向隔离屏障;CB 为膨润土-水泥竖向隔离屏障;SCB 为土-膨润土-水泥竖向隔离屏障

　　开挖-回填施工是目前土-膨润土竖向隔离屏障最普遍的施工技术。该技术涉及四个主要步骤,包括原位开挖成槽、膨润土浆液泥浆护壁、屏障材料拌和制备,以及屏障材料回填。施工过程中通过控制膨润土浆液的密度、黏度、滤失量等参数,以确保开挖槽体稳定性。屏障材料回填过程中须确保其具有一定流动性,其由坍落度进行评价。土-膨润土系竖向隔离工程屏障施工流程总结如图 7-18 所示。表 7-9 为美国对土-膨润土隔离屏障的施工质量控制要求。表 7-10 为本课题组研究建议的我国土-膨润土质量控制参数及范围。

表 7-9　土-膨润土系竖向隔离工程屏障施工质量控制(美国)

类别	物理性质指标	控制范围	测定方法
膨润土	动塑比(YP/PV 比)	>3	API Spec 13A
	600 r/min 时的黏度计读数	>30	API Spec 13A
	滤失量	<15 mL	API Spec 13A
	含水量	<10%	API Spec 13A
	粒径大于 0.075 mm 比例	<4%	API Spec 13A
膨润土浆液用水	pH	6~8	API RP 13B-1
	硬度	<100 mg/kg	API RP 13B-1
	溶解性总固体(TDS)	<500 mg/kg	ASTM D5907
新鲜膨润土浆液	漏斗黏度值	38~45 s	API RP 13B-1
	密度	>1.02 g/cm^3	ASTM D4380
	滤失量	<25 mL	API RP 13B-1
	膨润土掺量	>5%	
	预水化时间	>24 h	
开挖过程中膨润土浆液	密度	1.02~1.36 g/cm^3	ASTM D4380
	漏斗黏度值	38~68 s	API RP 13B-1
	滤失量	15~70 mL	API RP 13B-1
回填材料	坍落度	100~150 mm	ASTM C143
	级配和粒径要求	粒径小于 0.075 mm 的含量为 30%~85%	ASTM D1140
	密度	至少超出开挖过程中膨润土浆液密度 0.24 g/cm^3	ASTM C138
	渗透系数	<1×10^{-9} m/s	ASTM D5084

表中:API Spec 13A 为美国石油协会标准 API Specification for Oil-Well Drilling-Fluid Materials;API RP 13B-1 为美国石油协会标准 API Recommended Practice Standard Procedure for Field Testing Water-Based Drilling Fluids;ASTM D5907 为美国材料与试验协会规范 Standard Test Methods for Filterable Matter (Total Dissolved Solids) and Nonfilterable Matter (Total Suspended Solids) in Water;ASTM D4380 为美国材料与试验协会规范 Standard Test Method for Density of Bentonitic Slurries;ASTM C143 为美国材料与试验协会规范 Standard Test Method for Slump of Hydraulic-Cement Concrete;ASTM D1140 为美国材料与试验协会规范 Standard Test Methods for Amount of Material in Soils Finer than No. 200 (75-μm) Sieve;ASTM C138 为美国材料与试验协会规范 Standard Test Method for Density (Unit Weight), Yield, and Air Content (Gravimetric) of Concrete;ASTM D5084 为美国材料与试验协会规范 Standard Test Methods for Measurement of Hydraulic Conductivity of Saturated Porous Materials Using a Flexible Wall Permeameter。

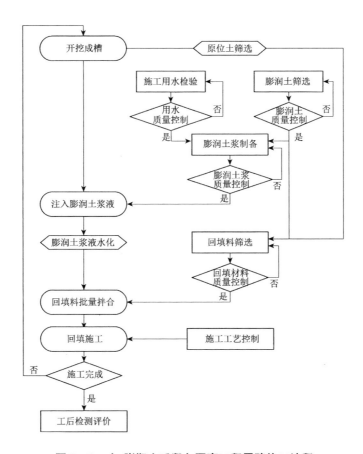

图 7-18 土-膨润土系竖向隔离工程屏障施工流程

表 7-10 土-膨润土系竖向隔离工程屏障材料质量控制优化

物理性质控制指标	控制范围	测定(检验)方法
膨润土(江苏地区产)		
膨润土类型	经钠改性的钙基膨润土	GB/T 20973—2007
液限	>240%	GB/T 50123—1999
600 r/min 时的黏度计读数	>30	GB/T 20973—2007
滤失量	<15 mL	GB/T 20973—2007
粒径大于 0.075 mm 比例	<4%	GB/T 50123—1999
膨润土浆液用水		
pH	7~8	ASTM D4972-01
硬度	<100 mg/kg	GB/T 5750—2006
溶解性总固体(TDS)	<500 mg/kg	GB/T 5750—2006

（续表）

物理性质控制指标	控制范围	测定（检验）方法
膨润土浆液		
膨润土掺量	9%～12%	
漏斗黏度值	40～65 s	ASTM D6910-10
密度	>1.02 g/cm³	
滤失量	<25 mL	GB/T 20973—2007
预水化时间	>36 h	
原位土		
污染程度	选取未污染原位土	
粒径要求	砂土：粒径大于 1.00 mm 的含量小于 10% 黏性土：液限大于 30% 对于原位土为粗砂时，宜添加 15% 至 30% 黏性土	GB/T 50123—1999
回填材料		
膨润土掺量	砂-膨润土混合土： 8% 至 15%（膨润土液限大于 330%）；15% 至 30%（膨润土液限为 240% 至 330%） 黏土-膨润土混合土： 8%（膨润土液限大于 330% 时，掺量可适量减少）	
坍落度	100～150 mm 宜采用坍落度达到 100 mm 时的含水量作为初始含水量	GB/T 50080—2002
级配和粒径要求	粒径小于 0.075 mm 的含量大于 30%	GB/T 50123—1999
液限	≥45	GB/T 50123—1999
塑性指数	≥25	GB/T 50123—1999
密度	至少超出开挖过程中膨润土浆液密度 0.24 g/cm³	
渗透系数	初始含水量为 (1.25 ± 0.5) 倍液限状态下 $k<1\times10^{-9}$ m/s 采用现场污染液拌合后 $k<1\times10^{-9}$ m/s	GB/T 50123—1999

参 考 文 献

第 1 章

[1] 刘松玉,詹良通,胡黎明,等. 环境岩土工程研究进展[J]. 土木工程学报,2016(03):6-30.

[2] 廖晓勇,崇忠义,阎秀兰,等. 城市工业污染场地:中国环境修复领域的新课题[J]. 环境科学,2011(03):784-794.

[3] 谢剑,李发生. 中国污染场地的修复与再开发的现状分析(节选上)[J]. 世界环境,2011(03):56-59.

[4] 谢剑,李发生. 中国污染场地的修复与再开发的现状分析(节选下)[J]. 世界环境,2011(04):48-51.

[5] 环境保护部. 污染场地术语(HJ 682—2014)[S]. 北京:中国环境科学出版社,2014.

[6] U. S. Environmental Protection Agency. OSWER Technical guide for assessing and mitigating the vapor intrusion pathway from subsurface vapor sources to indoor air, OSWER Publication 9200. 2-154[R]. Washington. DC. U. S. Environmental protection Agency,2015.

[7] 李纯,武强. 地下水有机污染的研究进展[J]. 工程勘察,2007(01):27-30.

[8] 周迅. 苏南地区加油站地下储油罐渗漏污染研究[D]. 北京:中国地质科学院,2007.

[9] 国土资源部,环境保护部. 全国土壤污染状况调查公报[R]. 北京:国土资源部和环境保护部,2014.

[10] 陈云敏,唐晓武. 环境岩土工程的进展和展望[C]//中国土木工程学会第九届土力学及岩土工程学术会议论文集. 北京:清华大学出版社,2003:69-78.

[11] 陈云敏,施建勇,朱伟,等. 环境岩土工程研究综述[J]. 土木工程学报,2012(04):165-182.

[12] 中华人民共和国住房和城乡建设部. 生活垃圾卫生填埋场岩土工程技术规范(CJJ 176—2012)[S]. 北京:中国建筑工业出版社,2012.

[13] 环境保护部. 污染场地风险评估技术导则(HJ 25.3—2014)[S]. 北京:中国环境科学出版社,2014.

[14] Kooper W F,Mangnus G A. Contaminated Soil[M]. Boston:Martinus Nijhoff Publishers,1986:1925-1927.

[15] 中华人民共和国建设部,中华人民共和国国家质量监督检验检疫总局联合发布. 岩土工程勘察规范(2009 年版)(GB 50021—2001)[S]. 北京:中国建筑工业出版社,2009.

[16] 陈静生,陈昌笃,周振惠,等. 环境污染与保护简明原理[M]. 北京:商务印书馆,1981.

[17] Chu Y,Liu S,Wang F,et al. Estimation of heavy metal-contaminated soils' me-

chanical characteristics using electrical resistivity[J]. Environmental Science and Pollution Research，2017：1-15.

[18] 环境保护部,国家质量监督检验检疫总局. 土壤环境质量标准（修订）（GB 15618—2008）[S]. 北京：中国环境科学出版社，2008.

[19] 何燧源,金云云,何方,等. 环境化学[M]. 4 版. 上海：华东理工大学出版社,2005.

[20] 戴树桂. 环境化学[M]. 2 版. 北京：高等教育出版社,2006.

[21] 张英. 地下水曝气（AS）处理有机物的研究[D]. 天津：天津大学,2004.

[22] Thomson N R, Sykes J F, Van Vliet D. A Numerical Investigation Into Factors Affecting Gas and Aqueous Phase Plumes in the Subsurface[J]. Journal of Contaminant Hydrology,1997,28(1)：39-70.

[23] 赵妍. 地下环境中 BTEx 的挥发特性及其对 AS 影响研究[D]. 长春：吉林大学,2009.

[24] 刘燕. 地下水曝气法的模型试验研究[D]. 北京：清华大学,2009.

[25] Office of Solid Waste and Emergency Response. Treatment technologies for site cleanup：Annual Status Report. [R]. EPA-542-R-07-012,United States Environmental Protection Agency,2007.

[26] 朱春鹏,刘汉龙. 污染土的工程性质研究进展[J]. 岩土力学，2007(03)：625-630.

[27] Arulanandan K, Smith S S. Electrical dispersion in relation to soil structure[J]. Journal of the Soil Mechanics and Foundations Division, 1973, 99(12)：1113-1133.

[28] Kaya A, Fang H Y. Identification of contaminated soils by dielectric constant and electrical conductivity[J]. Journal of Environmental Engineering-ASCE, 1997, 123(2)：169-177.

[29] Alsanad H A, Eid W K, Ismael N F. Geotechnical properties of oil-contaminated Kuwaiti sand[J]. Journal of Geotechnical Engineering-ASCE, 1995, 121(5)：407-412.

[30] Aiban S A. The effect of temperature on the engineering properties of oil-contaminated sands[J]. Environment International, 1998, 24(1-2)：153-161.

[31] Shin E C, Das B M. Bearing capacity of unsaturated oil-contaminated sand[J]. International Journal of Offshore and Polar Engineering, 2001, 11(3)：220-226.

[32] Khamehchiyan M, Charkhabi A H, Tajik M. Effects of crude oil contamination on geotechnical properties of clayey and sandy soils[J]. Engineering Geology, 2007, 89(3-4)：220-229.

[33] 环境保护部. 场地环境调查技术导则（HJ 25.1—2014）[S]. 北京：中国环境科学出版社,2014.

[34] 杨志勇,江玉生,安宏斌,等. 污染地层盾构选型研究[J]. 铁道标准设计,2014, 58(11)：113-116.

[35] 饶为国. 污染土的机理、检测及整治[J]. 建筑技术开发,1999, 26(1)：20-21.

[36] 傅世法,林颂恩. 污染土的岩土工程问题[J]. 工程勘察,1989(3)：6-10.

[37] 孙重初. 酸液对红黏土物理力学性质的影响[J]. 岩土工程学报,1989,11(4)：89-93.

[38] 顾季威. 酸碱废液侵蚀地基土对工程质量的影响[J]. 岩土工程学报,1988,10(4)：72-78.

［39］姜金雕. 环境侵蚀和冻融条件下水泥土强度特性及机理研究［D］. 呼和浩特：内蒙古工业大学，2014.

［40］Ganesan T P, Kalyanasundaram P, Ambalavanan R, et al. Investigation of deterioration of concrete in a chemical plant：Protection of Concrete：Proceedings of the International Conference, University of Dundee, September 1990［C］. Boca Raton：CRC Press, 2003：472.

［41］Kiviste M, Miljan J, Miljan R, et al. Condition of structures and properties of concrete of an existing oil shale chemical plant［J］. Oil Shale, 2009, 26(4)：513-529.

第 2 章

［1］中华人民共和国建设部，中华人民共和国国家质量监督检验检疫总局联合发布. 岩土工程勘察规范(2009 年版)(GB 50021—2001)［S］. 北京：中国建筑工业出版社，2009.

［2］北京市规划委员会，北京市质量技术监督局联合发布. 污染场地勘察规范(DB11/T 1311—2015)［S］. 北京：北京市规划委员会和北京市质量技术监督局，2015.

［3］环境保护部. 场地环境调查技术导则(HJ 25.1—2014)［S］. 北京：中国环境科学出版社，2014.

［4］环境保护部. 污染场地风险评估技术导则(HJ 25.3—2014)［S］. 北京：中国环境科学出版社，2014.

［5］中华人民共和国建设部，中华人民共和国国家质量监督检验检疫总局联合发布. 岩土工程勘察规范(2009 年版)(GB 50021—2001)［S］. 北京：中国建筑工业出版社，2009.

［6］住房和城乡建设部. 建筑工程地质勘探与取样技术规程(JGJ/T 87—2012)［S］. 北京：中国建筑工业出版社，2012.

［7］国家环保总局. 地下水环境监测技术规范(HJ/T 164—2004)［S］. 北京：中国环境科学出版社，2004.

［8］国家环保总局. 土壤环境监测技术规范(HJ/T 166—2004)［S］. 北京：中国环境科学出版社，2004.

［9］Roertson P K, Cabal K L. Guide to Cone Penetration Testing for Geotechnical Engineering［M］. 2th. ed. Gregg：Gregg Drilling & Testing, Inc., 2008.

［10］Roertson P K, Cabal K L. Guide to Cone Penetration Testing for Geotechnical Engineering［M］. 4th. ed. Gregg：Gregg Drilling & Testing. Inc., 2010.

［11］Glick M, Smith B W, Winefordner J D. Laser-Excited Atomic Fluorescence in a Pulsed Hollow-Cathode Glow Discharge［J］. Anal. Chem, 1990,62(2)：157-161.

［12］范世福，陈莉，肖松山，等. 光纤化学传感器及其发展现状［J］. 光学仪器，1999,21(1)：37-44.

［13］陈蕾. 水泥固化稳定重金属污染土机理与工程特性研究［D］. 南京：东南大学，2010.

［14］张帆. 水泥系材料固化 Pb/Zn 重金属污染黏土的力学工程特性研究［D］. 南京：东南大学，2011.

[15] 杜延军，金飞，刘松玉，等. 重金属工业污染场地固化/稳定处理研究进展[J]. 岩土力学，2011，32(1)：117-124.

[16] 梅丹兵. 土-膨润土系竖向隔离工程屏障阻滞重金属污染物运移的模型试验研究[D]. 南京：东南大学，2017.

[17] Malusis M A, Shackelford C D. Chemico-osmotic efficiency of a geosynthetic clay liner[J]. Journal of Geotechnical and Geoenvironmental Engineering，2002，128(2)：97-106.

[18] Malusis M A, Shackelford C D, Olsen H W. A laboratory apparatus to measure chemico-osmotic efficiency coefficients for clay soils[J]. Geotechnical Testing Journal，ASTM，2001，24(3)：229-242.

[19] 杜延军，范日东，陈左波. 一种黏性土试样的性能测试装置及其测试方法[P]. 201210226686.7，2014-07-16.

[20] 中华人民共和国建设部. 城市工程地球物理探测规范(CJJ 7—2007)[S]. 北京：中国建筑工业出版社，2007.

[21] 叶腾飞，龚育龄，董路，等. 环境地球物理在污染场地调查中的现状及展望[J]. 环境监测管理与技术，2009(3)：23-27.

[22] Douglas D G, Burns A A, Rino C L, et al. Study to determine the feasibility of using a ground-penetrating radar for more-effective remediation of subsurface contamination [R]. Foster Wheeler Enviresponse, Inc., Edison, New jersey (United States)，1992.

[23] 曾昭发，刘四新，王者江，等. 探地雷达方法原理及应用[M]. 北京：科学出版社，2006.

[24] 刘兆平，杨进，罗水余. 地球物理方法对垃圾填埋场探测的有效性试验研究[J]. 地学前缘，2010(3)：250-258.

[25] 张辉，刘振鸿，杨青，等. 地质雷达探测加油站地下水石油烃污染应用实例[J]. 环境工程，2013(S1)：229-232.

[26] Aristodemou E, Thomas-Betts A. DC-resistivity and induced polarisation investigations at a waste disposal site and its environments[J]. Journal of Applied Geophysics，2000，44(2)：275-302.

[27] Bernstone C, Dahlin T, Ohlsson T, et al. DC-resistivity mapping of internal landfill structures：two pre-excavation surveys[J]. Environmental Geology，2000，39(3-4)：360-371.

[28] Atekwana E A, Sauck W A, Werkema Jr D D. Investigations of geoelectrical signatures at a hydrocarbon contaminated site[J]. Journal of Applied Geophysics，2000，44(2)：167-180.

[29] 郭秀军. 污染含水介质ERT法探测技术研究[D]. 青岛：中国海洋大学，2009.

[30] 董路，叶腾飞，能昌信，等. ERT技术在无机酸污染场地调查中的应用[J]. 环境科学研究，2008(6)：67-71.

[31] 刘汉乐，周启友，吴华桥. 轻非水相液体污染过程的高密度电阻率成像法室内监测[J]. 地球物理学报，2008(4)：1246-1254.

［32］Rosales R M，Martinez-Pagan P，Faz A，et al. Environmental Monitoring Using E-
lectrical Resistivity Tomography（ERT）in the Subsoil of Three Former Petrol Sta-
tions in SE of Spain［J］. Water Air and Soil Pollution，2012，223（7）：3757-3773.

［33］Brewster M L，Redman J D，Annan A P. Monitoring a controlled injection of per-
chloroethylene in a sandy aquifer with ground penetrating radar and time domain ref-
lectometry［J］. App. Geo. Env. Eng. Prob.（SAGEEP），1992，2：611-618.

［34］Quafisheh N M. The use of time domain reflectometry（TDR）to determine and mo-
nitor non-aqueous phase liquids（NAPLS）in soils［D］. Dis-sertation of Masteral De-
gree. Ohio：College of Engineering and Technology of Ohio University，1997.

［35］Ajo Franklin J B，Geller J T，Harris J M. The dielectric properties of granular media
saturated with DNAPL/water mixtures［J］. Geophysical research letters，2004，31
（17）：17501-17054.

［36］Zhan L T，Mu Q，Chen Y. Detection of Layered Diesel-Contaminated Sands［C］.
American Society of Civil Engineers，2014：2042-2051.

［37］詹良通，穆青翼，陈云敏，等. 利用时域反射法探测砂土中 LNAPLs 的适用性室内试验
研究［J］. 中国科学:技术科学，2013（8）：885-894.

［38］方文藻，李予国，李貅. 瞬变电磁测深法原理［M］. 西安:西北工业大学出版社，1993.

［39］薛国强，李貅，底青云. 瞬变电磁法理论与应用研究进展［J］. 地球物理学进展，2007，
22（4）：1195-1200.

［40］程业勋，刘海生，赵章元. 城市垃圾污染的地球物理调查［J］. 工程地球物理学报，
2004（1）：26-30.

［41］Archie G E. The electrical resistivity log as an aid in determining some reservoir
characteristics［J］. Petroleum Transactions of AIME ，1942，146（1）：54-62.

［42］Waxman M H，Smits L. Electrical conductivities in oil-bearing shalysands［J］. Soci-
ety of Petroleum Engineers Journal，1968，8（2）：107-122.

［43］Rhoades J J，Manteghi N A，Shouse P J，et al. Soil electrical conductivity and soil
salinity：new formulations and calibrations ［J］. Soil Science Society of American
Jouranal，1989，53：433-439.

［44］Mitchell J K，Soga K. Fundamentals of soil behavior（third edition）［M］. New
York：Wiley，2005.

［45］Palacky G J. Resistivity Characteristics of Geologic Targets ［J］. Electromagnetic
Methods in Applied Geophysics，1987，3：52-129.

［46］Liu S Y，Chu Y，Wang F，et al. The expansibility prediction of expansive soil with
electrical resistivity method［C］. In Proceedings of 19th International Conference on
Soil Mechanics and Geotechnical Engineering，COEX，Seoul，Korea，2017.

［47］查甫生，刘松玉，杜延军，等. 基于电阻率法的膨胀土吸水膨胀过程中结构变化定量研
究［J］. 岩土工程学报，2008，30（12）：1832-1839.

［48］Testing A S. Standard Test Method for Field Measurement of Soil Resistivity Using
the Wenner Four-electrode Method ［S］. ASTM 2006，G 57－06，（Reapproved

2012).

[49] 刘松玉,查甫生,于小军. 土的电阻率室内测试技术研究[J]. 工程地质学报,2006,14
(2):216-222.

[50] 韩立华,刘松玉,杜延军. 一种检测污染土的新方法——电阻率法[J]. 岩土工程学报,
2006,28(8):1028-1032.

[51] 刘志彬,方伟,陈志龙,等. 锌离子污染对膨润土一维压缩特性影响试验研究[J]. 岩土
力学,2013(08):2211-2217.

[52] 蒋宁俊,杜延军,刘松玉,等. 酸雨入渗对水泥固化铅污染土淋滤特性的影响研究[J].
岩土工程学报,2013,35(4):739-744.

[53] 张涛,刘松玉,蔡国军,等. 木质素改良粉土热学与力学特性相关性试验研究[J]. 岩土
工程学报,2015,37(10):1876-1885.

[54] 章定文,曹智国,刘松玉,等. 水泥固化铅污染土的电阻率特性与经验公式[J]. 岩土工
程学报,2015,37(9):1685-1691.

[55] 刘松玉,边汉亮,蔡国军,等. 油水二相体对油污染土电阻率特性的影响[J]. 岩土工程
学报,2017(1):170-177.

[56] Campanella R G, Weemees I. Development and use of an electrical resistivity cone
for groundwater contamination studies [J]. Canadian Geotechnical Journal,1990,27
(5):557-567.

[57] Lunne T, Robertson P K, Powell J J M. Cone Penetration Testing in Geotechnical
Practice [M]. UK: Taylor & Francis,1997.

[58] Fukue M, Taya N, Matsumoto M, et al. Development and application of cone for measur-
ing the resistivity of soil[J]. Doboku Gakkai Ronbunshuu,1998(596):283-293.

[59] Fukue M, Minato T, Matsumoto M, et al. Use of a resistivity cone for detecting
contaminated soil layers[J]. Engineering Geology,2001,60(1-4):361-369.

[60] Campanella R, Davies M, Kristiansen H, et al. Site characterization of soil deposits
using recent advances in piezocone technology [C]. Geotechnical Site Characteriza-
tion:2 First International Conference on Site Characterization (ISC),1998:995-
1000.

[61] Abu-Hassanein Z S, Benson C H, Blotz L R. Electrical resistivity of compacted clays
[J]. Journal of Geotechnical Engineering,1996,122 (5):397-406.

[62] 蔡国军,邹海峰,刘松玉,等. 电阻率 CPTU 在某农药厂污染场地评价中的应用[J].
工程地质学报,2012,20(5):821-826. (CAI Guo-jun, ZOU Hai-feng, LIU Song-
yu, et al. Application of resistivity CPTU in evaluation of contamination site for pes-
ticide factory[J]. Journal of Engineering Geology,2012,20(5):821-826. (in Chi-
nese)).

[63] Finnie I M S, Randolph M F. Punch-through and liquefaction induced failure of shal-
low foundations on calcareous sediments [J]. Proc.,17th Int. Conf. on the Behavior
of Offshore Structures, Boston,1994,1:217-230.

[64] Elsworth D, Lee D S. Limits in determining permeability from on-the-fly uCPT

sounding [J]. Géotechnique, 2007, 57(8): 679-686.

[65] Kim K, Prezzi M, Salgado R, et al. Penetration rate effects on cone penetration resistance by calibration chamber tests [C]. Proceedings of 2nd International Symposium on Cone Penetration Testing, CPT10, Huntington Beach, CA, USA, 2010.

[66] Houlsby G T, Teh C I. Analysis of the piezocone in clay[C]//Proc. of the International Symposium on Penetration Testing, ISOPT-1, Orlando, 1988, 2: 777-783.

[67] Parez L, Fauriel R. Le piezocone améliorationsapportées à la reconnaissance des sols [J]. Revue française de géotechnique, 1988 (44): 13-27.

[68] Elsworth D, Lee D S. Permeability determination from on-the-fly piezocone sounding[J]. Journal of Geotechnical and Geoenvironmental Engineering, 2005, 131(5): 643-653.

[69] Chai J C, Agung P M A, Hino T, et al. Estimation hydraulic conductivity from piezocone soundings[J]. Géotechnique, 2011, 61(8): 699-708.

[70] Robertson P K, Wride C E. Evaluating cyclic liquefaction potential using the cone penetration test[J]. Canadian Geotechnical Journal, 1998, 35(3): 442-459.

[71] Canadian Council of Ministers of the Environment, National Classification System for Contaminated Sites[R]. Report CCME EPC-CS39E, 1992, 3.

[72] Prokop G, Schamann M, Austri U, et al. Management of contaminated sites in Western Europe[R]. European Environment Agency, 2000.

[73] U. S. EPA Hazard Ranking System Guidance Manual [R]. 1992: 1921-1941.

[74] Skogsjö E. The Soil Frame Directive-from a Swedish point of view[R]. Swedish Environmental Protection Agency, 2009.

[75] MOPTMA (Ministerio de Obras Públicas, Transportes y Medio Ambiente). National Plan for the Remediation of Soils (1995—2005)[R]. Madrid, Spain, 1996.

[76] Solberg H. Status on registered contaminated sites in Norway[R]. Information Letter of the Norwegian Pollution Control Authority, Oslo, Norway, 1997.

[77] 韦朝阳,陈同斌. 重金属超富集植物及植物修复技术研究进展[J]. 生态学报,2001,21(7):1196-1203.

[78] 许丽萍,李韬. 建设场地污染土综合评价方法探讨[J]. 上海国土资源,2012(02):29-33.

[79] 中华人民共和国国家环境保护局,国家技术监督局. 土壤环境质量标准(GB 15618—1995)[S]. 北京:中国标准出版社,1995.

[80] 刘志全,石利利,刘济宁. 英国的土壤污染指导性标准[J]. 国际瞭望,2006,9A:74-78.

[81] CCME (Canadian Council of Ministers of the Environment). Summary of existing Canadian environmental quality guidelines [R], 2002.

[82] Burden F R, Donnert D, Godish T, et al. Environmental Monitoring Handbook [M]. New York: The McGraw-Hill Companies, 2004.

[83] 刘松玉,詹良通,胡黎明,等. 环境岩土工程研究进展[J]. 土木工程学报,2016,49(3): 6-30.

[84] 吴育林,冯世进,许丽萍,等. 污染场地综合风险评估体系的建立及应用[J]. 地下空间

与工程学报,2014(S2):1986-1991.

[85] 龚剑,胡乃联,崔翔,等. 基于 AHP-TOPSIS 评判模型的岩爆倾向性预测[J]. 岩石力学与工程学报,2014,33(7):1442-1448.

[86] 杜栋,庞庆华,吴炎. 现代综合评价方法与案例精选[M]. 2版. 北京:清华大学出版社,2008.

[87] 宋飞,赵法锁. 地下工程风险分析的层次分析法及 MATLAB 应用[J]. 地球科学与环境学报,2008(3):292-296.

[88] 国土资源部,环境保护部. 全国土壤污染状况调查公报[R]. 北京:国土资源部和环境保护部,2014.

[89] 环境保护部,国家质量监督检验检疫总局. 土壤环境质量标准(修订)(GB 15618—2008)[S]. 北京:中国环境科学出版社,2008.

[90] 王连生. 有机污染化学[M]. 北京:高等教育出版社,2004.

[91] Dec N. New York State Brownfield Cleanup Program Development of Soil Cleanup Objectives Technical Support Document[R]. New York State Department of Environmental Conservation and New York State Department of Health,Albany,2006.

[92] Canadian Council of Ministers of the Environment. A protocol for the derivation of environmental and human health soil quality guidelines [S]. Subcommittee on Environmental Quality Criteria for Contaminated Sites,Winnipeg,1996.

[93] 中华人民共和国国家质量监督检验检疫总局,中国国家标准化管理委员会. 土地利用现状分类(GB/T 21010—2007)[S]. 北京:中国标准出版社,2007.

[94] 周启星,滕涌. 不同土地利用类型污染土壤修复基准推导方法与标准值分析[J]. 浙江大学学报(农业与生命科学版),2015(1):89-100.

第 3 章

[1] Al-sanda H A, Eid W K, Ismael N F. Geotechnical properties of oil-contaminated Kuwaiti sand[J]. Journal of Geotechnical Engineering, 1995, 121(5): 407-412.

[2] 储亚,刘松玉,蔡国军,等. 锌污染土物理与电学特性试验研究[J]. 岩土力学,2015,36(10):2862-2868.

[3] Warkentin B P. Interpretation of the upper plastic limit of clays [J]. Nature, 1961, 190(4772): 287-288.

[4] Mitchell J K, Soga K. Fundamentals of soil behavior [M]. Hoboken, New Jersey: John Wiley & sons, inc, 2005.

[5] Rao S N, Mathew P K. Effects of exchangeable cations on hydraulic conductivity of a marine clay [J]. Clays and clay minerals, 1995, 43(4): 433-437.

[6] Yong R N, Ouhadi V R, Goodarzi A R. Effect of Cu^{2+} ions and buffering capacity on smectite microstructure and performance [J]. Journal of geotechnical and geoenvironmental engineering, 2009, 135(12): 1981-1985.

［7］ Montoro M，Francisca F. Soil permeability controlled by particle-fluid interaction ［J］. Geotechnical and Geological Engineering，2010，28(6)：851-864.

［8］ Di Maio C. Exposure of bentonite to salt solution：osmotic and mechanical effects ［J］. Geotechnique，1996，46(4)：695-707.

［9］ Li J S，Xue Q，Wang P，et al. Effect of lead (II) on the mechanical behavior and microstructure development of a Chinese clay ［J］. Applied Clay Science，2015，105：192-199.

［10］ 储亚，刘松玉，蔡国军，等. 重金属锌污染淤泥质粉质黏土物理特性试验研究［J］. 地下空间与工程学报，2014，10(6)：1312-1316.

［11］ Bian H L，Liu S Y，Cai G J，et al. Effects of LNAPLs contamination on the basic properties of silty clay［C］// Geo-Chicago 2016：Sustainable Materials and Resource Conservation. Reston，VA：ASCE，2016：345-354.

［12］ Chu Y，Liu S Y，Cai G J，et al. Physical and microscopic characteristics experiments with heavy metal polluted cohesive soil［C］// Geo-Chicago 2016，ASCE. Chicago，IL，2016：42-52.

［13］ Morvan M，Espinat D，Lambard J，et al. Ultra-small and small-angle X-ray scattering of smectite clay suspensions ［J］. Colloids and Surfaces A：Physicochemical and engineering aspects，1994，82(2)：193-203.

［14］ 何小红. 长春地区柴油污染土性质及水泥固化效果研究［D］. 长春：吉林大学，2015.

［15］ 边汉亮. 基于电学热学参数的有机物污染场地工程特性评价方法研究［D］. 南京：东南大学，2017.

［16］ 边汉亮，蔡国军，刘松玉，等. 有机氯农药污染土强度特性及微观机理分析研究［J］. 地下空间与工程学报，2014，10(6)：1317-1323.

［17］ 蓝俊康. 污染场地修复技术的种类［J］. 四川环境，2006，25(3)：90-100.

［18］ 饶为国，马福荣，陈日高，等. 重金属污染对土压实性及抗剪强度影响的试验研究［J］. 工业建筑，2013，43(4)：92-97.

［19］ 徐慧，李文平，曹丽文. 金属离子对黏土土工性状影响的实验［J］. 煤田地质与勘探，2009(3)：57-60.

［20］ 陈炜韬，王明年，王鹰，等. 含盐量及含水量对氯盐盐渍土抗剪强度参数的影响［J］. 中国铁道科学，2006(4)：1-5.

［21］ Shin E C，Das B M. Bearing capacity of unsaturated oil-contaminated sand ［J］. International Journal of Off shore and Polar Engineering，2001，11(3)：220-226.

［22］ Khamehchiyan M，Charkhabi H A，Tajik M. Effects of crude oil contamination on geotechnical properties of clayey and sandy soils［J］. Engineering Geology，2007，89(3)：220-229.

［23］ Rahman Z A，Hamzah U，Taha M R，et al. Influence of oil contamination on geotechnical properties of basaltic residual soil［J］. American Journal of Applied Sciences，2010，7(7)：954-961.

［24］ Nazir A K. Effect of motor oil contamination on geotechnical properties of over consolidated clay[J]. Alexandria Engineering Journal，2011，50(4)：331-335.

[25] Oluremi J R，Adewuyi A P，Sanni A A. Compaction characteristics of oil contamina-ted residual soil[J]. Journal of Engineering and Technology，2015，6(2)：75-87.

[26] Abousnina R M，Manalo A，Shiau J，et al. Effects of light crude oil contamination on the physical and mechanical properties of fine sand[J]. Soil and Sediment Con-tamination：An International Journal，2015，24(8)：833-845.

[27] Kermani M，Ebadi T. The effect of oil contamination on the geotechnical properties of fine-grained soils[J]. Soil and Sediment Contamination：An International Journal，2012，21(5)：655-671.

[28] Khosravi E，Ghasemzadeh H，Sabour M R，et al. Geotechnical properties of gas oil-contaminated kaolinite[J]. Engineering Geology，2013，166：11-16.

[29] Akinwumi I I，Diwa D，Obianigwe N. Effects of crude oil contamination on the index properties，strength and permeability of lateritic clay[J]. International Journal of Applied Sciences and Engineering Research，2014，3(4)：816-824.

[30] Nasehi S A，Uromeihy A，Nikudel M R，et al. Influence of gas oil contamination on geotechnical properties of fine and coarse-grained soils[J]. Geotechnical and Geolog-ical Engineering，2016，34(1)：333-345.

[31] 夏磊. 重金属污染土的工程性质试验研究[D]. 合肥：合肥工业大学，2014.

[32] Du Y J，Jiang N J，Liu S Y，et al. Engineering properties and microstructural char-acteristics of cement-stabilized zinc-contaminated kaolin[J]. Canadian Geotechnical Journal，2014，51(3)：289-302.

[33] 方伟. 表面活性剂强化曝气修复 MTBE 污染饱和砂土室内试验研究[D]. 南京：东南大学，2015.

第 4 章

[1] Lodolo A. Clean-up technologies for POPs contaminated soil and water[C]. Work-shop on "Non combustion technologies for POP destruction and their assessment" Bangkok，Thailand，2007.

[2] Burden F R，Donnert D，Godish T，et al. Environmental Monitoring Handbook [M]. New York：The McGraw-Hill Companies，2004.

[3] Committee E T T. Remediation Technologies Screening Matrix and Reference Guide (Second Edition)[R]. U. S. Department of Defense，1994.

[4] Cynthia R E，David A D. Remediation of Metals-Contaminated Soils and Groundwa-ter Technology[R]. Carnegie Mellon University，Pittsburgh，PA，1997.

[5] Dennemann C A J. Risk Assessment in Soil Policy in The Netherlands[C]. Ministry of Housing，Spatial Planning and Environment，The Hague (NL)，proceedings from the 3rd CARACAS meeting，Vienna，Austria，1997.

[6] Lodolo A. Clean-up technologies for POPs contaminated soil and water [C]. Workshop on Non combustion technologies for POP destruction and their, Bangkok, Thailand, 2007.

[7] 陈蕾. 水泥固化稳定重金属污染土机理与工程特性研究[D]. 南京: 东南大学, 2010.

[8] U. S. Environmental Protection Agency. Innovative Treatment Technologies for Site Cleanup[R]. Annual Status Report, EPA 542 - R - 07 - 012. 12th Edition, 2007.

[9] European Environment Agency: Established under the thematic strategy for soil protection, Volume Ⅳ: Contamination and land management [R]. EUR 21319 EN/4, 2004.

[10] 韦朝阳, 陈同斌. 重金属超富集植物及植物修复技术研究进展[J]. 生态学报, 2001, 21(7): 1196-1203.

[11] 马伟芳. 植物修复重金属-有机物复合污染土壤的研究[R]. 北京: 清华大学环境科学与工程系, 2009.

[12] 王海娟, 宁平, 曾向东, 等. 类芦在土壤铅污染修复中的应用前景探讨[J]. 昆明理工大学学报(理工版), 2008, 33(1): 75-78.

[13] 马淑敏, 孙振钧, 王冲. 蚯蚓-甜高粱复合系统对土壤镉污染的修复作用及机理初探[J]. 农业环境科学学报, 2008, 27(1): 133-138.

[14] 张宝良. 油田土壤石油污染与原位生物修复技术研究[D]. 大庆: 大庆石油学院, 2007.

[15] Yang X E, Feng Y, Li T Q, et al. Phytoremediation of metal contaminated soils and biotechnology[J]. Journal of Trace Elements in Medicine and Biology, 2005, 18(4): 339-353.

[16] 娄红霞. 重金属污染土壤的动电修复技术研究[D], 杭州: 浙江大学, 2005.

[17] 时文歆, 于水利, 邱晓霞, 等. 动电修复铅污染土壤和地下水的初步研究[J]. 环境科学与技术, 2005, 28(1): 21-24.

[18] 朱伟, 张春雷, 高玉峰, 等. 海洋疏浚固化处理土基本力学性质研究[J]. 浙江大学学报, 2005, 39(10): 1561-1565.

[19] 李磊, 朱伟, 林城. 生物与化学作用对污泥固体渗透性的影响[J]. 岩土力学, 2006, 27(6): 933-938.

[20] 李磊, 朱伟, 林城. 硫杆菌对固化污泥中重金属浸出的影响[J]. 环境科学, 2006, 27(10): 2105-2109.

[21] 胡黎明, 刘毅. 地下水曝气修复技术的模型试验研究[J]. 岩土工程学报, 2008, 30(6): 835-839.

[22] Hu L M, Lo I M C, Meegoda N J. Centrifuge Testing of LNAPL Migration and Soil Vapor Extraction for Soil Remediation[J]. Practice Periodical Hazardous, Toxic, and Radioactive Management, ASCE, 2006, 10(1): 33-40.

[23] 王艳伟, 李书鹏, 康绍果, 等. 中国工业污染场地修复发展状况分析[J]. 环境工程, 2017, 35(10): 175-178.

[24] 吴健, 沈根祥, 黄沈发. 挥发性有机物污染土壤工程修复技术研究进展[J]. 土壤通报, 2005, 36(3): 430-435.

[25] 李晓光,马建立,马云鹏,等. 污染场地修复技术效能比较[J]. 中国环保产业,2014(10):49-52.

[26] 蒋小红,喻文熙,江家华,等. 污染土壤的物理/化学修复[J]. 环境污染与防治,2006,28(3):210-214.

[27] 耿春雷,顾军,於定新. 高温热解析在多环芳烃污染土修复中的应用[J]. 材料导报,2012,3:24.

[28] 魏萌. 焦化污染场地土壤中 PAHs 的赋存特征及热脱附处置研究[D]. 北京:首都师范大学,2013.

[29] 杨勤,王兴润,孟昭福,等. 热脱附处理技术对汞污染土壤的影响[J]. 西北农业学报,2013,22(6):203-208.

[30] Falciglia P P, Giustra M G, Vagliasindi F G A. Low-temperature thermal desorption of diesel polluted soil: influence of temperature and soil texture on contaminant removal kinetics[J]. Journal of hazardous materials, 2011, 185(1): 392-400.

[31] 王瑛,李扬,黄启飞,等. 污染物浓度与土壤粒径对热脱附修复 DDTs 污染土壤的影响[J]. 环境科学研究,2011,24(9):1016-1022.

[32] 张攀,高彦征,孔火良. 污染土壤中硝基苯热脱附研究[J]. 土壤(Soils),2012,44(5):801-806.

[33] 李晓光,马建立,马云鹏,等. 污染场地修复技术效能比较[J]. 中国环保产业,2014(10):49-52.

[34] 张强,刘彬,刘巍,等. 污染土壤的物化修复治理技术[J]. 化学通报,2014,4:8.

[35] 冯俊生,张俏晨. 土壤原位修复技术研究与应用进展[J]. 生态环境学报,2014,23(11):1861-1867.

[36] 王向健,郑玉峰,赫冬青. 重金属污染土壤修复技术现状与展望[J]. 环境保护科学,2004,30(2):48-49

[37] 龙新宪,杨肖娥,倪吾钟. 重金属污染土壤修复技术研究的现状与展望[J]. 应用生态学报,2002,13(6):757-762.

[38] 何冰,杨肖娥. 铅污染土壤的修复技术[J]. 广东微量元素科学,2001,8(9):12-17.

[39] 蓝俊康. 污染场地修复技术的种类[J]. 四川环境,2006,25(3):90-100.

[40] Suthersan S S. Remediation engineering: design concepts[M]. Florida: CRC Press, 1996.

[41] 陈玉成. 土壤污染的生物修复[J]. 环境科学动态,1999(2):7-11.

[42] 周东美,邓昌芬. 重金属污染土壤的电动修复技术研究进展[J]. 农业环境科学学报,2003,22(4):505-508.

[43] 王业耀,孟凡生. 铬(Ⅵ)污染高岭土电动修复实验研究[J]. 生态环境,2005,14(6):855-859.

[44] 李欣. 电动修复技术机理及去除污泥和尾砂中重金属的研究[D]. 长沙:湖南大学,2007.

第 5 章

［1］ U. S. Environmental Protection Agency. Treatment technologies for site clean-up：Annual status report（Twelfth Edition）［R］. Washington DC：U. S. Environmental Protection Agency，2007.

［2］ 陈云敏,施建勇,朱伟,等. 环境岩土工程研究综述［J］. 土木工程学报,2012,45(4)：165-182.

［3］ Barth E F. An overview of the history，present status，and future direction of solidification/stabilization technologies for hazardous waste treatment［J］. Journal of Hazardous Materials，1990，24(2)：103-109.

［4］ Duru U E, Al-Tabbaa A. Effect of microbial activities on the mobility of copper in stabilised contaminated soil［C］. Stabilisation/Solidification Treatment and Remediation；Taylor & Francis,2005：323-333.

［5］ U. S. Environmental Protection Agency. Solidification/Stabilization use at superfund sites［R］. Washington DC：U. S. Environmental Protection Agency，2000.

［6］ Rulkens W H, Grotenhuis J T C, Tichy R. Methods for cleaning contaminated soils and sediments［M］. Berlin Heidelberg：Springer，1995.

［7］ Yong R N, Mohamed A M O, Warkentin B P. Principles of contaminant transport in soils［M］. Amsterdam：Elsevier，1992.

［8］ 吴旦,刘萍,朱红. 从化学的角度看世界［M］.北京:化学工业出版社,2006.

［9］ 何宏平. 蒙脱石等黏土矿物与金属离子的作用特征及机理研究［D］.北京:中国科学院地质与地球物理研究所,1999.

［10］ 李天杰. 土壤环境学:土壤环境污染防治与土壤生态保护［M］. 北京:高等教育出版社,1996.

［11］ Dragun J. The soil chemistry of hazardous materials［R］. Hazardous materials control research institute，Maryland,Silver spring，1988.

［12］ Jones L H P, Jarvis S C. The Fate of Heavy Metal ［C］//Greenland D J, Hayes M H B. The Chemistry of Soil Processes. New York：John Wiley and Sons，1981.

［13］ Bhatty M S Y. Fixation of metallic ions in Portland cement［C］. Proceedings of 4th National Conference on Hazardous Wastes and Hazardous Materials，1987：1140-1145.

［14］ Thevenin G, Pera J. Interactions Between Lead and Different Binders［J］. Cement and Concrete Research，1999，29(10)：1605-1610.

［15］ Richardson I G, Groves G W. The incorporation of minor and trace elements into calcium silicate hydrate (C-S-H) gel in hardened cement pastes［J］. Cement and Concrete Research，1993,23(1)：131-138.

[16] Ziegler F, Scheidegger A M, Johnson C A, et al. Sorption mechanisms of zinc to calcium silicate hydrate: X-ray absorption fine structure (XAFS) investigation [J]. Environ. Sci. Technol. , 2001,35:1550-1558.

[17] Komarneni S, Breval E, Roy R. Reactions of Some Calcium Silicates with Metal Cations[J]. Cement and Concrete Rescarch, 1988,18:204-220.

[18] Yousuf M, Vempati R K, Lin T C, et al. The Interfacial Chemistry of Solidification/Stabilization of Metals in Cement and Pozzolanic Systems[J]. Waste Management, 1995,15:137-148.

[19] Cocke D L. The binding chemistry and leaching mechanisms of hazardous substances in cementitious solidification/ stabilization systems[J]. J. Hazard. Mater. , 1990,24:231-253.

[20] Lee D J. Formation of leadhillite and calcium lead silicate hydrate(C-Pb-S-H) in the solidification/stabilization of lead contaminants [J]. Chemosphere, 2007,66: 1727-1733.

[21] Ivey D B, Heinmann R B, Neuwirth M, et al. Electron Microscopy of Heavy Metal Waste in Cement Matrices [J]. Journal Materials Science Letters, 1990, 25:5055-5062.

[22] Stellacci P, Liberti L, Notarnicola M, et al. Valorization of coal fly ash by mechano-chemical activation Part Ⅱ. Enhancing pozzolanic reactivity[J]. Chemical Engineering Journal, 2009, 149(3):19-24.

[23] Halim C E, Short S A, Scott J A, et al. Modelling the leaching of Pb, Cd, As, and Cr from cementitious waste using PHREEQC [J]. J. Hazard. Mater. , 2005,A125:45-61.

[24] Glasser F P. Fundamental aspects of cement solidification and Stabilization[J]. Journal of Hazardous Materials, 1997, 52:151- 170.

[25] Beaudoin J J, Brown P W. The structure of hardened cement paste [C]. Proceedings of 9th International Congress on the Chemistry of Cement, 1992: 1485-1525.

[26] Albino V, Cioffi R, Marroccoli M, et al. Potential application of ettringite generating systems for hazardous waste stabilization [J]. Journal of Hazardous Materials, 1996,51(1-3):241-252.

[27] Bonen D, Sarkar S L. The present state of the art of immobilization of hazardous heavy metals in cement-based materials [C]// Michael W G, Shondeep L S. Proceedings of an Engineering Foundation Conference on Advances in Cement and Concrete, 1994:1481-1498.

[28] 蓝俊康,丁凯,王焰新.钙矾石对 Pb，Zn，Cd 的化学俘获[J].桂林工学院学报,2005, 25(3):330-334.

[29] Qiao X C, Poon C S, Cheeseman C R. Investigation into the stabilization/solidification performance of Portland cement through cement clinker phases[J]. Jour-

nal of Hazardous Materials，2007，B139：238-243.

[30] Glasser F P. Chemistry of cement-solidified waste forms [C]// Spence R D. Chemistry and microstructure of solidified waste forms. Boca Raton：Lewis Publishers，1993：1-39.

[31] Park J Y，Batchelor B. Prediction of Chemical Speciation in Stabilised/Solidified Wastes Using a General Chemical Equilibrium Model. Part Ⅰ：Chemical Representation of Cementitious Binders[J]. Cement and Concrete Research，1999，29：361-368.

[32] Li X D，Poon C S，Sun H，et al. Heavy Metal Speciation and Leaching Behaviors in Cement Based Solidified/Stabilized Waste Materials[J]. Journal of Hazardous Materials，2001，A82：215-230.

[33] 蓝俊康，王焰新. 利用复合水泥固化Pb^{2+}的机理探讨[J]. 硅酸盐通报，2005，4：10-15.

[34] Cheng K Y，Bishop P L. Sorption，Important in Stabilized/Solidified Waste Forms[J]. Hazardous Waste and Hazardous Materials，1994，9：289-296.

[35] McWhinney H G. Cocke D L A Surface Study of the Chemistry of Zinc，Cadmium and Mercury in Portland Cement [J]. Waste Management，1993，13：117-123.

[36] Mollah M Y A，Vempati R K，Lin T C，et al. The interfacial chemistry of solidification/stabilization of metals in cement and pozzolanic material systems [J]. Waste Manage，1995，15：137-148.

[37] Bonen D，Sarkar S L. The present state-of-the-art of immobilization of hazardous heavy metals in cement-based materials [C]. Advances in cement and concrete. ASCE，1994：481-498.

[38] Cullinane M J，Jones L W，Malone P G. Handbook for stabilization/ solidifcation of hazardous wastes [R]. EPA/540/2-86/001，1986.

[39] Glasser F P. Chemistry of Cement-Solidified Waste Forms [J]//Spence R D. Chemistry and Microstructure of Solidified Waste Forms，1993：1-39.

[40] Roy A，Eaton H C，Cartledge F K，et al. Solidification/stabilization of hazardous-waste：evidence of physical encapsulation[J]. Environ. Sci. Technol. ，1992，26：1349-1353.

[41] Cartledge F K，Butler L G，Chalasani D，et al. Immobilization mechanisms in solidification/stabilization of Cd and Pb salts using portland cement fixing agents [J]. Environmental Science and Technology，1990，24：867-873.

[42] Conner J R. Chemical fixation and solidification of hazardous wastes [M]. New York：Van Nostrand Reinhold，1990.

[43] Park C K. Hydration and solidification of hazardous wastes containing heavy metals using modified cementitious materials [J]. Cem. Concr. Res. ，2000，30：429-435.

[44] Chen Q Y，Hills C D，Tyrer M，et al. Characterisation of products of tricalcium

silicate hydration in the presence of heavy metals [J]. Journal of Hazardous Materials，2007,147:817-825.

[45] Bishop P L. Leaching of inorganic hazardous constituents from stabilized/solidified hazardous wastes [J]. Hazard. Waste Hazard. Mater.，1988，5（2）：129-143.

[46] Mollah M Y A, Parga J R, Cocke D L. An infrared spectroscopic examination of cement-based solidification/stabilization systems-Portland type-V and type IP with zinc [J]. J. Environ. Sci. Health, Part A: Environ. Sci. Eng. & Toxic Hazard. Subst. Control，1992,27:1503-1519.

[47] Roy A, Cartledge F K. Long-term behavior of a Portland cement-electroplating sludge waste form in presence of copper nitrate [J]. J. Hazard. Mater.，1997，52:265.

[48] 蓝俊康,王焰新. 几种含铬钙矾石的合成试验研究[J]. 混凝土,2004,177(7):16-18.

[49] Stephan D, Mallmann R, Knöfel D, et al. High intakes of Cr，Ni，and Zn in clinker Part II. Influence on the hydration properties [J]. Cement and Concrete Research，1999,29:1959-1967.

[50] Mulligan C N, Yong R N, Gibbs B F. Remediation technologies for metalcontaminated soils and groundwater: an evaluation [J]. Eng. Geology，2001,60:193-207.

[51] Murat M, Sorrentino F. Effect of large additions of Cd, Pb, Cr, Zn, to cement raw meal on the composition and the properties of the clinker and the cement [J]. Cem. Concr. Res.，1996,26(3):377-385.

[52] Lange L C, Hills C D, Poole A B. Effect of carbonation on properties of blended and non-blended cement solidified waste forms[J]. J. Hazard. Mater.，1997，52:193.

[53] Lee D J, Waite T D, Swarbrick G, et al. Comparison of solidification/stabilization effects of calcite between Australian and South Korean cements[J]. Cement and Concrete Research，2005,35:2143-2157.

[54] Lin S L, Lai J S, Chian E S. Modification of sulfur polymer cement (SPC) stabilization and solidification(S/S) process [J]. Waste Management，1995,15:441-447.

[55] 陈蕾. 水泥固化稳定重金属污染土机理与工程特性研究[D]. 南京:东南大学,2010.

[56] U. S. Environmental Protection Agency. Prohibition on the placement of bulk liquid hazardous waste in landfills-Statutory interpretive guidance，530-SW-86-016 [R]. Washington DC: U. S. Environmental Protection Agency，1986.

[57] Center for Environmental Research Information, U. S. Environmental Protection Agency. Stabilization/solidification of CERCLA and RCRA wastes: Physical tests, chemical testing procedures, technology screening, and field activities [R]. Cincinnati, OH Center for Environmental Research Information, U. S. Environmental Protection Agency，1989.

[58] Yin C Y, Mahmud H B, Shaaban M G. Stabilization/solidification of lead-contaminated soil using cement and rice husk ash [J]. Journal of Hazardous Materials, 2006, 137(3): 1758-1764.

[59] U. K. Environment Agency. Review of scientific literature on the use of stabilisation/solidification for the treatment of contaminated soil, solid waste and sludges[R]. Aztec West, Bristol: U. K. Environment Agency, 2004.

[60] Perera A S R, Al-Tabbaa A, Reid J M, et al. State of practice reports UK stabilisation/solidification treatment and remediation Part IV: Testing and performance criteria [C] // Proceedings of the international conference on stabilisation/solidification treatment and remediation. University of Cambridge, United Kingdom: Taylor & Francis Group, LLC, 2005: 415-435.

[61] 李喜林, 张佳雯, 陈冬琴, 等. 水泥固化铬污染土强度及浸出试验研究[J]. 硅酸盐通报, 2017, 36(3): 979-990.

[62] Voglar G E, Leštan D. Solidification/stabilisation of metals contaminated industrial soil from former Zn smelter in Celje, Slovenia, using cement as a hydraulic binder [J]. Journal of hazardous materials, 2010, 178(1): 926-933.

[63] 地基处理手册编写委员会. 地基处理手册[M]. 2 版. 北京: 中国建筑工业出版社, 2000.

[64] Arliguie G, Grandet J. Influence de la composition d'un cement Portland sur son hydratation en presence de zink [J]. Cem Concr Res, 1990, 20: 517-524.

[65] Hamilton I W, Sammes N M. Encapsulation of steel foundry dusts in cement mortar[J]. Cem. Concr. Res., 1999, 29: 55-61.

[66] Mollah M Y A, Hess T R, Tsai Y N, et al. FTIR and XPS investigations of the effects of carbonation on the solidification/stabilization of cement based system-Portland TypeV with zinc [J]. Cem. Concr. Res., 1993, 23: 773-784.

[67] Xue Q, Li J S, Liu L. Effect of compaction degree on solidification characteristics of Pb-contaminated soil treated by cement [J]. Clean-Soil, Air, Water, 2014, 42(8): 1126-1132.

[68] Kogbara R B, Al-Tabbaa A. Mechanical and leaching behaviour of slag-cement and lime-activated slag stabilised/solidified contaminated soil [J]. Science of The Total Environment, 2011, 409(11): 2325-2335.

[69] Kogbara R B, Al-Tabbaa A, Yi Y L, et al. Cement-fly ash stabilisation/solidification of contaminated soil: Performance properties and initiation of operating envelopes [J]. Applied Geochemistry, 2013, 33(Supplement C): 64-75.

[70] Jin F, Wang F, Al-Tabbaa A. Three-year performance of in-situ solidified/stabilised soil using novel MgO-bearing binders [J]. Chemosphere, 2016, 144(Supplement C): 681-688.

[71] Schwantes J M, Batchelor M. Simulated infinite-dilution leach test[J]. Environmental Engineering Science, 2006, 23(1): 4-13.

[72] EPA., U. S. Method 1311：Toxicity characteristic leaching procedure. SW846 Online test methods for evaluation of solid wastes, physical chemical methods [S]. 2003.

[73] Vander Sloot, H A, Heasman, L, Quevauviller, Ph. Harmonisation of Leaching Extraction Tests [M]. Studies in Environmental Science 70, Amsterdam：Elsevier, 1997.

[74] Halim C E, Amal R, Beydoun D, et al. Implications of the structure of cementitious wastes containing Pb(Ⅱ), Cd(Ⅱ), As(Ⅴ), and Cr(Ⅵ) on the leaching of metals [J]. Cement and Concrete Research, 2004, 34(7)：1093-1102.

[75] Hale B, Evans L, Lambert R. Effects of cement or lime on Cd, Co, Cu, Ni, Pb, Sb and Zn mobility in field-contaminated and aged soils [J]. Journal of Hazardous Materials, 2012, 199/200(Supplement C)：119-127.

[76] USEPA Method 1311 Test methods for evaluation of solid wastes, physical chemical methods：Toxicity characteristic leaching procedure [S]. Washington DC：U. S. Environmental Protection Agency, 1992.

[77] 环境保护部. 固体废物浸出毒性浸出方法 水平振荡法(HJ 557—2010)[S]. 北京：中国环境科学出版, 2010.

[78] 国家环境保护总局. 固体废物 浸出毒性浸出方法 醋酸缓冲溶液法(HJ/T 300—2007)[S]. 北京：中国环境科学出版社, 2007.

[79] 国家环境保护总局. 固体废物 浸出毒性浸出方法 硫酸硝酸法(HJ/T 299—2007)[S]. 北京：中国环境科学出版社, 2007.

[80] 国家环境保护总局, 国家质量监督检验检疫总局. 危险废物鉴别标准 浸出毒性鉴别(GB 5085.3—2007)[S]. 北京：中国环境科学出版社, 2007.

[81] 中华人民共和国国家质量监督检验检疫总局, 中国国家标准化管理委员会. 地下水质量标准(GB/T 14848—93)[S]. 北京：中国标准出版社, 1993.

[82] 国家质量监督检验检疫总局, 国家环境保护总局. 地表水环境质量标准(GB 3838—2002)[S]. 北京：中国环境科学出版社, 2002.

[83] Malviya R, Chaudhary R. Leaching behavior and immobilization of heavy metals in solidified/stabilized products [J]. Journal of Hazardous Materials, 2006, 137(1)：207-217.

[84] Moon D H, Dermatas D. An evaluation of lead leachability from stabilized/solidified soils under modified semi-dynamic leaching conditions [J]. Engineering Geology, 2006, 85(1)：67-74.

[85] Du Y J, Wei M L, Reddy K R, et al. Effect of acid rain pH on leaching behavior of cement stabilized lead-contaminated soil [J]. Journal of Hazardous Materials, 2014, 271：131-140.

[86] Du Y J, Jiang N J, Shen S L, et al. Experimental investigation of influence of acid rain on leaching and hydraulic characteristics of cement-based solidified/stabilized lead contaminated clay [J]. Journal of hazardous materials, 2012, 225：

195-201.

[87] Du Y J, Wei M L, Reddy K R, et al. Effect of acid rain pH on leaching behavior of cement stabilized lead-contaminated soil [J]. Journal of Hazardous Materials, 2014, 271: 131-140.

[88] 东南大学岩土工程研究所. 特殊路基填土固化稳定再生利用的关键问题研究, BK2010060[R]. 南京：东南大学岩土工程研究所,2015.

[89] 查甫生,郝爱玲,许龙,等. 水泥固化重金属污染土的淋滤特性试验研究[J]. 工业建筑, 2014, 44(1)：65-70. (ZHA Fu-sheng, HAO Ai-lin, XU Long, et al. Experimental study of leaching characteristics of cement solidified and stabilized heavy metal contaminated soils [J]. Industrial Construction, 2014, 44(1)：65-70. (in Chinese))

[90] 董祎挈,陆海军,李继祥. 水泥固封镉污染土离子释放规律与微观结构[J]. 环境工程学报,2015, 9(9)：4578-4584. (DONG Yi-zhi, LU Hai-jun, LI Ji-xiang. Ion release and microstructure of Cd polluted clay solidified by cement[J]. Chinese Journal of Environmental Engineering, 2015, 9(9)：4578-4584. (in Chinese))

[91] Voglar G E, Leštan D. Equilibrium leaching of toxic elements from cement stabilized soil [J]. Journal of Hazardous Materials, 2013, 246/247(Supplement C)：18-25.

[92] Miller J, Akhter H, Cartledge F K, et al. Treatment of arsenic-contaminated soils. II: Treatability study and remediation [J]. Journal of Environmental Engineering, 2000, 126(11): 1004-1012.

[93] Wang S, Vipulanandan C. Solidification/stabilization of Fe (II)-treated Cr (VI)-contaminated soil [J]. Environmental engineering science, 2001, 18 (5): 301-308.

[94] Moon D H, Grubb D G, Reilly T L. Stabilization/solidification of selenium-impacted soils using Portland cement and cement kiln dust [J]. Journal of Hazardous Materials, 2009, 168(2): 944-951.

[95] 查甫生,王连斌,刘晶晶,等. 高钙粉煤灰固化重金属污染土的工程性质试验研究[J]. 岩土力学,2016, 37(Supp.1)：249-254.

[96] Hytiris N, Fotis P, Stavraka T D, et al. Leaching and mechanical behaviour of Solidified/Stabilized nickel contaminated soil with cement and geosta [J]. International Journal of Environmental Pollution and Remediation, 2015, 3：1-8.

[97] Yan M, Zeng G M, Li X M, et al. Incentive effect of bentonite and concrete admixtures on stabilization/solidification for heavy metal-polluted sediments of Xiangjiang River [J]. Environmental Science and Pollution Research, 2017, 24 (1)：892-901.

[98] Wu H L, Du Y J, Wang F, et al. Study on the semi-dynamic leaching characteristics of cd contaminated soils solidified/stabilized with phosphate under the condition of acid rain [M] //Brandon T L, Valentine R J. Geotechnical Fron-

tiers 2017: Waste Containment, Barriers, Remediation, and Sustainable Geo-engineering. Reston, VA: ASCE, 2017: 414-422.

[99] Du Y J, Wei M L, Reddy K R, et al. New phosphate-based binder for stabilization of soils contaminated with heavy metals: leaching, strength and microstructure characterization [J]. J Environ Manage, 2014, 146: 179-188.

[100] Wei M L, Du Y J, Reddy K R, et al. Effects of freeze-thaw on characteristics of new KMP binder stabilized Zn- and Pb-contaminated soils [J]. Environmental Science and Pollution Research, 2015, 22(24): 19473-19484.

[101] Du Y J, Wei M L, Reddy K R, et al. Effect of carbonation on leachability, strength and microstructural characteristics of KMP binder stabilized Zn and Pb contaminated soils[J]. Chemosphere, 2016, 144: 1033-1042.

[102] Wu H L, Du Y J, Yang Y Y, et al. Performance of tailing contaminated soils solidified by phosphate-based binder [J]. Applied Mechanics & Materials, 2017, 858: 104-110.

[103] 薄煜琳,于博伟,杜延军,等. 淋滤条件下 GGBS-MgO 固化铅污染黏土强度与溶出特性研究[J]. 岩土力学,2015, 36(10): 2877-2891.

[104] Wang F, Jin F, Shen Z, et al. Three-year performance of in-situ mass stabilised contaminated site soils using MgO-bearing binders [J]. Journal of Hazardous Materials, 2016, 318(Supplement C): 302-307.

[105] Jin F, Wang F, Al-Tabbaa A. Three-year performance of in-situ solidified/stabilised soil using novel MgO-bearing binders [J]. Chemosphere, 2016, 144 (Supplement C): 681-688.

[106] Day S R, Zarlinski S J, Jacobson P. Stabilization of cadmium-impacted soils using jet-grouting techniques [C] //Evans J C. In Situ Remediation of the Geo-environment. Minneapolis, MN: ASCE, 1997: 388-402.

第 6 章

[1] EDITION F. Superfund Remedy Report [R]. 2013.

[2] US Army Corps of Engineers. Engineering and Design: Soil Vapor Extraction and Bioventing [R]. Manual Engineer, Washington, DC, 2002.

[3] 王晓燕,郑建中,翟建平. SEAR 技术修复土壤和地下水中 NAPL 污染的研究进展[J]. 环境污染治理技术与设备,2006,7(10): 1-5.

[4] 刘玉兰,程莉蓉,丁爱中,等. NAPL 泄漏事故场地地下水污染风险快速评估与决策[J]. 中国环境科学,2011,31(7): 1219-1244.

[5] 薛强. 石油污染物在地下环境系统中运移的多相流模型研究[D]. 阜新:辽宁工程技术大学,2004.

[6] USEPA. A Technology Assessment of Soil Vapor Extraction and Air Sparging

［R］. Washington，DC，1992.

［7］ Unger A，Sudicky E，Forsyth P. Mechanisms controlling vacuum extraction cou-pled with air sparging for remediation of heterogeneous formations contaminated by dense nonaqueous phase liquids ［J］. Water Resources Research，1995，31(8)： 1913-1925.

［8］ 张英. 地下水曝气(AS)处理有机物的研究［D］. 天津：天津大学，2004.

［9］ Adams J A. System effects on the remediation of contaminated saturated soils and groundwater using air sparging ［D］. Chicago：University of Illinois，1999.

［10］ Semer R，Reddy K R. Mechanisms controlling toluene removal from saturated soils during in situ airsparging ［J］. Journal of Hazardous Materials，1998， 57(1-3)：209-230.

［11］ 刘燕. 地下水曝气法的模型试验研究［D］. 北京：清华大学，2009.

［12］ Burchfield S，Wilson D. Groundwater Cleanup by in situ Sparging. 4. Removal of Dense Nonaqueous Phase Liquid by Sparging Pipes ［J］. Sep. Sci. Technol， 1993，28(17)：2529-2552.

［13］ Malone D R，Kao C M，Borden R C. Dissolution and biorestoration of nonaque-ous phase hydrocarbons：Model development and laboratoryevaluation ［J］. Wa-ter Resources Research，1993，29(7)：2203-2213.

［14］ Braida W J，Ong S K. Air sparging：Air-water mass transfercoefficients ［J］. Water Resources Research，1998，34(12)：3245-3253.

［15］ Johnson C，Rayner J，Patterson B，et al. Volatilisation and biodegradation dur-ing air sparging of dissolved BTEX-contaminatedgroundwater ［J］. Journal of Contaminant Hydrology，1998，33(3-4)：377-404.

［16］ Johnson P C. Assessment of the contributions of volatilization and biodegrada-tion to in situ air sparging performance ［J］. Environmental Science & Technolo-gy，1998，32(2)：276-281.

［17］ Reddy K，Kosgi S，Zhou J. A review of in-situ air sparging for the remediation of VOC-contaminated saturated soils and groundwater ［J］. Hazardous Waste and Hazardous Materials，1995，12(2)：97-118.

［18］ Felten D W，Leahy M C，Bealer L J，et al. Case study：site remediation using air sparging and soil vapor extraction ［C］. Proceedings of the Petroleum Hydrocarbons and Organic Chemicals in Ground Water：Prevention，Detection，and Restoration Conference. Natl. Ground Water Assoc.，Dublin，OH，1992：395-411.

［19］ Mark A，Aelion C M. Application of a numerical model to the performance and anal-ysis of an in situ bioremediation project ［M］// In Situ Bioreclamation：Applications and Investigations for Hydrocarbon and Contaminated Site Remediation，1991：227-244.

［20］ Miller R R. Air Sparging. Technology Overview Report GWRTAG O-Series TO-96-04 ［R］. Ground-Water Remediation Technologies Analysis Center，Pittsburgh/

PA, USA, 1996.

[21] 陈华清. 原位曝气修复地下水 NAPLs 污染实验研究及模拟[D]. 武汉：中国地质大学；2010.

[22] Wilson D J, GAmez-Lahoz C, RodriGuez-Maroto J M. Groundwater cleanup by in-situ sparging. Ⅷ. Effect of air channeling on dissolved volatile organic compounds removal efficiency [J]. Separation Science and Technology；(United States), 1994, 29(18)：2387-2418.

[23] Ardito C P, Billings J F. Alternative remediation strategies：The subsurface volatilization and ventilation system [C]// Pro. of the Petroleum Hydrocarbons and Organic Chemicals in Groundwater：Prevention, Detection and Restoration. Dublin, Ohio, 1990：281-296.

[24] Wilson D J. Groundwater cleanup by in-situ sparging. Ⅱ. Modeling of dissolved volatile organic compound removal [J]. Separation Science and Technology(United States), 1992, 27(13)：1675-1690.

[25] 郎印海, 曹正梅. 地下石油污染物的地下水曝气修复技术[J]. 环境科学动态. 2001, (2)：17-20.

[26] Reddy K R, Adams J A. System Effects On Benzene Removal From Saturated Soils and Ground Water Using AirSparging [J]. Journal of Environmental Engineering, 1998, 124(3)：288-299.

[27] Adams J A, Reddy K R. Laboratory Study of Air Sparging of Tce-Contaminated Saturated Soils and Groundwater [J]. Ground Water Monitoring and Remediation, 1999：182-190.

[28] Braida W, Ong S K. Modeling of Air Sparging of VOC-Contaminated Soil Columns [J]. Journal of Contaminant Hydrology, 2000, 41(3)：385-402.

[29] Reddy K R, Adams J A. Effects of Soil Heterogeneity On Airflow Patterns and Hydrocarbon Removal During in Situ Air Sparging [J]. Journal of Geotechnical and Geoenvironmental Engineering, 2001, 127(3)：234-247.

[30] Reddy K R, Adams J A. Effect of Groundwater Flow On Remediation of Dissolved-Phase VOC Contamination Using Air Sparging [J]. Journal of Hazardous Materials, 2000, 72(2)：147-165.

[31] Elder C R, Benson C H. Air Channel Formation, Size, Spacing, and Tortuosity During Air Sparging [J]. Ground Water Monitoring and Remediation, 1999, 19(3)：171-181.

[32] 王战强. 地下水曝气(AS)及生物曝气(BS)处理有机污染物的研究[D]. 天津：天津大学, 2005.

[33] Kim H, Soh H E, Annable M D, et al. Surfactant-Enhanced Air Sparging in Saturated Sand [J]. Environmental Science and Technology, 2004, 38(4)：1170-1175.

[34] Ji W, Dahmani A, Ahlfeld D P, et al. Laboratory Study of Air Sparging：Air

Flow Visualization [J]. Ground Water Monitoring and Remediation, 1993, 13 (4): 115-126.

[35] Baker D M, Benson C H. Effect of System Variables and Particle Size On Physical Characteristics of Air Sparging Plumes [J]. Geotechnical and Geological Engineering, 2007, 25(5): 543-558.

[36] Peterson J W, Deboer M J, Lake K L. A Laboratory Simulation of Toluene Cleanup by Air Sparging of Water-Saturated Sands [J]. Journal of Hazardous Materials, 2000, 72(2): 167-178.

[37] Heron G, Gierke J S, Faulkner B, et al. Pulsed Air Sparging in Aquifers Contaminated with Dense Nonaqueous Phase Liquids [J]. Ground Water Monitoring and Remediation, 2002, 22(4): 73-82.

[38] Tsai Y, Kuo Y, Chen T, et al. Estimating the Change of Porosity in the Saturated Zone During Air Sparging [J]. Journal of Environmental Sciences, 2006, 18(4): 675-679.

[39] Semer R, Adams J A, Reddy K R. An Experimental Investigation of Air Flow Patterns in Saturated Soils During AirSparging [J]. Geotechnical and Geological Engineering, 1998, 16(1): 59-75.

[40] Kim H M, Hyun Y, Lee K K. Remediation of Tce-Contaminated Groundwater in a Sandy Aquifer Using Pulsed Air Sparging: Laboratory and Numerical Studies [J]. Journal of Environmental Engineering, 2007, 133(4): 380-388.

[41] Reddy K R, Semer R, Adams J A. Air Flow Optimization and Surfactant Enhancement to Remediate Toluene-Contaminated Saturated Soils Using AirSparging [J]. Environmental Management and Health, 1999, 10(1): 52-63.

[42] Rogers S W, Ong S K. Influence of Porous Media, Airflow Rate, and Air Channel Spacing On Benzene Napl Removal During Air Sparging [J]. Environmental Science and Technology, 2000, 34(5): 764-770.

[43] Chao K, Ong S K, Protopapas A. Water-to-Air Mass Transfer of Vocs: Laboratory-Scale Air Sparging System [J]. Journal of Environmental Engineering, 1998, 124(11): 1054-1060.

[44] Waduge W, Soga K, Kawabata J. Effect of NAPL Entrapment Conditions On Air Sparging Remediation Efficiency [J]. Journal of Hazardous Materials, 2004, 110(1): 173-183.

[45] Peterson J, Murray K, Tulu Y, et al. Air-Flow Geometry in Air Sparging of Fine-Grained Sands [J]. Hydrogeology Journal, 2001, 9(2): 168-176.

[46] Peterson J W, DeBoer M J, Lake K L. A Laboratory Simulation of Toluene Cleanup by Air Sparging of Water-Saturated Sands [J]. Journal of Hazardous Materials, 2000, 72(2): 167-178.

[47] Mortensen A P, Jensen K H, Sonnenborg T O, et al. Laboratory and Numerical Investigations of Air Sparging Using MTBE as a Tracer [J]. Ground Water

Monitoring & Remediation，2000，20(4)：87-95.

[48] 杨乃群，郑艳梅，李鑫钢，等.地下水曝气修复 MTBE 污染土壤过程中物化参数的确定[J].农业环境科学学报，2008，27(4)：1599-1603.

[49] Nyer E K，Suthersan S S. Air Sparging：Savior of Ground Water Remediations or just Blowing Bubbles in the Bath Tub? [J]. Ground Water Monitoring & Remediation，1993，13(4)：87-91.

[50] Hu L，Wu X，Liu Y，et al. Physical Modeling of Air Flow During Air Sparging Remediation [J]. Environmental Science & Technology，2010，44(10)：3883-3888.

[51] Lundegard P D，Andersen G. Multiphase numerical simulation of air sparging-performance [J]. Ground Water，1996，34(3)：451-460.

[52] 胡黎明，刘燕，杜建廷，等.地下水曝气修复过程离心模型试验研究[J].岩土工程学报，2011，38(2)：297-301.

[53] McCray J E，Falta R W. Numerical simulation of air sparging for remediation of NAPL contamination [J]. Ground Water，1997，35(1)：99-110.

[54] Peterson J，Lepczyk P，Lake K. Effect of sediment size on area of influence during groundwater remediation by air sparging：A laboratory approach [J]. Environmental Geology，1999，38(1)：1-6.

[55] Adams J A，Reddy K R. Laboratory Study of Air Sparging of TCE//Contaminated Saturated Soils and Ground Water [J]. Ground Water Monitoring & Remediation，1999，19(3)：182-190.

[56] McCray J E，Falta R W. Defining the air sparging radius of influence for groundwaterremediation [J]. Journal of Contaminant Hydrology，1996，24(1)：25-52.

[57] Reddy K R，Adams J. Conceptual modeling of air sparing for groundwater remediation [R]. In：Proceedings of the 9th international symposium on environmental geotechnology and global sustainable development，Hong Kong，2008.

[58] 胡黎明，刘毅.地下水曝气修复技术的模型试验研究[J].岩土工程学报.2008，30(6)：835-839.

[59] McCray J E. Mathematical modeling of air sparging for subsurface remediation：state of the art [J]. Journal of Hazardous Materials，2000，72(2/3)：237-263.

[60] Leeson A，Hinchee R E，Headington G L，et al. Air Channel Distribution During Air Sparging：A Field Experiment [J]. In situ Aeration：Air Sparging，Bioventing，and Related Remediation Processes，1995：215-222.

[61] Chao K，Ong S K，Huang M. Mass transfer of VOCs in laboratory-scale air spargingtank [J]. Journal of Hazardous Materials，2008，152(3)：1098-1107.

[62] Braida W J，Ong S K. Air sparging effectiveness：laboratory characterization of air-channel mass transfer zone for VOC volatilization [J]. Journal of Hazardous Materials，2001，87(1-3)：241-258.

［63］ Bhuyan S J，Latin M R. BTEX remediation under challenging site conditions u-sing in-situ ozone injection and soil vapor extraction technologies：a case study ［J］. Soil and Sediment Contamination：An International Journal，2012，21(4)：545-556.

［64］ Mohamed A M I，El-menshawy N，Saif A M. Remediation of saturated soil contaminated with petroleum products using air sparging with thermal enhance-ment ［J］. Journal of environmental management，2007，83(3)：339-350.

［65］ Tsai Y J，Kuo Y C，Chen T C. Groundwater remediation using a novel micro-bubble sparging method ［J］. Journal of Environmental Engineering and Manage-ment，2007，17(2)：151.

［66］ 赵世民. 表面活性剂——原理、合成、测定及应用[M]. 北京：中国石化出版社，2008.

［67］ Zheng W，Zhao Y，Qin C，et al. Study on mechanisms and effect of surfactant-en-hanced airsparging ［J］. Water Environment Research，2010，82(11)：2258-2264.

［68］ 孙勇军. 表面活性剂强化空气扰动技术修复硝基苯实验室研究[D]. 长春：吉林大学，2013.

［69］ 王宏光，郑连伟. 表面活性剂在多环芳烃污染土壤修复中的应用[J]. 化工环保，2006，26(6)：471-474.

［70］ Song G，Lu C，Lin J. Application of surfactants and microemulsions to the ex-traction of pyrene and phenanthrene from soil with three different extraction methods ［J］. Analytica Chimica Acta，2007，596(2)：312-318.

［71］ Pornsunthorntawee O，Wongpanit P，Rujiravanit R. Rhamnolipid biosurfactants：Production and their potential in environmentalbiotechnology ［J］. Biosurfacta-nts，2010(627)：211-221.

［72］ Leeson A，Hinchee R E，Headington G L，et al. Air Channel Distribution Dur-ing Air Sparging：A Field Experiment ［J］. In situ Aeration：Air Sparging, Bioventing, and Related Remediation Processes，1995：215-222.

第 7 章

［1］白璐，乔琦，钟琴道，等. 铅冶炼行业重金属污染防控监管现状分析及对策[J]. 环境工程技术学报，2017，7(2)：232-241.

［2］ Evans J C，Dawson A R，Opdyke S. Slurry walls for groundwater control：A comparison of UK and US practice[C]//19th Central Pennsylvania Geotechnical Conference. Hershey, Pennsylvania：ASCE/PennDoT，2002.

［3］ Powell R M，Puls R W，Blowes D W，et al. Permeable reactive barrier technolo-gies for contaminant remediation[R]. Washington, D. C.：U. S. Environmental Protection Agency (EPA)，1998.

［4］ Bayer P，Finkel M，Teutsch G. Combining pump-and-treat and physical barriers for contaminant plume control ［J］. Ground Water，2004，42(6/7)：856-867.

［ 5 ］ U. S. Environmental Protection Agency. Permeable reactive barrier technologies for contaminant remediation，EPA/600/R-98/125[R]. Washington，D. C. ：U. S. Environmental Protection Agency，1998.

［ 6 ］ Unger A J A，Sudicky E A，Forsyth P A. Mechanisms controlling vacuum extraction coupled with air sparging for remediation of heterogeneous formations contaminated by dense nonaqueous phase liquids ［J］. Water Resources Research，1995，31(8)：1913-1925.

［ 7 ］ Starr R C，Cherry J A. In situ remediation of contaminated ground water：The funnel-and-gate system ［J］. Ground Water，1994，32(3)：465-476.

［ 8 ］ Anderson E I，Mesa E. The effects of vertical barrier walls on the hydraulic control of contaminated groundwater ［J］. Advances in Water Resources，2006，29(1)：89-98.

［ 9 ］ Suthersan S S，Horst J，Schnobrich M，et al. Remediation Engineering：Design Concepts[M]. Boca Raton，FL：Taylor & Francis Group，LLC，2017.

［10］ Malusis M A，Evans J C，McLane M H，et al. A miniature cone for measuring the slump of soil-bentonite cutoff wall backfill ［J］. Geotechnical Testing Journal，ASTM，2008，31(5)：373-380.

［11］ Yeo S S，Shackelford C D，Evans J C. Consolidation and hydraulic conductivity of nine model soil-bentonite backfills ［J］. Journal of Geotechnical and Geoenvironmental Engineering，2005，131(10)：1189-1198.

［12］ Malusis M A，Barben E J，Evans J C. Hydraulic conductivity and compressibility of soil-bentonite backfill amended with activated carbon ［J］. Journal of Geotechnical and Geoenvironmental Engineering，2009，135(5)：664-672.

［13］ Hong C S，Shackelford C D，Malusis M A. Consolidation and hydraulic conductivity of zeolite amended soil-bentonite backfills ［J］. Journal of Geotechnical and Geoenvironmental Engineering，2011，138(1)：15-25.

［14］ Engineers USACE，Command NAVFAC，Center AFCEC，Administration NASA. UFGS 02 35 27 Guide specification for construction soil-bentonite (S-B) slurry trench[S]. Unified facilities guide specifications，2010.

［15］ U. S. Environmental Protection Agency. Evaluation of subsurface engineered barriers at waste sites，EPA 542-R-98-005[R]. Washington，D. C. ：U. S. Environmental Protection Agency，1998.

［16］ Daniel D E. Geotechnical practice for waste disposal[M]. London：Chapman & Hall，1993.

［17］ Filz G M，Adams T，Davidson R R. Stability of long trenches in sand supported by bentonite-water slurry ［J］. Journal of Geotechnical and Geoenvironmental Engineering，2004，130(9)：915-921.

［18］ Fox P. Analytical Solutions for Stability of Slurry Trench ［J］. Journal of Geotechnical and Geoenvironmental Engineering，2004，130(7)：749-758.

［19］ Li Y C，Pan Q，Chen Y M. Stability of Slurry Trenches with Inclined Ground Surface［J］. Journal of Geotechnical and Geoenvironmental Engineering，2012，139(9)：1617-1619.

［20］ 范日东,杜延军,刘松玉,等. 土-膨润土系竖向隔离墙的施工和易性分析[J]. 东南大学学报(自然科学版),2016,46(Sup)：99-104.

［21］ Yang Y L，Du Y J，Reddy K R，et al. Hydraulic conductivity of phosphate-amended soil-bentonite backfills［C］//De A，Reddy K R，Yesiller，N，et al. Geo-Chicago 2016：Sustainable Geoenvironmental Systems. Chicago：ASCE，2016：537-547.

［22］ Gleason M H，Daniel D E，Eykholt G R. Calcium and sodium bentonite for hydraulic containment applications［J］. Journal of Geotechnical and Geoenvironmental Engineering，1997，123(5)：438-445.

［23］ Yang Y L，Reddy K R，Du Y J. A Soil-Bentonite Slurry Wall for the Containment of CCR-Impacted Groundwater［C］//GeoChicago. Chicago：ASCE，2016.

［24］ Bohnhoff G L，Shackelford C D. Consolidation behavior of polymerized bentonite-amended backfills［J］. Journal of Geotechnical and Geoenvironmental Engineering，2013，140(5)：04013055.

［25］ Malusis M A，McKeehan M D. Chemical compatibility of model soil-bentonite backfill containing multiswellable bentonite［J］. Journal of Geotechnical and Geoenvironmental Engineering，2013，139(2)：189-198.

［26］ Baxter D Y. Mechanical behavior of soil-bentonite cutoff walls［D］. Blacksburg，Virginia：Virginia Polytechnic Institute and State University，2000.

［27］ Britton J P，Filz G M，Herring W E. Measuring the hydraulic conductivity of soil-bentonite backfill［J］. Journal of Geotechnical and Geoenvironmental Engineering，2004，130(12)：1250-1258.

［28］ Opdyke S M，Evans J C. Slag-cement-bentonite slurry walls［J］. Journal of Geotechnical and Geoenvironmental Engineering，2005，131(6)：673-681.

［29］ 徐超,黄亮,邢皓枫. 水泥-膨润土泥浆配比对防渗墙渗透性能的影响[J]. 岩土力学,2010,31(2)：422-426.

［30］ Fan R D，Du Y J，Reddy K R，et al. Compressibility and hydraulic conductivity of clayey soil mixed with calcium bentonite for slurry wall backfill：Initial assessment［J］. Applied Clay Science，2014，101：119-127.

［31］ Du Y J，Fan R D，Liu S Y，et al. Workability，compressibility and hydraulic conductivity of zeolite-amended clayey soil/calcium-bentonite backfills for slurry-trench cutoff walls［J］. Engineering Geology，2015，195：258-268.

［32］ 范日东,杜延军,刘松玉,等. 钙基膨润系土竖向隔离墙材料压缩及渗透特性试验研究[J]. 水利学报,2015，46(S1)：255-262.

［33］ 杨玉玲. 磷酸盐改良膨润土系竖向隔离墙材料的防渗控污研究[D]. 南京:东南大学,2017.

［34］ Philip L K. An investigation into contaminant transport processes through single-phase cement-bentonite slurry walls［J］. Engineering Geology，2001，60：

209-221.

[35] Joshi K, Kechavarzi C, Sutherland K, et al. Laboratory and in situ tests for long-term hydraulic conductivity of a cement-bentonite cutoff wall [J]. Journal of Geotechnical and Geoenvironmental Engineering, 2010, 136(4): 562-572.

[36] Evans J C. The TRD method: Slag-cement materials for in situ mixed vertical barriers[C]//Schaefer V R, Filz G M, Gallagher P M, Sehn A L, Wissmann K J. GeoDenver 2007: Soil Improvement. Denver, CO: ASCE, 2007: 1-11.

[37] Carreto J M R, Caldeira L, Neves E M d. Hydromechanical characterization of cement-bentonite slurries in the context of cutoff wall applications [J]. Journal of Materials in Civil Engineering, 2015, 28(2).

[38] Manassero M. Hydraulic conductivity assessment of slurry wall using piezocone test [J]. Journal of Geotechnical Engineering, 1994, 120: 1725.

[39] Malusis M A, Yeom S, Evans J C. Hydraulic conductivity of model soil-bentonite backfills subjected to wet-dry cycling [J]. Canadian Geotechnical Journal, 2011, 48(8): 1198-1211.

[40] Evans J C, Costa M J, Cooley B. The state-of-stress in soil-bentonite slurry trench cutoff walls[C]//Aca Y B, Daniel D E. Geoenvironment 2000: Characterization, Containment, Remediation, and Performance in Environmental Geotechnics. New Orleans, Louisiana: ASCE, 1995: 1173-1191.

[41] Filz G M. Consolidation stresses in soil-bentonite backfilled trenches[C]//Kamon M. Proceedings of the 2nd international congress on environmental geotechnics. Osaka: Balkema, 1996: 497-502.

[42] Malusis M A, Evans J C, Jacob R W, et al. Construction and monitoring of an instrumented soil-bentonite cutoff wall: field research case study[C]//29th Central Pennsylvania Geotechnical Conference. Hershey, Pennsylvania: ASCE/PennDOT, 2017.

[43] Ruffing D G, Evans J C, Malusis M A. Prediction of earth pressures in soil-bentonite cutoff walls[C]//Fratta D O, Puppala A J, Muhunthan B. GeoFlorida 2010: Advances in Analysis, Modeling & Design. Orlando, Florida: ASCE, 2010: 2416-2425.

[44] Ruffing D G, Evans J C, Ryan C R. Strength and stress estimation in soil bentonite slurry trench cutoff walls using cone penetration test data[C]//Iskander M, Suleiman M T, Anderson J B, Laefer D F. The 2015 International Foundations Congress & Equipment Exposition. San Antonio, Texas: ASCE, 2015: 2567-2576.

[45] Li Y C, Cleall P J, Wen Y D, et al. Stresses in soil-bentonite slurry trench cut-off walls [J]. Géotechnique, 2015, 65(10): 843-850.

[46] Daniel D, Koerner R. Waste containment facilities: Guidance for construction quality assurance and construction quality control of liner and cover systems

[M]. Reston，VA：ASCE Press，2007.

[47] (ICE) IOC Engineers. Specification for the construction of slurry trench cut-off walls：As barriers to pollution migration[S]. London，England：Thomas Telford Limited，1999.

[48] Joshi K. Long-term performance and in-situ assessment of cement-bentonite cut-off wall[D]. Cambridge，U. K. ：University of Cambridge，2009.

[49] Royal A C D, Makhover Y, Moshirian S, et al. Investigation of cement-bentonite slurry samples containing PFA in the UCS and triaxial apparatus [J]. Geotechnical and Geological Engineering，2013，31(2)：767-781.

[50] Yu Y, Pu J, Ugai K. Study of mechanical properties of soil-cement mixture for a cutoff wall [J]. Soils and foundations，1997,37(4)：93-103.

[51] Baxter D Y. Mechanical behavior of soil-bentonite cutoff walls[D]. Blacksburg，Virginia：Virginia Polytechnic Institute and State University，2000.

[52] Evans J C, Ryan C R. Time-dependent strength behavior of soil-bentonite slurry wall backfill[C]//Alshawabkeh A, Benson C H, Culligan P J, et al. Geo-Frontiers Congress 2005：Waste Containment and Remediation. Austin，Texas：ASCE，2005：1-9.

[53] 东南大学,浙江大学,湖南大学,等. 土力学[M]. 4 版. 北京:中国建筑工业出版社,2016.

[54] 中华人民共和国建设部. 岩土工程勘察规范(GB 50021—2001)[S]. 北京:中国建筑工业出版社,2009.

[55] Lee J M, Shackelford C D, Benson C H, et al. Correlating index properties and hydraulic conductivity of geosynthetic clay liners [J]. Journal of Geotechnical and Geoenvironmental Engineering，2005，131(11)：1319-1329.

[56] Yukselen-Aksoy Y, Kaya A, Ören A H. Seawater effect on consistency limits and compressibility characteristics of clays [J]. Engineering Geology，2008，102 (1-2)：54-61.

[57] Jo H Y, Katsumi T, Benson C H, et al. Hydraulic conductivity and swelling of nonprehydrated GCLs permeated with single-species salt solutions [J]. Journal of Geotechnical and Geoenvironmental Engineering，2001，127(7)：557-567.

[58] Kolstad D C, Benson C H, Edil T B. Hydraulic conductivity and swell of non-prehydrated geosynthetic clay liners permeated with multispecies inorganic solutions [J]. Journal of Geotechnical and Geoenvironmental Engineering，2004，130 (12)：1236-1249.

[59] Katsumi T, Ishimori H, Onikata M, et al. Long-term barrier performance of modified bentonite materials against sodium and calcium permeant solutions [J]. Geotextiles and Geomembranes，2008，26(1)：14-30.

[60] Scalia I V J. Bentonite-polymer composites for containment applications[D]. Madison，WI：University of Wisconsin-Madison，2012.

[61] Katsumi T, Ishimori H, Ogawa A, et al. Hydraulic conductivity of nonpre-hydrated geosynthetic clay liners permeated with inorganic solutions and waste leachates [J]. Soils and Foundations, 2007, 47(1): 79-96.

[62] Bohnhoff G L, Shackelford C D. Hydraulic conductivity of polymerized bentonite-amended Backfills [J]. Journal of Geotechnical and Geoenvironmental Engineering, 2014, 140(3).

[63] Liu S Y, Fan R D, Du Y J, et al. Modified fluid loss test to measure the hydraulic conductivity of heavy metal-contaminated bentonite filter cakes[C]//De A, Reddy K R, Yesiller N, et al. Geo-Chicago 2016: Sustainable Geoenvironmental Systems. Chicago, IL: ASCE, 2016: 568-577.

[64] Du Y J, Fan R D, Reddy K R, et al. Impacts of presence of lead contamination in clayey soil-calcium bentonite cutoff wall backfills [J]. Applied Clay Science, 2015, 108: 111-122.

[65] Bohnhoff G L, Shackelford C D. Hydraulic conductivity of polymerized bentonite-amended Backfills [J]. Journal of Geotechnical and Geoenvironmental Engineering, 2014, 140(3): 04013028, 1-12.

[66] Du Y J, Yang Y L, Fan R D, et al. Effects of phosphate dispersants on the liquid limit, sediment volume and apparent viscosity of clayey soil/calcium-bentonite slurry wall backfills [J]. KSCE Journal of Civil Engineering, 2016, 20(2): 670-678.

[67] Yang Y L, Du Y J, Reddy K R, et al. Hydraulic conductivity of phosphate-amended soil-bentonite backfills [C]//De A, Reddy K R, Yesiller N, et al. Geo-Chicago 2016: Sustainable Geoenvironmental Systems. Chicago: ASCE, 2016: 537-547.

[68] 杨玉玲,杜延军,任伟伟,等. 磷酸盐对铅污染土-膨润土竖向隔离墙材料沉降特性影响的试验研究[J]. 岩土工程学报,2015,37(10):1856-1864.

[69] Emidio G D, Flores R D V. Monitoring the impact of sulfate attack on a cement-clay mix[C]//Hryciw R D, Athanasopoulos-Zekkos A, Yesiller N. Geo-Congress 2012: State of the Art and Practice in Geotechnical Engineering. Oakland, CA: ASCE, 2012: 910-919.

[70] Fratalocchi E, Pasqualini E, Balboni P. Performance of a cement-bentonite cut-off wall in an acidic sulphate environment [C]//Thomas H R. 5th ICEG Environmental Geotechnics: Opportunities, Challenges and Responsibilities for Environmental Geotechnics. Cardiff, UK: ICE Publishing, 2006: 133-139.

[71] Kledyński Z. Influence of fly ashes on hardening slurries resistance to sulphate attack [J]. Archives of Hydro-Engineering and Environmental Mechanics, 2004, 51(2): 119-133.

[72] Garvin S L, Hayles C S. The chemical compatibility of cement-bentonite cut-off wall material [J]. Construction and Building Materials, 1999, 13(6): 329-341.

[73] 陈云敏.环境土工基本理论及工程应用[J].岩土工程学报,2014,36(1):1-46.

[74] Shackelford C D. Transit-time design of earthen barriers [J]. Engineering Geology, 1990, 29(1): 79-94.

[75] Shackelford C D, Daniel D E. Diffusion in saturated soil. II: Results for compacted clay [J]. Journal of Geotechnical Engineering, 1991, 117(3): 485-506.

[76] Shackelford C D, Daniel D E. Diffusion in saturated soil. I: Background [J]. Journal of Geotechnical Engineering, 1991, 117(3): 467-484.

[77] Shackelford C D. Critical concepts for column testing [J]. Journal of Geotechnical Engineering, 1994, 120(10): 1804-1828.

[78] Shackelford C D, Redmond P L. Solute breakthrough curves for processed kaolin at low flow rates [J]. Journal of Geotechnical Engineering, 1995, 121(1): 17-32.

[79] Chen Y M, Xie H J, Ke H, et al. An analytical solution for one-dimensional contaminant diffusion through multi-layered system and its applications [J]. Environmental Geology, 2009, 58(5): 1083-1094.

[80] 陈云敏,谢海建,柯瀚,等.层状土中污染物的一维扩散解析解[J].岩土工程学报, 2006,28(4):521-524.

[81] 陈云敏,谢海建,柯瀚,等.挥发性有机化合物在复合衬里中的一维扩散解[J].岩土工程学报,2006,28(9):1076-1080.

[82] Xie H J, Chen Y M, Lou Z, et al. An analytical solution to contaminant diffusion in semi-infinite clayey soils with piecewise linear adsorption [J]. Chemosphere, 2011, 85(8): 1248-1255.

[83] Xie H J, Chen Y M, Lou Z H. An analytical solution to contaminant transport through composite liners with geomembrane defects [J]. Science China Technological Sciences, 2010, 53(5): 1424-1433.

[84] Xie H J, Lou Z H, Chen Y M, et al. An analytical solution to contaminant advection and dispersion through a GCL/AL liner system [J]. Chinese Science Bulletin, 2011, 56(8): 811-818.

[85] 张文杰,顾晨,楼晓红.低固结压力下土-膨润土防渗墙填料渗透和扩散系数测试[J].岩土工程学报,2017,39(10):1915-1921.

[86] 梅丹兵.土-膨润土系竖向隔离工程屏障阻滞重金属污染物运移的模型试验研究[D].南京:东南大学,2017.

[87] Krol M M, Rowe R K. Diffusion of TCE through soil-bentonite slurry walls [J]. Soil and Sediment Contamination, 2004, 13(1): 81-101.

[88] Malusis M A, Maneval J E, Barben E J, et al. Influence of adsorption on phenol transport through soil-bentonite vertical barriers amended with activated carbon [J]. Journal of contaminant hydrology, 2010, 116(1): 58-72.

[89] 中华人民共和国住房和城乡建设部.建筑基坑支护技术规程(JGJ 120—2012)[S].北京:中国建筑工业出版社,2012.

［90］ van Genuchiten M T，Parker J C. Boundary conditions for displacement experiments through short laboratory soil columns ［J］. Soil Science Society of America Journal，1984，48(4)：703-708.

［91］ 中华人民共和国住房和城乡建设部. 生活垃圾卫生填埋场岩土工程技术规范(CJJ 176—2012)［S］. 北京：中国建筑工业出版社，2012.

［92］ 詹良通，刘伟，曾兴，等. 垃圾填埋场污染物击穿竖向防渗帷幕时间的影响因素分析及设计厚度的简化计算公式［J］. 岩土工程学报，2013，35(11)：1988-1996.

［93］ 中华人民共和国国土资源部. 地下水水质标准(DZ/T 0290—2015)［S］. 北京：地质出版社，2015.